Wissenschaftliche Taschenbücher WTB

Chemie

Werner Döpke

Dynamische Aspekte der Stereochemie organischer Verbindungen

Akademie-Verlag · Berlin

WTB Wissenschaftliche Taschenbücher

Eine Auswahl lieferbarer Bände:

HEINRICH ARNOLD
Physikalische Chemie der Halbleiter

JOACHIM AUTH / DIETMAR GENZOW
KLAUS H. HERRMANN
Photoelektrische Erscheinungen

HANS BANDEMER
ANDREAS BELLMANN
WOLFHART JUNG / KLAUS RICHTER
Optimale Versuchsplanung

FRANK BEICHELT
Prophylaktische Erneuerung von Systemen

JOACHIM BELLACH / PETER FRANKEN
ELKE WARMUTH / WALTER WARMUTH
Maß, Integral und bedingter Erwartungswert

WOLFRAM BRAUER
HANS-WALDEMAR STREITWOLF
Theoretische Grundlagen der Halbleiterphysik

SIEGFRIED BREHMER
Einführung in die Maßtheorie

SIEGFRIED BREHMER
Hilbert-Räume und Spektralmaße

JOHN CUNNINGHAM
Vektoren

GEORG DAUTCOURT
Relativistische Astrophysik

K. CH. DELOKAROV
Relativitätstheorie und Materialismus

HANNELORE FISCHER
JOACHIM PIEHLER
Modellsysteme der Operationsforschung

GOTTFRIED FRITZSCHE
Grundlagen und Entwurf passiver Analogzweipole
Netzwerke I
Entwurf passiver Analogvierpole
Netzwerke II

HERBERT GOERING
Asymptotische Methoden zur Lösung von Differentialgleichungen

HERBERT GOERING
Elementare Methoden zur Lösung von Differentialgleichungsproblemen

EDUARD HERLT / NIKOLAUS SALIÉ
Spezielle Relativitätstheorie

HELMUT HESS
Der elektrische Durchschlag in Gasen

V. I. KARPMAN
Nichtlineare Wellen in dispersiven Medien

ULRICH KAUSMANN
KLAUS LOMMATZSCH
FRANTIŠEK NOŽIČKA
Lineare parametrische Optimierung

A. R. KESSEL
Akustische Kernresonanz

KONRAD KREHER
Festkörperphysik

DIETER KRESS
Theoretische Grundlagen der Signal- und Informationsübertragung

DIETER LEUSCHNER
Grundbegriffe der Thermodynamik

V. S. LETOCHOW
Laserspektroskopie

DIERCK-EKKEHARD LIEBSCHER
**Relativitätstheorie
mit Zirkel und Lineal**

WOLFGANG MEILING
**Digitalrechner
in der elektronischen Meßtechnik**
Teil 1: Meßmethodik
Teil 2: Gerätetechnik
und Anwendungen

L. I. MIROSCHNITSCHENKO
**Kosmische Strahlung
im interplanetaren Raum**

PETER PAUFLER
GUSTAV E. R. SCHULZE
**Physikalische Grundlagen
mechanischer Festkörpereigenschaften**
Teil I und II

ULRICH RÖSEBERG
Quantenmechanik und Philosophie

ALBRECHT ROST
**Messung
dielektrischer Stoffeigenschaften**

J. V. SAČKOV
Wahrscheinlichkeit und Struktur

E. M. SAWIZKI
Perspektiven der Metallforschung

WOLFGANG SCHÄFER
**Theoretische Grundlagen
der Stabilität technischer Systeme**

ERNST SCHMUTZER
**Symmetrien und Erhaltungssätze
der Physik**

VOLKMAR SCHURICHT
Kernexplosionen für friedliche Zwecke

NORBERT SIEBER
HANS PETER LEIDHOLD
Einführung in die Datenverarbeitung

HUBERTUS STOLZ
Supraleitung

Festkörperphysik
Entwicklungstendenzen und
Anwendungsmöglichkeiten

Die Schöpfer der physikalischen Optik
Eine Artikelsammlung

HANS-GEORG SCHÖPF
Von Kirchhoff bis Planck

HORST MELCHER
**Albert Einstein wider Vorurteile
und Denkgewohnheiten**

RENATE WAHSNER
Mensch und Kosmos
Die copernicanische Wende

EBERHARD HOFMANN
Funktionelle Biochemie des Menschen
Band 1 und 2

EBERHARD HOFMANN
**Biochemie der Vererbung,
Differenzierung
und anderer Zellfunktionen**
Dynamische Biochemie, Teil IV

LOTHAR JÄGER
**Grundlagen
der Klinischen Immunologie**

KARLHEINZ LOHS
DIETER MARTINETZ
**Entgiftung — Mittel, Methoden
und Probleme**

JOACHIM NITSCHMANN
Entwicklung bei Mensch und Tier

STEPHAN SCHNITZLER
**Pharmakologische Aspekte
von Immunreaktionen**

MICHAEL THEILE
SIEGFRIED SCHERNECK
Zellgenetik

PETER BIRNER
HANS-JÖRG HOFMANN
CORNELIUS WEISS
MO-theoretische Methoden in der organischen Chemie

HEINRICH BREMER
KLAUS-PETER WENDLANDT
Heterogene Katalyse

GÜNTHER EPPERT
Einführung in die Schnelle Flüssigchromatographie

GERHARD GEISELER / HEINZ SEIDEL
Die Wasserstoffbrückenbindung

FALKO H. HERRMANN
MARINA HERRMANN
Das Hämoglobin des Menschen

HELMUT HRAPIA
Einführung in die Chromatographie

HANS LUPPA
Grundlagen der Histochemie
Teil I und II

DIETER ONKEN
Antibiotika – Chemie und Anwendung

BURKART PHILIPP
GERHARD REINISCH
Grundlagen der makromolekularen Chemie

HORST REMANE / RAINER HERZSCHUH
Massenspektrometrie in der organischen Chemie

ADOLF ZSCHUNKE
Kernmagnetische Resonanzspektroskopie in der organischen Chemie

Vorschau auf die nächsten Bände:

HORST-HEINO VON BORZESZKOWSKI
RENATE WAHSNER
Newton und Voltaire

J. G. COLLEE
Angewandte medizinische Mikrobiologie

GOTTFRIED FRITZSCHE
Entwurf aktiver Analogsysteme
Netzwerke III

CLAUS HAMANN / JOACHIM HEIM
HUBERT BURGHARDT
Organische Leiter, Halbleiter und Photoleiter

GERHARD JACKISCH
Johann Heinrich Lamberts „Cosmologische Briefe“ mit Beiträgen zur Frühgeschichte der Kosmologie

HASSO MEINERT
Fluorchemie

GERNOT NEUGEBAUER
Relativistische Thermodynamik

Das Neutron
Eine Artikelsammlung

VOLKER NOLLAU
Semi-Markovsche Prozesse

JOACHIM SCHUPPAN
Theorie und Meßmethoden der Konduktometrie

KURT SCHWABE
pH-Messung

RAINER SINZ
Chronopsychophysiologie, Chronobiologie und Chronomedizin

WTB

BAND 185

Werner Döpke

Dynamische Aspekte der Stereochemie organischer Verbindungen

Mit 217 Abbildungen und 42 Tabellen

AKADEMIE-VERLAG · BERLIN

Reihe CHEMIE

Herausgegeben im Auftrage
der Akademie der Wissenschaften der DDR

von:
Prof. Dr. Dr. h. c. H. Klare, Berlin
Prof. Dr.-Ing. Dr. h. c. E. Leibnitz, Berlin
Prof. em. Dr.-Ing. habil. Dr. rer. nat. h. c. mult. K. Schwabe, Meinsberg

Verantwortlicher Herausgeber dieses Bandes:
Prof. Dr.-Ing. Dr. h. c. E. Leibnitz

Verfasser:
Dr. rer. nat. habil. Werner Döpke
Humboldt-Universität zu Berlin
Sektion Chemie

1979
Erschienen im Akademie-Verlag,
DDR-108 Berlin, Leipziger Str. 3—4
Lektor: Gisela Güntherberg

Lizenznummer: 202 · 100/485/79
Herstellung: VEB Druckhaus „Maxim Gorki", 74 Altenburg
Bestellnummer: 762 325 6 (7185) · LSV 1274
Printed in GDR
DDR 12,50 M

Vorwort

Der Ausdruck Stereochemie (griechisch *stereos* = fest) bezieht sich sowohl auf die dreidimensionale Architektur oder Topographie der Molekel als auch auf das chemische Verhalten, das durch diese Topographie geprägt ist.

Die im WTB „*Stereochemie organischer Verbindungen*" geführte Diskussion beschränkte sich auf stereochemische Aspekte von isolierten Molekeln und Molekelmodellen, also der Konfiguration und Konformation von thermodynamisch stabilen Molekülen.

Ein weiterer wichtiger Problemkreis umfaßt die Stereochemie von Reaktionen. Dieses Teilgebiet der Stereochemie wird auch als „dynamische Stereochemie" bezeichnet. Sie ist von großem Interesse sowohl in praktischer Hinsicht — z. B. bei der Planung einer Synthese — als auch vom theoretischen Standpunkt, etwa bei der Interpretation von Reaktionsmechanismen.

Syntheseplanungen, in denen ganz gezielt nur ein Stereoisomeres erhalten werden soll, werden „stereoselektive Synthesen" genannt und sind von praktischer Bedeutung, da in vielen Fällen nur eines von vielen Stereoisomeren — z. B. als Medikament — als Produkt erwünscht ist.

Eine mehr theoretische Aufgabe der stereochemischen Dynamik ist die Abklärung von Reaktionsmechanismen. Aus verschiedenen Gründen ist eine möglichst detaillierte Kenntnis über das chemische Geschehen bei einzelnen Reaktionen erwünscht. Dafür stehen mehrere experimentelle Möglichkeiten zur Verfügung, z. B. kinetische Studien, Studien des Isotopeneffekts, Studien über den Einfluß kleiner struktureller Änderungen und andere.

Die moderne organische Stereochemie hat damit neben dem statistischen auch einen ganz wesentlichen dynamischen Aspekt mit zu berücksichtigen. Die Reaktivität eines Moleküls wird also nicht allein durch die vorherrschende räumliche Anordnung bestimmt; die Möglichkeit, sich in andere, für die Reaktion günstigere Konformationen umzulagern, spielt oftmals eine entscheidende Rolle. Am deutlichsten wird das bei Systemen, die zu Rotationen um Einfachbindungen oder zu Inversionen an einem Zentralatom oder zu Ringinversionen befähigt sind. In diesen Fällen liegen die Energiebarrieren zwischen den isomeren Strukturen so niedrig, daß eine dynamische Einstellung des Gleichgewichtes zwischen ihnen in Abhängigkeit von den äußeren Bedingungen mit ausreichender Geschwindigkeit möglich ist.

Derartige Rotations- und Inversionsprozesse in organischen Molekülen geben sich durch die Temperaturabhängigkeit der ^{1}H-KMR-Spektren zu erkennen. Damit lassen sich die Stabilitätsgrenzen von Isomeren ermitteln, so daß sich schließlich gezielte Synthesen von stabilen Rotameren und Invertomeren durchführen lassen.

Da diese Möglichkeit in Zukunft sicherlich eine immer größere Bedeutung erlangen wird, beschäftigt sich dieser Band mit den möglichen Rotationen, Inversionen und Ringinversionen in organischen Molekülen.

W. Döpke

Inhalt

Einleitung

Im Jahre 1874 wurde durch Arbeiten von VAN'T HOFF und LE BEL der Grundstein zur Stereochemie gelegt. Als WALDEN zum 25jährigen Jubiläum dieses Wissensgebietes einen Rückblick gab, vertrat er die Ansicht, „*daß es zur Zeit in der modernen organischen Chemie keine zweite, so breit angelegte, so problemreiche und so erfolgsichere Theorie als die stereochemische gebe*". Ein weiteres Vierteljahrhundert später erwähnte WALDEN in einem erneuten Rückblick den Ausspruch KEKULES, daß sich die meisten Theorien nicht länger als 25 Jahre halten und stellte mit Erstaunen fest, daß die stereochemische Lehre immer noch nicht veraltet sei. Auch nach hundert Jahren, hat die Stereochemie noch nichts von ihrer Aktualität eingebüßt, sondern erlebte in den letzten zwanzig Jahren eine geradezu stürmische Entwicklung, deren Ende noch nicht abzusehen ist. Im Jahre 1969 erhielten BARTON und HASSEL für ihre stereochemischen Arbeiten den Nobelpreis für Chemie.

Anstöße zu der heute so wichtigen Konformationsanalytik sind 1922 von CHRISTIE und KENNER, die 4,6-Dinitrophensäure und 4,4'-6,6'-Tetranitrodiphensäure in ihre optischen Antipoden spalteten, gegeben worden. Eine der vorgeschlagenen Deutungen, daß hier durch die Raumerfüllung der ortho-ständigen Substituenten die Drehbarkeit um die gemeinsame Achse behindert sei und die beiden Benzolringe nicht in der gleichen Ebene liegen, erwies sich bald als zutreffend.

Würde man für diese Verbindung den Interplanarwinkel gegen die aufzuwendende Energie auftragen, so entsteht das folgende Diagramm (Abb. 1):

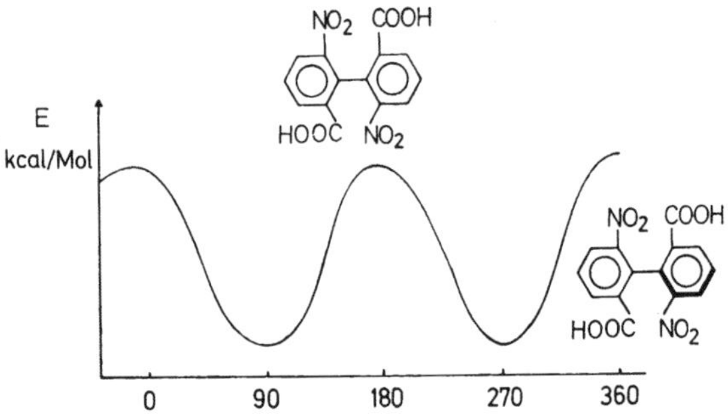

Abb. 1

Auch beim Äthan, das immer als der Prototyp eines Moleküls mit freier Drehbarkeit gegolten hatte, wurde eine Behinderung der Drehung festgestellt. Kemp und Pitzer fanden durch Vergleich von berechneten mit experimentell gefundenen Entropiewerten, daß beim Äthan eine Energiebarriere von etwa 3 kcal/Mol für die Rotation der Methylgruppen angenommen werden muß. Das bedeutet aber, daß sich die der behinderten inneren Rotation zugeordnete potentielle Energie einer Molekel ändert, wenn sich der Winkel zwischen den einzelnen Protonen ändert. Würde man den Verlauf der potentiellen Energie bei der behinderten inneren Rotation einer Äthanmolekel in Abhängigkeit vom Torsionswinkel auftragen, gelangt man zu folgendem Diagramm (Abb. 2).

Die Abzisse repräsentiert den Winkel zwischen zwei gedachten Ebenen, deren Schnittlinie mit der C—C-Bindung

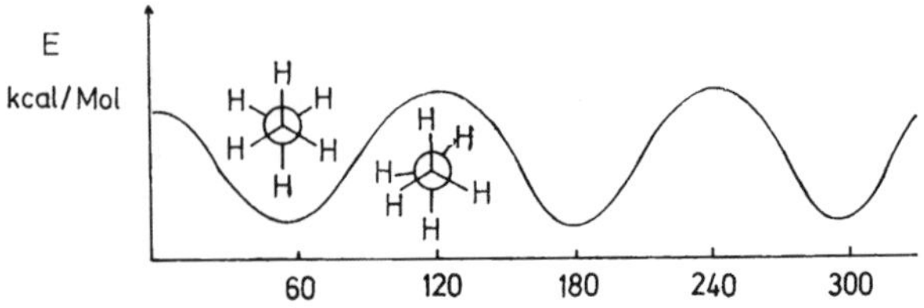

Abb. 2

des Äthans zusammenfällt, und die darüber hinaus ja durch eine in ihnen liegende C—H-Bindung bestimmt sind. Diese zwei in den genannten Ebenen liegenden C—H-Bindungen gehören jede einer anderen der beiden CH_3-Gruppen der Molekel an. Der so definierte Winkel wird oft Diederwinkel oder besser Torsionswinkel genannt.

Trotz dieser beobachteten Rotationsbehinderung setzte die Blütezeit der Konformationsanalyse erst ein, als moderne physikalische Meßverfahren bekannt wurden, die zahlreiche Konformationsableitungen gestatteten und außerdem innermolekulare Bewegungen erkennen ließen. Damit hat die moderne organische Stereochemie zwei Aspekte zu berücksichtigen: 1. einen statischen und 2. einen dynamischen Aspekt, da das reaktive Verhalten eines organischen Moleküls nicht alleine durch die vorherrschende räumliche Anordnung diktiert, sondern vor allem durch die Möglichkeit, sich in eine andere, für die Reaktion günstigere Konformation umzulagern, entscheidend geprägt wird.

Das vorliegende Taschenbuch beschäftigt sich daher mit den innermolekularen Bewegungsformen in organischen Molekülen, die durch Rotationen, Inversionen bzw. Ringinversionen gekennzeichnet sind.

1. Theoretische Grundlagen [1—10]

1.1. Inversion und Rotation, Begriffe und Definition

Betrachtet man unter dem Gesichtspunkt einer stereoselektiven Synthese die möglichen und denkbaren molekularen Bewegungsformen innerhalb einer organischen Molekel, so sind drei große Gruppen zu unterscheiden:

1. Stickstoffinversion
2. innere Rotation um eine Bindung
3. Ringinversion.

Als *Stickstoffinversion* soll zunächst ein Umklappmechanismus bezeichnet werden, durch den ein Inversionsisomeres entgegengesetzter Konfiguration entsteht.

Während des Inversionsprozesses ändert sich der Hybridzustand am Inversionszentrum. Es können nach Art des Ausgangszustandes zwei Typen des Inversionsprozesses unterschieden werden:

1. pyramidale Inversion
2. planare Inversion

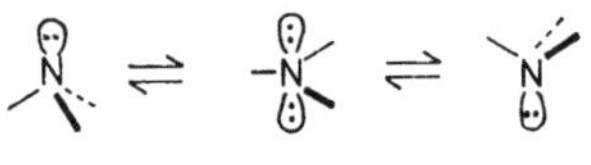

Abb. 3

Bei der pyramidalen Stickstoffinversion erfolgt ein Umklappen des Substituentenschirmes um das Stickstoffatom. Der Vorgang verläuft über einen planaren sp^2-hybridisierten Übergangszustand.

Unter planarer Stickstoffinversion an einer C=N-Doppelbindung versteht man eine „in plane"-Isomerisierung, die über einen linearen Übergangszustand ver-

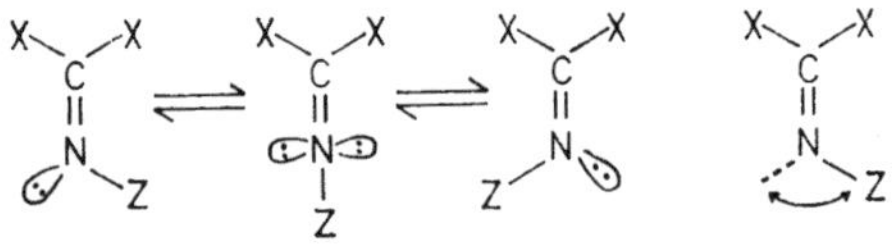

Abb. 4

läuft. Die N-Z-Bindung klappt in der Bindungsebene des planaren Systems um, wobei die C=N-Doppelbindung in erster Näherung unbeeinflußt bleibt.

Als *innere Rotation* um eine C=N-Doppelbindung wird eine „out of plane"-Isomerisierung bezeichnet (Abb. 5), die durch die Polarisierung der C=N-Doppelbindung begünstigt wird.

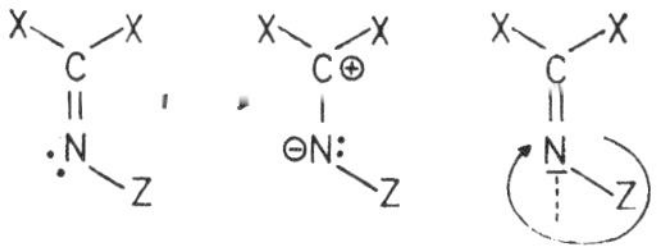

Abb. 5

Der Substituent Z beschreibt eine Kreisbahn um die C—N-Bindungsachse, wobei der Hybridzustand des Stickstoffatoms und der C—N—Z-Bindungswinkel erhalten bleiben. Bei der inneren Rotation werden die verschiedenen konformativen Anordnungen einer Molekel durchlaufen.

Die beiden letztgenannten Formen könnten z. B. bei der Isomerisierung von Iminen zu erwarten sein.

Bevor wir uns aber mit diesen innermolekularen Bewegungsformen näher beschäftigen, sollen noch einige Grundlagen behandelt werden, die das Verständnis erleichtern sollen.

1.1.1. *Allgemeine Grundlagen*

Wollten wir die mögliche Umwandlung eines Isomeren A in das Isomere B graphisch darstellen, so würden wir den in der folgenden Abbildung dargestellten Kurvenverlauf finden:

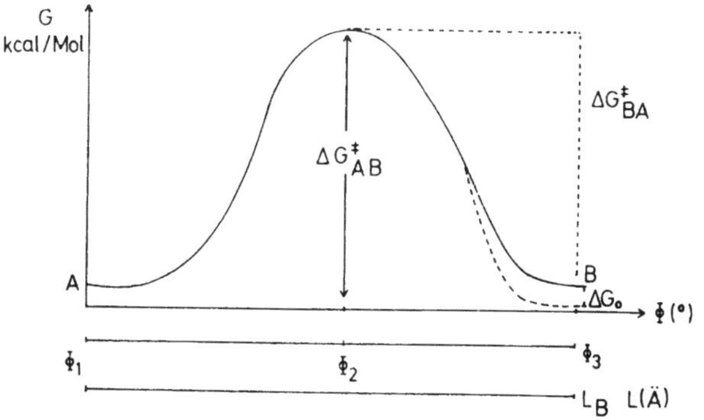

Abb. 6. Umwandlung eines Isomeren A in ein Isomeres B

Bei der Rotation um eine Doppelbindung muß bei der Umwandlung des Isomeren *A* in das Isomere *B* die Freie Aktivierungsenthalpie $\Delta G^{\ddagger}_{AB}$ aufgebracht werden. Der für die Rückisomerisierung erforderliche Betrag $\Delta G^{\ddagger}_{BA}$ unterscheidet sich um ΔG^0 von $\Delta G^{\ddagger}_{AB}$.

Erfolgt die Umlagerung durch innere Rotation, so ist die Freie Enthalpie ΔG eine Funktion des Torsionswinkels Φ. Wird *A* durch Inversion in *B* überführt, so ist ΔG eine Funktion der Entfernung *L* des Stickstoffatoms von der Ebene der Substituenten. Die Invertomeren von Molekeln vom Typ NX_3 (oder Enantiomeren) besitzen den gleichen Energieinhalt, der ΔG_0-Wert ist deshalb gleich Null und die Kurve symmetrisch, wie es durch die gepunktete Linie angedeutet ist.

Die Größe der Freien Aktivierungsenthalpie bestimmt nun eindeutig die Geschwindigkeit der thermischen Isomerisierung. Ist der Wert $\Delta G < 23$ kcal/Mol, so sind die Isomeren bei Raumtemperatur stabil und damit trennbar. Bei kleineren ΔG-Werten erfolgt eine mehr oder weniger rasche Isomerisierung.

Diese Problematik soll noch an einem anderen Beispiel verdeutlicht werden (Abb. 7).

Bei der Umwandlung einer synperiplanaren Konformation in eine antiperiplanare Konformation ergibt sich das voranstehende Energiediagramm, wenn wir die

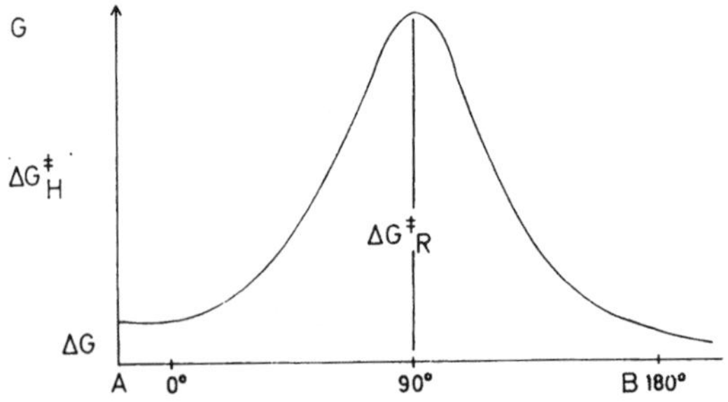

Abb. 7. Umwandlung einer synperiplanaren Konformation in eine antiperiplanare Konformation

freie Enthalpie gegen den Torsionswinkel auftragen. Hierbei bedeuten:

A — synperiplanare Konformation
B — antiperiplanare Konformation
ΔG_H^{+} — Freie Aktivierungsenthalpie für die Umlagerung von A in B
ΔG_R^{+} — Freie Aktivierungsenthalpie für die Umlagerung von B in A
ΔG Differenz der Freien Enthalpie von A und B. Für kleine ΔG ist $\Delta G_H^{+} = \Delta G_R^{+} = \Delta G^{+}$

Diese Freie Aktivierungsenthalpie ist dann mit der EYRING-Gleichung [1]

$$\Delta G_c^{+} = -RT \ln \frac{h \cdot k}{k_B \cdot T}$$

h — PLANCKsches Wirkungsquantum
k_B — BOLTZMANN-Konstante
R — Gaskonstante
k — Geschwindigkeitskonstante der gegenseitigen Umwandlung von A und B bei der Rotation um eine Bindung.

aus der Geschwindigkeitskonstanten k bestimmbar. Anders formuliert: Die Geschwindigkeitskonstante k hängt nach der EYRING-Gleichung von ΔG wie folgt ab:

$$k = \frac{k_B \cdot T}{h} \exp\left(\frac{\Delta G^{+}}{RT}\right) \quad (1)$$

Weitere Größen zur Charakterisierung der energetischen Verhältnisse bei der Rotation sind die ARRHENIUSsche Aktivierungsenergie (E_a) und die Aktivierungsenthalpie ΔH^{+}. Ihre Größe kann mit der ARRHENIUS-Gleichung [1]

$$k = A \exp\left(-E_a/RT\right) \quad (2)$$

A — Frequenzfaktor

bestimmt werden, wenn die Geschwindigkeitskonstante der Konformerenumwandlung bei mehreren Temperaturen bekannt ist. Es hat sich jedoch in der Praxis gezeigt, daß die E_a-Werte meist sehr unsicher sind, da der Fehler in den k-Werten um so größer wird, je weiter man sich bei den Untersuchungen von der Koaleszenztemperatur entfernt.

Die Steigung der ARRHENIUS-Geraden, die ein Maß für die Aktivierungsenergie E_a ist, und damit auch der von ihr gebildete Ordinatenabschnitt ($\log A$) hängen stark von geringfügigen Abweichungen der k-Werte ab. Zu großen E_a-Werten gehören große $\log A$-Werte und umgekehrt. Das bedeutet, daß die Bestimmung dieses physikalisch exakten aber numerisch zweifelhaften Wertes nicht in jedem Fall möglich ist; sofern also keine exakten Messungen über einen größeren Temperaturbereich vorliegen, sollte davon Abstand genommen werden.

Wird dennoch nicht darauf verzichtet, so wird die ARRHENIUSsche Aktivierungsenergie durch Auftragen von $\log k$ gegen die reziproke Temperatur bestimmt. Bei dieser graphischen Darstellung $\log k = f\left(\frac{1}{T}\right)$ wird die ARRHENIUSsche Aktivierungsenergie dann aus dem Anstieg der gemittelten Geraden bestimmt. Aus der ARRHENIUSschen Aktivierungsenergie ergibt sich mit

$$\Delta H^{\ddagger} = E_a - RT$$

die temperaturabhängige Aktivierungsenthalpie. Auch für diese Größe gelten die voranstehenden Überlegungen. Zur Bestimmung aller erwähnten energetischen Größen ist aber die Bestimmung oder Errechnung der Geschwindigkeitskonstanten der Konformerenumwandlung k dringend notwendig.

1.1.2. Bestimmung der Geschwindigkeitskonstanten der Konformerenumwandlung

Die folgende Abbildung soll verdeutlichen, daß die Geschwindigkeitskonstante k einer Isomerisierung von links nach rechts zunimmt und die Trennung von Isomeren möglich wird, wenn ihre Lebensdauer in der Größenordnung von einigen Stunden liegt. Dieser Wert entspricht k-Werten von kleiner als 10^{-4} s^{-1} oder $\Delta G^{\ddagger}$-

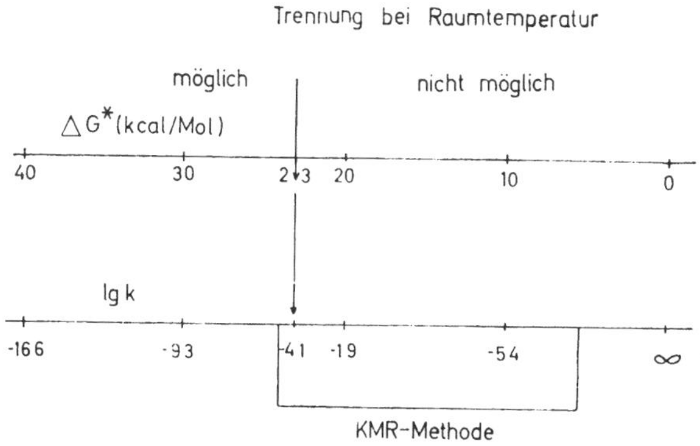

Abb. 8

Werten von > 23 kcal/Mol. Wie deutlich wird, kann mit der ^{1}H-KMR-Methode der Bereich unterhalb bis etwas oberhalb der Trenngrenze gut untersucht werden. Prinzipiell lassen sich Isomerisierungen mit der KMR-Methode nur dann gut untersuchen, wenn der Wert für ΔG^0 klein ist, die Isomeren damit also gemäß Gleichung

$$\Delta G^0 = -RT \ln [A]/[B] \qquad (2)$$

in annähernd gleicher Konzentration vorliegen. Für ^{1}H-KMR-spektroskopische Untersuchungen ergibt sich daraus die folgende Überlegung:

Wenn sich zwei magnetische Kerne oder Gruppen von gleichartigen Kernen A und B in Regionen mit unterschiedlicher magnetischer Abschirmung aufhalten, haben sie voneinander verschiedene Resonanzfrequenzen ν_A und ν_B. Werden die Kerne durch einen intra- oder intermolekularen Vorgang ausgetauscht, so hängt ihr KMR-Spektrum von der Differenz der Resonanzfrequenzen

$$\Delta\nu = |\nu_A - \nu_B| \qquad (3)$$

und von der Austauschgeschwindigkeit ab. (Abb. 9).

Ein einfaches Beispiel wäre die nachfolgende Struktur (Abb. 9), wobei vorausgesetzt werden muß, daß $R_1 = R_2$

ist. Beide Isomere sind dann chemisch gleich. Im KMR-Spektrum wären aber beide Isomere nicht mehr gleich, wenn die Substituenten A und B verschieden sind.

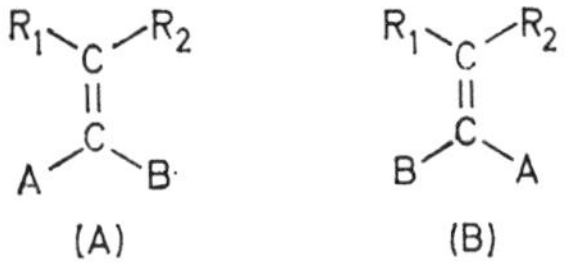

Abb. 9

Die Rotation um die Doppelbindung führt dann zu einem intramolekularem Austausch. Das Spektrum erhält sein Aussehen durch die voranstehende Gleichung.

Ein Beispiel für diese Überlegungen ist das N.N-Dimethylbenzamid. Bei diesem Molekül ist der Austausch der Methylgruppen A und B eine Reaktion mit Entartung erster Ordnung, deren Geschwindigkeit von der Temperatur abhängt. Bei tiefen Temperaturen erfolgt der Austausch langsam und die Geschwindigkeitskonstante k ist $\ll \Delta\nu$. Das bedeutet, daß man bei „langsamer“ Isomerisierung im KMR-Spektrum zwei getrennte Signale für die beiden Methylgruppen A und B, bei ν_A und ν_B findet.

Bei hohen Temperaturen gilt $k \gg \Delta\nu$, so daß nur noch eine scharfe Linie beobachtet wird. Im Übergangsbereich geht k von der unteren zur oberen Grenze, wobei sich das Spektrum entsprechend verändert; die Linien verbreitern sich zunächst (Abb. 10), verschmelzen dann, um schließlich eine einzige Linie zu ergeben, deren Breite abnimmt.

In diesem Bereich, der die zeitliche Auflösung des KMR-Spektrometers (KMR-Zeitskala) bestimmt, kann man für die Linienform ν der KMR-Absorption schreiben:

$$\nu = f(\nu, \Delta\nu, k, \tau_2),$$

wobei ν die Frequenz und τ_2 die transversale Relaxationszeit ist. Letztere ist, bei fehlendem Austausch, mit der

Linienbreite in halber Intensität $W\ 1/2$ durch die Beziehung

$$\tau_2 = I/\pi W\ 1/2$$

verknüpft. Damit sind thermisch induzierte Rotationen im Übergangsbereich zwischen langsamer und schneller

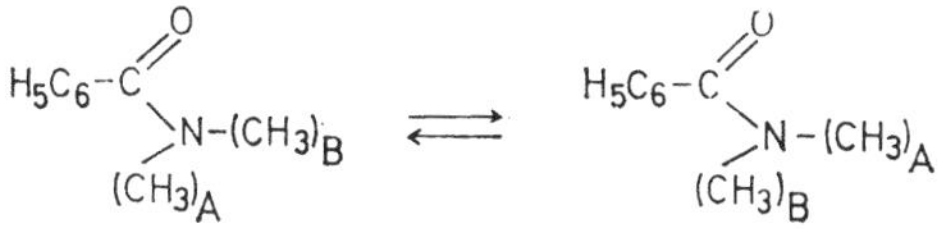

Abb. 10*a*. Rotation von N,N-Dimethylbenzamid

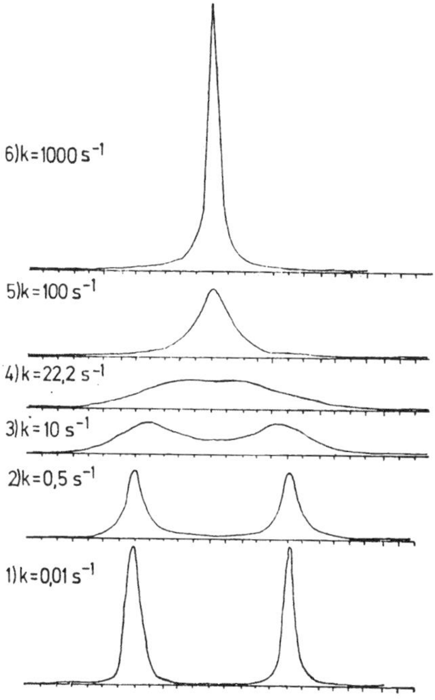

b. Theoretische Linienformen für einen entarteten Austausch. $\Delta\nu = 10$ Hz

Rotation temperaturabhängig und können zur Bestimmung der Reaktionsgeschwindigkeitskonstanten k ausgewertet werden.

Für die Praxis gibt es für die Auswertung folgende Verfahren:

a) die Auswertung durch Näherungsgleichungen:

Zur Auswertung durch Näherungsgleichungen werden dem KMR-Spektrum Charakteristika der Spektrallinien, wie Linienbreite $W1/2$, Linienabstand $\Delta\nu$, das Verhältnis von Maximum und Minimum auf der Tieftemperaturseite ($I_0/I_{\max}$) und die Koaleszenztemperatur entnommen. Unter dem Begriff der *Koaleszenz* versteht man die Temperatur, bei der zwei Signale gerade zusammenfallen.

Besonders verbreitet für die Ermittlung des Wertes für die Geschwindigkeitskonstante k_c des chemischen Austausches bei der Koaleszenztemperatur ist der Ausdruck

$$k_c = \pi \cdot \Delta\nu/\sqrt{2} \quad \text{oder} \quad k_c = \pi \frac{|\nu_A - \nu_B|}{\sqrt{2}}, \tag{4}$$

ν — Linienabstand ohne Austausch

der die Geschwindigkeitskonstante beim Verschmelzen der Signale angibt und für den man nur die Frequenzdifferenz bei fehlendem Austausch kennen muß [2].

Damit ist die Geschwindigkeitskonstante als Funktion nur eines Signalparameters ausgedrückt. Der systematische Fehler der Näherungsgleichungen ist bei großer Entfernung vom Koaleszenzpunkt groß. In einfachen Fällen kann jedoch die im Temperaturbereich um den Koaleszenzpunkt liegende Geschwindigkeitskonstante mit hoher Genauigkeit ermittelt werden.

Die voranstehende Gleichung gilt damit besonders gut für den ungekoppelten AB-Fall mit gleicher Population bei der Koaleszenztemperatur T_c.

Ist $\Delta\nu$ viel größer als die Signalbreite $W\,1/2$ (bei $T \ll T_c$), so ergibt Gl. (4) genaue k_c-Werte [3]. Wenn $W\,1/2/\Delta\nu$ größer als 0,1 wird, ist es schwieriger T_c exakt zu bestimmen. Für den AB-Kopplungsfall (Übergang vom AB-Typ zu A_2) gilt bei gleicher Population

$$k_c = \frac{\pi(\Delta\nu^2 + 6J_{AB})^{1/2}}{\sqrt{2}}, \tag{5}$$

wenn J_{AB} die AB-Kopplungskonstante ist.

Für den Bereich unterhalb der Koaleszenztemperatur wird der folgende Ansatz zur Berechnung von k verwendet [1, 4]

$$k_c = \pi \left[\frac{1}{2} (\Delta\nu^2 - \Delta\nu^2)\right]^{1/2}, \tag{6}$$

da hier die Geschwindigkeitskonstante klein im Sinne der KMR-Zeitskala ist. Bei Temperaturen oberhalb der Koaleszenztemperatur [5], bei denen die Geschwindigkeitskonstante groß im Sinne der KMR-Zeitskala ist, findet Gl. (7) Anwendung:

$$K_c = \frac{\pi \cdot \Delta\nu^2}{2 \cdot W\,1/2}. \tag{7}$$

Aus den Geschwindigkeitskonstanten läßt sich mit Hilfe der EYRING-Gleichung die Freie Aktivierungsenthalpie ($\Delta G^{\neq}$) der Umwandlung berechnen [6], für die sich nach Einsetzen der Konstanten die nachstehende Form ergibt:

$$\Delta G^{\neq} = 4{,}57T \cdot (10{,}32 + \log T/k). \tag{8}$$

Der ΔG-Wert ist eine temperaturabhängige Größe. Soll nur ΔG am Koaleszenzpunkt T_c bestimmt werden, so geben die Gln. (4) und (5) unter optimalen Bedingungen praktisch die gleichen Werte wie die umständlichere vollständige „Line-shape"-Analyse. Jedoch erfordert die Berechnung der temperaturabhängigen ARRHENIUSschen-Aktivierungsenergie (E_a) und weiterer Aktivierungsparameter ($\Delta S, \Delta H$), daß k über einen breiten Temperaturbereich exakt bestimmt wird. In diesem Fall ist eine vollständige „Line-shape"-Analyse unbedingt erforderlich. Daß die E_a-Werte im Vergleich zu ΔG_c-

Werten sehr unsicher sind, ist von verschiedenen Autoren [7] berichtet worden. So wurden E_a-Werte für Dimethylformamid zwischen 7 und 28 kcal/Mol angegeben, wogegen die nach Gl. (4) und (8) ermittelten Werte für die Freie Aktivierungsenthalpie $\Delta G_c^{\neq}$ um weniger als 1 kcal/Mol vom mittleren Wert abweichen [1, 8].

b) Das theoretisch am meisten befriedigende Verfahren für die Berechnung der Geschwindigkeitskonstante aus der KMR-Linienform besteht darin, mit dem Computer das experimentelle und theoretische Spektrum in seiner Gesamtlinienform zu vergleichen. Man variiert dabei k, $\Delta \nu$ und τ_2 für eine gewisse Zahl (etwa 100—200 Frequenzen) so lange, bis die Gesamtabweichung

$$\sum |\nu_{\text{theor.}} - \nu_{\text{exp.}}|^2$$

den kleinstmöglichen Wert annimmt. Die Anwendung dieses Verfahrens wird leider dadurch erschwert, daß sich k und τ_2 kovariant verhalten, d. h. verschiedene Kombinationen dieser Parameter ergeben auf der Seite langsamen Austausches die gleiche Linienform. Dasselbe gilt auf der Seite des schnellen Austausches für k und $\Delta \nu$. Bei unsymmetrischen Amiden, wie z. B. N-Methyl-N-benzylbenzamid (Abb. 11), lassen sich bei tiefen Temperaturen zwei Stellungen beobachten. Zwischen den beiden Isomeren dieser Amide besteht ein Energieunterschied und so erfolgt der Austausch der Methylprotonen z. B. zwischen zwei Stellen mit unterschiedlicher Besetzung. Wenn zwei Rotamere nicht mehr zu gleichen Teilen am Gleichgewicht beteiligt sind, $\Delta G^0 \neq 0$, ist das Intensitätsverhältnis der Banden nicht gleich eins. In einem solchen Fall ist die Linienform durch die folgende Gleichung gegeben:

$$\nu = f(\nu,\, k_1 k_2 \Delta \nu,\, \tau_{2(A)}, \tau_{2(B)}), \tag{9}$$

wobei k_1 und k_2 die Geschwindigkeitskonstanten für die Hin- und Rückreaktion sowie $\tau_{2(A)}$ und $\tau_{2(B)}$ die transversalen Relaxationszeiten der beiden Stellen sind (ge-

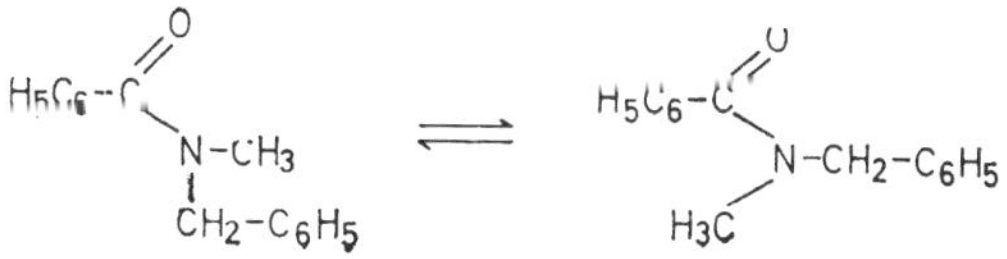

Abb. 11*a*. Rotation von N-Methyl-N-benzylbenzamid

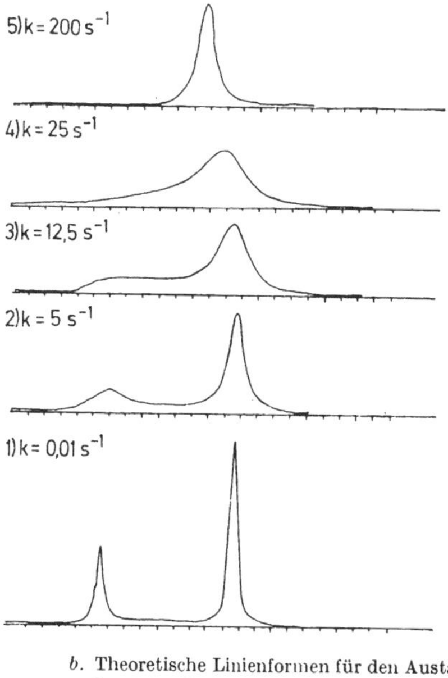

b. Theoretische Linienformen für den Austausch zwischen zwei ungleich besetzten Stellen.

$\Delta\nu = 8$ Hz; $k_1 : k_2 = 3 : 7$

koppelter *AB*-Fall), die nicht notwendig gleich sein müssen.

Wenn spingekoppelte Kerne (Abb. 12) den Platz wechseln, kann die Linienform als Funktion der Geschwindigkeitskonstanten chemischer Verschiebungen, Kopplungskonstanten und τ_2-Werten für die verschiedenen Stellen berechnet werden. Zur Behandlung derartiger Systeme hat sich ein quantenmechanischer Formalismus, das Dichtematrix-Verfahren als geeignet erwiesen [9]. Ein einfacher und häufig anzutreffender Fall ist ein *AB*-Spektrum, wo die *A*- und *B*-Protonen durch einen chemischen Prozeß ihre Plätze tauschen.

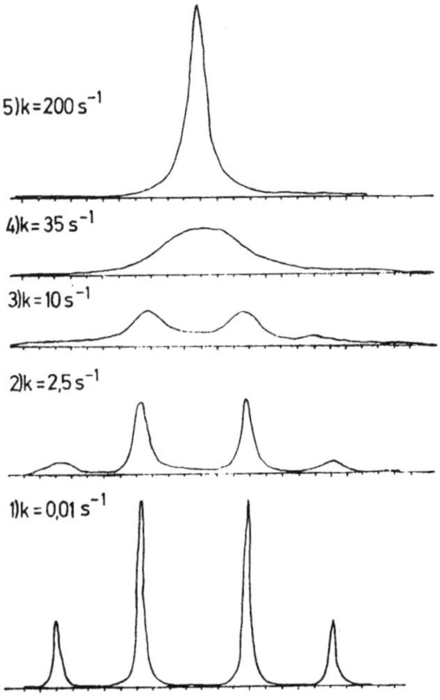

Abb: 12. Theoretische Linienformen für ein *AB*-Spektrum für den Austausch der Kerne *A* und *B*.
$\Delta\nu_{AB} = 10$ Hz, $J_{AB} = 5$ Hz

Als Beispiel dieses Typs seien die Resonanzsignale der geminalen Protonen heterosubstituierter Ringsysteme (Abb. 13) genannt [5].

Die beiden Methylenprotonen H_A und H_B sind in diastereotoper Umgebung und damit magnetisch nicht äquivalent. Die beiden Protonen koppeln untereinander, und außerdem unterliegt das Siebenringsystem einem Ringinversionsprozeß. Dadurch spaltet das Methylenprotonensignal bei tiefen Temperaturen zu einem Quadruplet auf. Ein ähnliches Spektrum liefert auch eine Me-

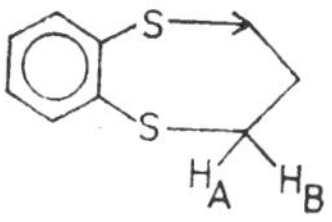

Abb. 13

thylengruppe mit zwei Protonen in diastereotoper Umgebung, z. B. eine Benzylgruppe in einem chiralen Molekül.

Neben den bisher behandelten Aktivierungsparametern und der Geschwindigkeit der Umwandlung zweier Isomere ist es mit Hilfe der KMR-Spektroskopie ferner möglich, das Isomerenverhältnis eines Gemisches zu bestimmen, wenn die Isomeren in vergleichbaren Konzentrationen vorliegen. Dieses Isomerenverhältnis ist abhängig vom Lösungsmittel, der Temperatur und der Konzentration der untersuchten Lösung. Bei geringer Umwandlungsgeschwindigkeit, d. h. bei [3]

$$\tau = \gg \frac{2}{2\pi \sqrt{\nu}}$$

τ — durchschnittliche mittlere Lebensdauer der Isomeren

entspricht das Isomerenverhältnis dem Flächenverhältnis der separaten Signale. Der Unterschied der Freien Enthalpie der beiden Isomere ΔG errechnet sich mit Hilfe der Reaktionsisotherme

$$\Delta G = -RT \ln K,$$

wobei die Gleichgewichtskonstante K durch das Konzentrationsverhältnis der Isomeren ausgedrückt wird [10]:

$$\Delta G = -RT \ln \frac{C_A}{C_B}.$$

1.1.3. Experimentelle Technik

Da die Werte für $\Delta\nu$ im allgemeinen im Bereich von 2···200 Hz liegen und die meisten modernen KMR-Spektrometer die Aufzeichnung von Spektren im Temperaturbereich von −150 °C bis +200 °C erlauben, können Barrieren im Bereich zwischen 5,5 und 26 kcal/Mol gemessen werden. Da andererseits der $\Delta\nu$-Wert proportional zur verwendeten Magnetfeldstärke ist, folgt aus Gl. (8), daß bei Verwendung von KMR-Spektrometern mit supraleitenden Magneten, die für Protonen bis zu 300 MHz betrieben werden können, tiefere $\Delta G^{\neq}$-Werte meßbar sind als mit 60-MHz-Geräten. Auch die Verwendung von ^{13}C- oder ^{19}F-Geräten, die beim gleichen magnetischen Feld einen viel größeren Frequenzbereich überdecken als ^{1}H-Spektren, führt zu einer tieferen Grenze für die Erfassung der $\Delta G^{\neq}$-Werte. Die größeren Verschiebungsdifferenzen sind vor allem bei tiefen Temperaturen wichtig, wo die Linien im allgemeinen relativ breit sind.

In der letzten Zeit sind wichtige und interessante Anwendungen der KMR-Spektroskopie bei der Erforschung von neuen Strukturen und vor allem Konformationsänderungen gefunden worden, deren Umwandlung mit niedrigen Energiebarrieren gekoppelt sind. Niedrige Barrieren zwingen aber auch dazu, bei niedrigen Temperaturen zu arbeiten; das ist mit besonderen Problemen verbunden. Vor allem spielt die Löslichkeit der zu untersuchenden Verbindung in diesem Temperaturbereich eine Rolle. Die Wahl des Lösungsmittels wird damit zu einer besonders zu beachtenden Problematik, da es in vielen Fällen unmöglich ist, für stark polare Stoffe ein geeignetes Lösungsmittel zu finden. Lösungsmittel für die KMR-Spektroskopie bei tiefen Temperaturen müssen neben einem niedrigen Schmelzpunkt auch eine geringe Viskosität aufweisen. In Tab. 1 sind die heute gebräuchlichen Lösungsmittel für Temperaturprogramme einschließlich ihrer physikalischen Konstanten zusammengestellt:

Tabelle 1

Gebräuchliche Lösungsmittel und ihre physikalischen Konstanten

Lösungsmittel	Siedepunkt [°C]	Schmelzpunkt [°C]
CD_2Cl_2	+40	−97
$(CD_3)_2CO$	+57	−94
m-Fluortoluol	+116	−111
CS_2	+47	−112
$CHCl_2F$	+9	−135
$(CH_3)_2O$	−25	−142
$CHClF_2$	−41	−160
CCl_2F_2	−30	−158
C_3H_8	−48	−185

Untersuchungsproben, die bei Zimmertemperatur gasförmig sind, lassen sich in einem Vakuumsystem relativ gut untersuchen. Sollen die gleichen Proben bei Tieftemperaturbedingungen untersucht werden, so ist es ratsam, den gelösten Sauerstoff — z. B. durch einige Tieftemperatur-Auftau-Zyklen im Hochvakuum — zu beseitigen, ehe man das Probenröhrchen endgültig verschließt.

Allgemein gilt, daß bei Temperatursenkung einer Lösung auch die Taumelbewegungen der gelösten Moleküle verlangsamt werden. Das bedeutet, daß die Korrelationszeit τ_c zunimmt. Das führt im Spektrum zu einer vergrößerten Linienbreite, da der von der Relaxation eines Kernes A durch einen benachbarten Kern B mit den magnetischen Momenten μ_A und μ_B sowie einem Abstand r_{AB} kommende Beitrag zur effektiven transversalen Relaxationszeit durch die folgende Gleichung gegeben ist:

$$\tau_2 = hr^6{}_{AB}/3\pi\mu^2{}_A\mu^2{}_B\tau_c \ldots$$

So wird z. B. das Signal von Methylprotonen unter −110 °C sehr breit. Die Signalverbreiterung hängt naturgemäß von dem jeweils zu untersuchenden Molekül ab, d. h. von den jeweiligen Korrelationszeiten und damit

u. a. auch von den Trägheitsmomenten des Moleküls. Diese oftmals ungünstige Signalverbreiterung kann verringert werden, wenn man die CH_3-Gruppierung durch eine CHD_2-Gruppe ersetzt, da $\mu_D \approx 0{,}15\mu_H$.

Eine gezielte Deuterierung ist auch in vielen anderen Fällen von großem Nutzen, da so eine Vereinfachung von komplizierten Spektren möglich ist. Das ist vor allem bei tiefen Temperaturen wichtig, wo es bei Spektren von komplizierteren Strukturen mit breiten Linien häufig unmöglich ist, nützliche Information über Reaktionsgeschwindigkeiten zu erhalten.

Letztlich ist bei der Interpretation der erhaltenen Spektren zu berücksichtigen, daß die Geschwindigkeit intramolekularer Rotationen und Inversionen, wie die anderer Reaktionen, auch vom Lösungsmittel und der Konzentration des gelösten Stoffes abhängen. Für die Erstellung von erforderlichen Meßreihen an verschiedenen Substanzen sollte man daher nur ein Lösungsmittel benutzen. Vergleichende Betrachtungen werden um so problematischer, je differenzierter die Strukturen der untersuchten Verbindungen und Lösungsmittel sowie die Konzentrationen und Koaleszenztemperaturen sind.

2. Anwendungsbeispiele [11–40]

2.1. *Allgemeines*

In der folgenden Abbildung ist das ^{1}H-KMR-Spektrum von N-Benzyl-N-methylformamid in $CDCl_3$ bei 24 °C abgebildet. Wie aus dem Spektrum ersichtlich, treten Doppelsignale sowohl der Benzylprotonen als auch des Formylprotons und der CH_3-Signale des Alkylrestes auf.

Diese Doppelsignale müssen zwei unterschiedlichen Isomeren, oder besser Rotameren, zugeordnet werden. Damit ergibt sich die Frage, welcher intramolekularen Bewegung diese Signale zugeordnet werden können und um welche Art von Isomeren es sich handelt. Zur

Beantwortung dieser Frage muß untersucht werden, welche Isomeren KMR-spektroskopisch nachgewiesen werden können.

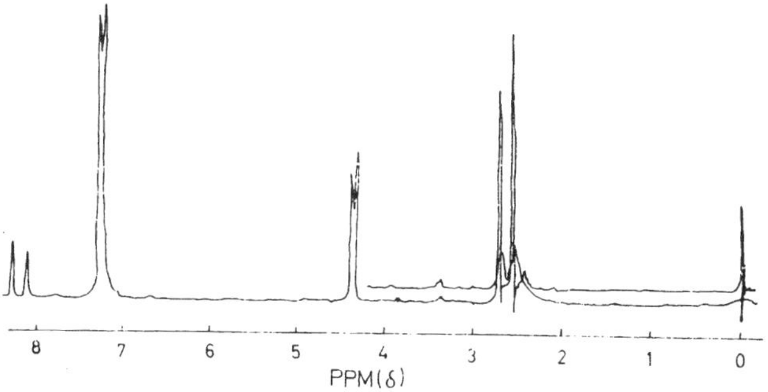

Abb. 14. ^{1}H-KMR-Spektrum von N-Benzyl-N-methylformamid in $CDCl_3$

Entscheidend für das Aussehen des ^{1}H-KMR-Spektrums einer Verbindung sind die Symmetriebeziehungen zwischen den Isomeren.

Entsteht beim Umwandlungsprozeß ein Rotameres, das sich zur ursprünglichen Form wie das Spiegelbild verhält, so sind in achiralen Lösungsmitteln die äquivalenten Protonen bzw. Protonengruppen in der gleichen chemischen Umgebung angeordnet; daher sind Enantiomere unter achiralen Bedingungen KMR-spektroskopisch nicht unterscheidbar.

Führt dagegen der Umwandlungsprozeß zu einem Isomeren, das durch keine Symmetrieoperation mit der ursprünglichen Form zur Deckung gebracht werden kann, dann sind die KMR-Spektren der beiden Isomeren verschiedenartig. Einander entsprechende Protonen bzw. Protonengruppen von Diastereomerenpaaren sind diastereotop. Sie besitzen auch unter achiralen Bedingungen unterschiedliche chemische Verschiebungen. Beim Umwandlungsprozeß werden die diastereotopen Gruppen ausgetauscht. Damit wird es für das weitere Verständnis erforderlich, einige Erläuterungen zu den Begriffen „äquivalent, homotop, diastereotyp, enantiotop, isochron und anisochron" zu geben [15].

2.1.1. *Die Begriffe „äquivalent, homotop, diastereotop, enantiotop, isochron und anisochron"*

2.1.1.1. *Äquivalente Anordnungen in Molekülen*

Gruppen innerhalb eines Moleküls werden bei innerem Vergleich als *äquivalent* bezeichnet, wenn sie durch Drehung um eine Drehachse C_n ($\alpha > n > 1$) ausgetauscht werden können und so zu einer Struktur führen, die vom Original nicht zu unterscheiden ist. Mit einem Austausch ist hier eine Symmetrieoperation gemeint, die zum Beispiel A in eine Position bringt, die durch diese Symmetrieoperation vorher von A' freigemacht worden ist. So wird z. B. im Ammoniak mit C_{3v} bei dieser Symmetrieoperation der mit H_1 bezeichnete Wasserstoff bei der Drehung um $2\pi/3$ in die von dem mit H_2 bezeichneten Wasserstoff vorher besetzte Position und das mit H_2 bezeichnete Proton in die Position, die vorher von dem mit H_3 bezeichneten Wasserstoff besetzt war, gebracht.

Es muß aber gesagt werden, daß wir den Begriff „äquivalent" auf jene Gruppen einschränken müssen, die durch eine C_n-Symmetrieoperation ineinander umgewandelt werden können, während die Verbindungen, die durch eine S_n-Operation ineinander umgewandelt werden können, hier auszuschließen sind.

In Molekülen, die äquivalente Gruppen enthalten, muß also die C_n-Achse ein Symmetrieelement des Moleküls sein. Abbildung 15 zeigt einige typische Beispiele mit äquivalenten Protonen:

Punktgruppe C_{2v}

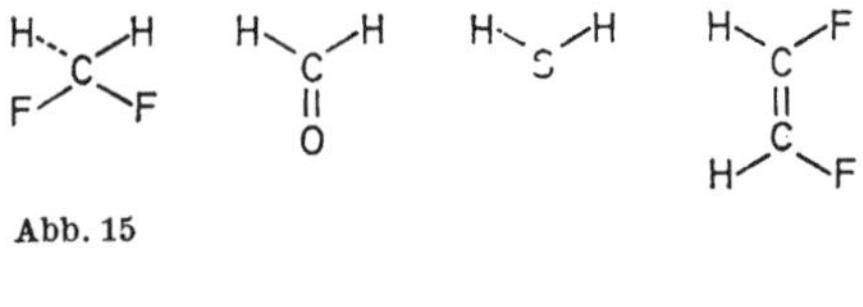

Abb. 15

Wie wirken sich nun die durch die Symmetrieoperation in einer Struktur austauschbaren Gruppen oder Protonen auf die Interpretation eines KMR-Spektrums aus?

Kerne, die äquivalent sind, sind durch ihre Umgebung stets gleich abgeschirmt und müssen daher in achiralen Lösungsmitteln die gleiche chemische Verschiebung aufweisen. Solche Gruppierungen werden dann als „chemisches Verschiebungsäquivalent" oder *isochron* bezeichnet. („Magnetisch äquivalent", „chemisch äquivalent" sind als Bezeichnungen ebenfalls im Gebrauch).

Zur besseren Erkennbarkeit äquivalenter Gruppen sei nochmals betont, daß die Operation des Austausches nicht auf C_2-Strukturen beschränkt ist, denn z. B. im Methylchlorid mit (C_{3v}) sind die drei äquivalenten H-Atome durch eine C_3-Operation austauschbar, so daß alle Moleküle, die zu axialen Punktgruppen gehören (mit Ausnahme von $C \infty v$) äquivalente Gruppen enthalten müssen. Oder anders ausgedrückt: eine Molekel hat äquivalente Gruppen, wenn und *nur* wenn sie wenigstens eine C_2-Achse enthält. Es folgt daher, daß Moleküle, die zu den drei nicht-axialen-Punktgruppen (C_1, C_i und C_s) gehören, keine äquivalenten Gruppen enthalten können, weil diese Symmetrien die C_n-Operation, die für den Austausch von äquivalenten Gruppen erforderlich ist, ausschließen.

Auf die Diskussion der Symmetriepunktgruppen kann in diesem WTB nicht näher eingegangen werden. Es sei deshalb auf die einschlägige Literatur verwiesen.

2.1.1.2. Enantiotope Anordnungen in Molekülen

Betrachten wir zur Erklärung eine Struktur wie die nachstehend abgebildete (Abb. 16):

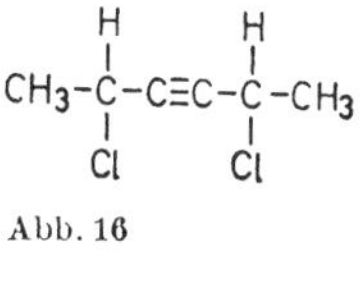

Abb. 16

Ist die Umgebung einer zu betrachtenden Gruppe bei einem molekülinternen Vergleich enantiomer zu einer anderen vergleichbaren Gruppe im gleichen Molekül, so wird diese Gruppe als *enantiotop* bezeichnet. In der voranstehenden Formel sind zweifellos die beiden Gruppen CH_3CHCl. zueinander enantiotop. Betrachten wir dagegen die Struktur in Abb. 17 so folgt, daß hier die beiden CH_3CHCl-Gruppen nicht enantiotop zueinander sind.

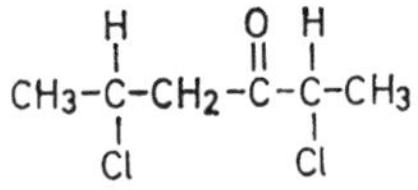

Abb. 17

Exakter gibt aber die folgende Definition diesen Sachverhalt wieder: Gruppen oder Protonen werden als enantiotop zueinander bezeichnet, wenn sie durch Drehspiegelung (S_n) ineinander überführt werden können, nicht aber durch Drehung um eine Symmetrieachse $[C_n(n > 1)]$.

In diesem Zusammenhang sei daran erinnert, daß die einfachste Drehspiegelachse, die S_1-Achse, gleichbedeutend ist mit einer Symmetrieebene (σ-Ebene) senkrecht zur Achse, und eine σ-Ebene eine Spiegelebene ist, die geometrische Figuren so halbiert, daß die Hälfte der Figur auf der einen Seite der Ebene genau durch die andere Hälfte auf der anderen Seite des Moleküls gespiegelt wird. Damit ist $\sigma \equiv S_1$.

Die S_2-Symmetrieoperation ist gleich der Inversion des Moleküls durch ein Symmetriezentrum (i), daß die C—C-Bindungen teilt. Moleküle die S_n-Achsen besitzen, werden als achiral oder nicht dissymmetrisch bezeichnet und sind mit ihrem Spiegelbild zur Deckung zu bringen; umgekehrt werden Moleküle, die keine S_n-Achsen besitzen, als chiral oder dissymmetrisch bezeichnet und sind nicht deckungsgleich mit ihren Spiegelbildern.

Damit kann die Definition der enantiotopen Gruppen

noch exakter gefaßt werden: Gruppen werden als enantiotop (bei internem Vergleich) bezeichnet, wenn sie nur durch S_n-Operationen und nicht einfach durch Rotation ($C_n(n > 1)$) ausgetauscht werden können und zu einer Struktur führen, die vom Original nicht zu unterscheiden ist.

In dem eigentlichen Sinn eines Enantiomerenverhältnisses sind damit enantiotope Gruppen auch nicht deckungsgleich.

Einige Beispiele zeigt Abb. 18.

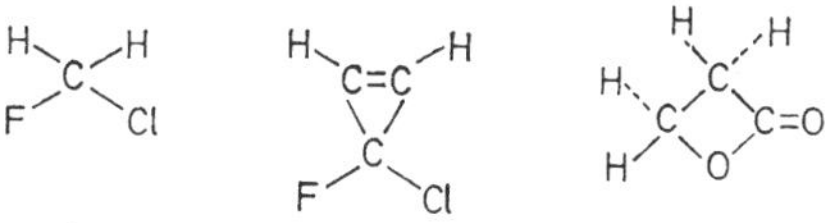

C_s C_s

Abb. 18

In diesen Strukturen sind die Gruppen nur durch Reflexion an einer Spiegelebene ($\sigma = S_1$) austauschbar.

Diese Beispiele verdeutlichen aber noch, daß enantiotope Gruppen nicht an das gleiche Atom gebunden sein müssen.

Im Gegensatz zu den Molekülen, die äquivalente Gruppen enthalten, können Moleküle, die enantiotope Gruppen enthalten, zu den nichtaxialen Punktgruppen C_s und C_i gehören, aber sie können auch in axialen Punktgruppensystemen vorkommen. Die C_1-, C_s- und C_i-Punktgruppen werden als nichtaxiale Punktgruppen bezeichnet, weil keine $C_n(n > 1)$-Achsen in solchen Strukturen gefunden werden. Alle anderen Punktgruppen werden als axial bezeichnet.

Damit ist für die Suche nach enantiotopen Gruppen abzuleiten, daß weder lineare noch chirale Moleküle fähig sind, enantiotope Gruppen zu enthalten und Moleküle, die solche Gruppen enthalten, sind daher zwangsläufig nichtlinear und achiral; während asymmetrische Moleküle, die zur Punktgruppe C_1 gehören, die nicht axial und chiral sind, weder äquivalente noch enantiotope Gruppen enthalten können.

Schließlich noch ein wichtiges Beispiel (Abb. 19), das sich mit der $i \equiv S_2$-Symmetrieoperation beschäftigt:

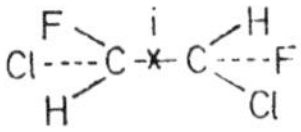

Abb. 19

Das Tetrahalogenäthan gehört zur Punktgruppe C_i, da es ein Symmetriezentrum als Grundsymmetrieelement besitzt. Wie bereits abgeleitet wurde, kann ein solches Molekül keine äquivalenten Gruppen besitzen, da die erforderliche C_n-Achse fehlt.

Die Wasserstoffatome, die Chloratome und die Fluoratome bilden daher drei Gruppen von enantiotopen Atomen, die zwar nicht durch eine Rotation oder Spiegelung (σ), wohl aber durch eine Inversionsoperation ($i \equiv S_2$) ausgetauscht werden können.

Die gleiche Situation liegt in den zwei Isomeren des 1,4-Dichlor-2,5-difluorcyclohexanons vor (Abb. 20):

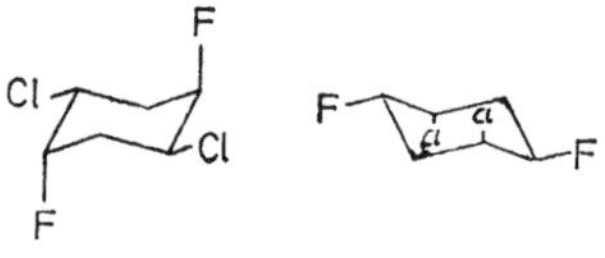

Abb. 20

In beiden Sessel-Konformationen sind zwei enantiotope Halogene und vier enantiotope Wasserstoffatome vorhanden.

Damit kann ausgesagt werden, daß eine notwendige und hinreichende Bedingung für das Auftreten von enantiotopen Gruppen in einem Molekül das Vorhandensein einer S_n-Achse senkrecht zur Ebene ist und das in dieser Ebene keine C_2-Achse vorhanden sein darf. Bei

^{1}H-KMR-spektroskopischen Untersuchungen innermolekularer Bewegungsformen von solchen Strukturen, die enantiotope Gruppen enthalten, kann daher für die Interpretation der Spektren abgeleitet werden, daß enantiotope Kerne, d. h. Kerne, die durch die voranstehend erwähnte Symmetrieoperationen ausgetauscht werden können, gleiche Abschirmung vorausgesetzt werden kann. Die Folge ist, daß solche Kerne unter achiralen Bedingungen die gleiche chemische Verschiebung erfahren und damit nicht unterscheidbar sind.

In chiralen Lösungsmitteln dagegen befinden sich die enantiotopen Kerne in diastereomerer Umgebung, erhalten damit auch unterschiedliche chemische Verschiebungen und sind damit getrennt nachweisbar.

2.1.1.3. Diastereotope Anordnungen im Molekül

In Analogie zur voranstehenden Begriffsbestimmung für enantiotope Gruppen werden Gruppen oder Anordnungen als *diastereotop* bezeichnet, wenn sie die gleiche Struktur besitzen, sich in diastereomerer Umgebung befinden und sich durch keine Symmetrieoperation ineinander umwandeln lassen.

Einige Beispiele hierfür sind in Abb. 21 zusammengestellt.

Moleküle, die diastereotope Gruppierungen besitzen, können im Gegensatz zu Molekülen, die äquivalente oder enantiotope Gruppierungen im Molekülverband enthalten, auch in den linearen Symmetriepunktgruppen vorkommen.

So können also asymmetrische Moleküle, die der C_1-Punktgruppe angehören und weder äquivalente noch enantiotope Gruppen enthalten, ohne weiteres diastereotope Gruppen enthalten. Ein Beispiel hierfür ist das Propiolacton-2-*d*, das zwei diastereotope Methylenwasserstoffe enthält, und das Cyclobutanon-2-*d* (Abb. 22) mit zwei diastereotopen Methylengruppierungen.

Die zwei diastereotopen H-Atome brauchen auch nicht

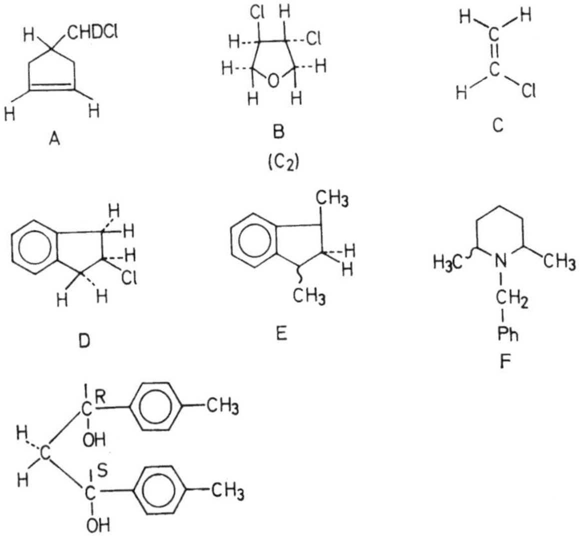

Abb. 21

an dem gleichen C-Atom zu haften, wie es in dem ersten Beispiel der Übersicht zu sehen ist.

Moleküle, die chiral aber nicht asymmetrisch sind, können ebenfalls diastereotope Gruppierungen enthalten (*B*), daraus ergibt sich eindeutig, daß die molekulare Dissymmetrie weder eine erforderliche noch eine hinreichende Bedingung für die Anwesenheit von diastereotopen Gruppen ist.

Für die spektroskopischen Untersuchungen der innermolekularen Bewegungsformen ergibt sich damit, daß Kerne, die diastereotop sind, unterschiedliche chemische

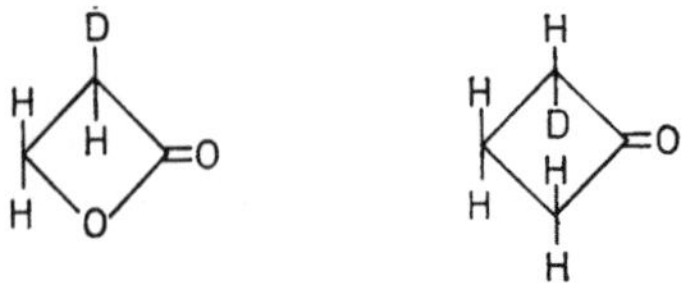

Abb. 22

Verschiebungen sowohl in achiralen als auch chiralen Lösungsmitteln besitzen müssen. Die diastereotopen Gruppierungen sind somit *anisochron* und getrennt im ^{1}H-KMR-Spektrum nachweisbar.

Obgleich nach den Symmetriebetrachtungen aussagbar ist, daß diastereotope Kerne (oder enantiotope Kerne in chiralen Lösungsmitteln) anisochron sind, besagt diese Feststellung natürlich noch nicht, wie groß die daraus resultierende Differenz der chemischen Verschiebungen sein kann. Oft wird es so sein, daß die Differenzen so gering sind, daß sie meßtechnisch nicht erfaßt werden können. In solchen Fällen sollte ein Wechsel des Lösungsmittels vorgenommen werden, um schließlich doch die erwünschte Signalaufspaltung zu erreichen.

Diese wichtigen, voranstehend behandelten Kriterien zur exakten Interpretation von ^{1}H-KMR-Spektren von Substanzen, bei denen eine innermolekulare Bewegung erwartet werden kann, können wie folgt zusammengefaßt werden (Tab. 2):

Tabelle 2

Typ	Symmetrie-kriterium	Substitutions-kriterium	Molekülsymmetrie-Punktgruppen, die bei der Betrachtung ausgeschlossen sind
äquivalent	durch C_n ineinander umwandelbar ($\infty > n > 1$)	keine Isomeren mit chiralen oder achiralen Testgruppen darstellbar	konisch ($C_{\infty v}$) nichtaxial (C_1, C_s, C_i)
enantiotop	nur durch S_s ineinander umwandelbar	mit achiralen Testgruppen werden Enantiomere darstellbar; mit chiralen Testgruppen Diastereomere	linear ($C_{\infty \varepsilon}$, $D_{\infty h}$) chiral (C_n, D_n, T, O, J)
diastereotop	durch keine Symmetrieoperation ineinander umwandelbar	mit chiralen oder achiralen Testgruppen sind Diastereomere darstellbar	linear ($C_{\infty v}$, $D_{\infty h}$)

Ein übersichtlicher und praktikabler Weg zur Ableitung der Zugehörigkeit der Protonen oder Gruppen zu einer dieser Anordnungen ist im folgenden Schema zusammengestellt, das im Zusammenhang mit den voranstehenden Symmetriebetrachtungen für folgende fünf Strukturtypen Gültigkeit hat

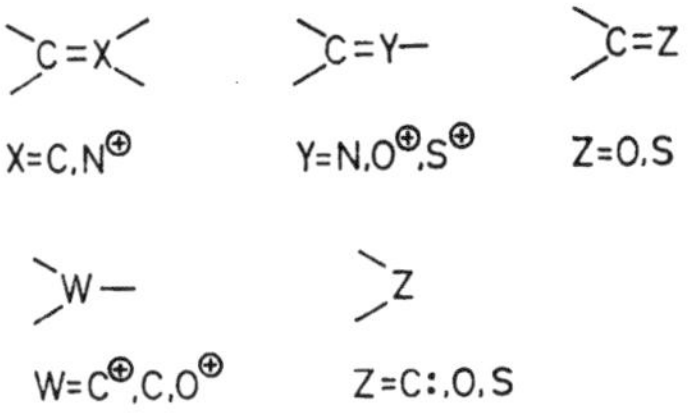

und damit eigentlich alle Moleküle umfaßt, die für den Organiker und Biochemiker interessant sind.

Die Festlegung des Charakters der Gruppierungen beruht auf den folgenden Voraussetzungen:

1. Zwei Gruppierungen in einem Molekül können in Beziehung zueinander gesetzt werden oder nicht.
2. Wenn zwei in Betracht kommende Gruppierungen zueinander in Beziehung gesetzt werden können, sind sie entweder äquivalent, enantiotop oder diastereotop zueinander.

   Äquivalente Gruppen werden mit den Buchstaben F, F', F'' enantiotope Gruppen mit den Buchstaben F und $\mathfrak{F}$, diastereotope Gruppen mit den Buchstaben R, G, H bezeichnet.
3. Zwei Gruppierungen in einem Molekül mit dem gleichen funktionellen Kern, sind bei internem Vergleich zueinander in Beziehung zu setzen.
4. Zwei Gruppierungen in einem Molekül mit unterschiedlichem funktionellem Kern können bei internem Vergleich zueinander in Beziehung gesetzt werden oder nicht.

Auf der Basis dieser Überlegungen kann dann wie folgt vorgegangen werden:

1. Es ist eine Ebene zu bestimmen, die diejenigen Atome enthält, die direkt an C und X, an C und Y, an W gebunden sind (Abb. 23). Für die Struktur III ist diese Ebene durch Z

und die direkt an C gebundenen Atome definiert, während in der Struktur (V)Z und die direkt daran gebundenen Atome diese Ebene bilden.

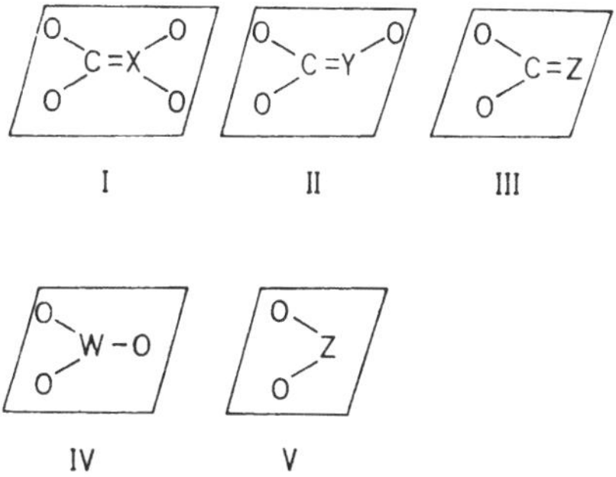

Abb. 23

2. Es ist nach einer C_2-Achse im Gesamtmolekül zu suchen, die in der gesuchten Ebene liegen muß. Ist eine solche Achse in das Molekül hinein zu projizieren, so sind die in Frage kommenden Gruppen äquivalent = *homotop.*
3. Ist keine C_2-Achse in der Ebene vorhanden, so ist nach einer S_n-Achse (meistens eine S_1- oder S_2-Achse) zu suchen, die senkrecht zu der gedachten Ebene angeordnet sein muß. Ist eine solche Achse vorhanden, so sind die in Frage kommenden Gruppen enantiotop; ist keine derartige Achse senkrecht zu der gedachten Ebene anzuordnen, so sind die in Frage kommenden Gruppen diastereotop (Abb. 24).

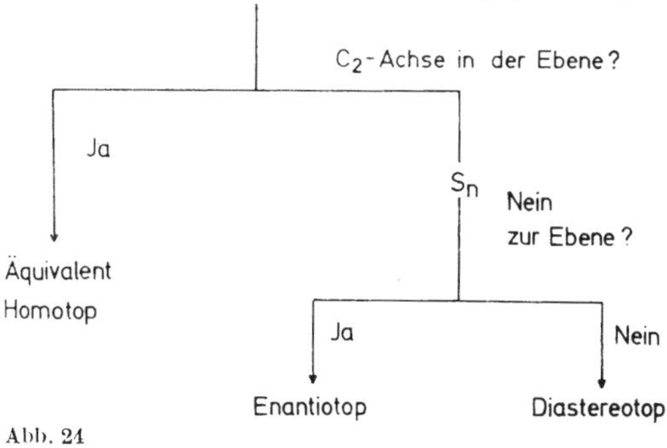

Abb. 24

In der nachfolgenden Zusammenstellung sind zur Verdeutlichung noch einige Beispiele angeführt.

Alken	C_2	S_n	Klassifikation
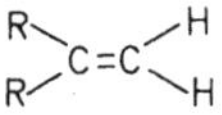	+	+	Äquiv.
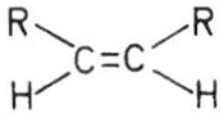	+	+	Äquiv.
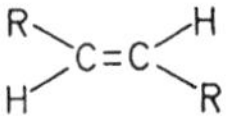	–	+	Enant.
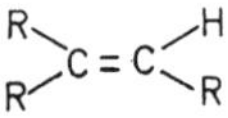	–	+	Äquiv.
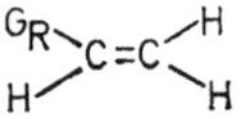	–	–	Diast.
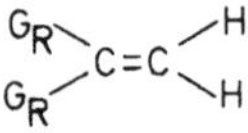	+	–	Äquiv.
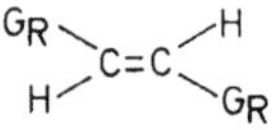	–	–	Diast.
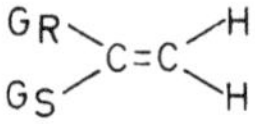	–	–	Diast.
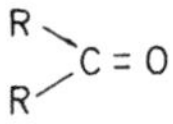	+	+	Äquiv.
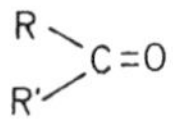	–	+	Enant.
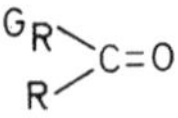	–	–	Diast.
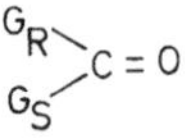	–	–	Diast.

2.1.1.4. *Nichtäquivalenz von Gruppierungen in prochiralen Gruppen*

Für die Interpretation von ^{1}H-KMR-Spektren dynamischer Prozesse in organischen Molekülen ist es von Bedeutung, die in den Spektren auftretenden Signale richtig zuzuordnen. Nachdem im vorangegangenen Abschnitt anisochrone Gruppen für das Auftreten von Doppelsignalen verantwortlich gemacht wurden, soll nunmehr noch erläutert werden, wie sich prochirale Gruppen auf das Aussehen von KMR-Spektren auswirken.

2.1.1.5. *Prochirale Gruppen*

Betrachtet man die Anordnung von Liganden (Abb. 25) um ein tetraedrisches Kohlenstoffatom, so gibt es drei Möglichkeiten:

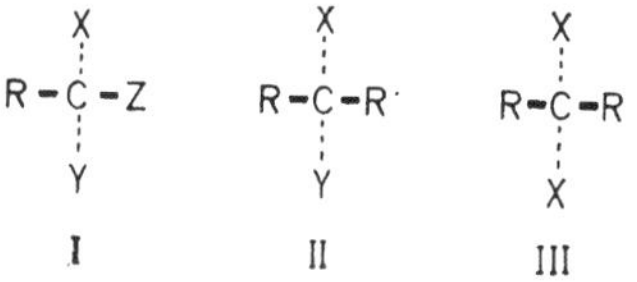

I II III

Abb. 25

Die erste Form wird im allgemeinen als *chiral* bezeichnet, da alle vier Liganden verschieden sind. Im zweiten Typ (II) sind zwei Liganden identisch; hier wird das Zentrum als *prochiral* bezeichnet. Die dritte Form (III) besitzt zwei identische Ligandenpaare, die an einer C_2-Achse angeordnet sind. Dieser Typ wird als C_2-Zentrum charakterisiert.

In einer prochiralen Anordnung können die paarweise auftretenden Liganden äquivalent (isochron) bzw. nichtäquivalent (anisochron) sein. Das hängt davon ab, welche Struktur die Gruppierungen *Y* und *X* besitzen. Prochirale Gruppen, die häufig für derartige Untersuchungen eingesetzt werden, sind z. B. die Äthyl-, Benzyl-, Isopropyl- und Phosphinogruppierungen (Abb. 26).

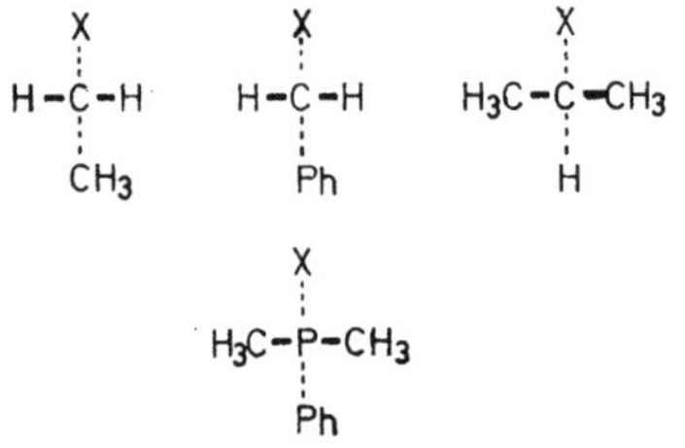

Abb. 26

In diesem Zusammenhang muß auch der Fall in Betracht gezogen werden, daß sich zwei Liganden nur in ihrer Konfiguration voneinander unterscheiden und somit in sich enantiomer sind. Geschieht das, kann die von Hanson [25] eingeführte Definition einer prochiralen Gruppe wie folgt wiedergegeben werden:

Wenn in einem endlichen, nichtchiralen Assemble ein Punktligand durch einen anderen Punktliganden ersetzt wird, und dadurch ein chirales Assemble erhalten wird, dann war das ursprüngliche Assemble prochiral.

Die Bezeichnung „Assemble" bezieht sich hier eindeutig auf das Zentrum und nicht auf die gesamte molekulare Chiralität. Es folgt daraus, daß irgendein Molekül, das enantiotope Gruppen enthält, „prochiral" ist und umgekehrt werden Moleküle, die enantiotope Gruppen besitzen, als prochiral bezeichnet. Moleküle, die diastereotope Gruppen tragen, können prochiral sein.

In dem folgenden Beispiel (Abb. 27) ist das zentrale C-Atom kein „C_2-Zentrum", da die α-Methylbenzyl-Liganden sich in ihrer Konfiguration voneinander unterscheiden. Es ist aber auch kein prochirales Zentrum, da der Ersatz des einen der R-Liganden durch einen neuen Liganden eher ein pseudo-asymmetrisches als ein prochirales Kohlenstoffatom erzeugt. Das zentrale C-Atom ist dagegen ein C_2-Zentrum, wenn die chiralen Liganden die gleiche Konfiguration besitzen. Die R-Substituenten in dem zweiten Typ können — wie in dem

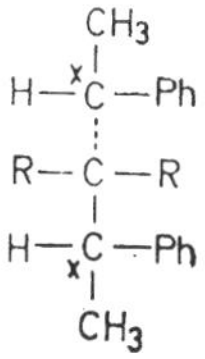

Abb. 27

folgenden Beispiel (Abb. 28) — chiral sein; hier wäre dann das zentrale Kohlenstoffatom prochiral, wenn die CH(OH)—COOH-Gruppen die gleiche Konfiguration besitzen. In dem Fall, daß sich beide Gruppen in ihrer Konfiguration voneinander unterscheiden, wäre das zentrale Kohlenstoffatom pseudo-asymmetrisch.

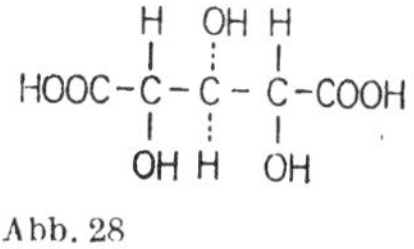

Abb. 28

Betrachtet man nun die gepaarten Liganden an einem prochiralen oder an einem C_2-Zentrum im Hinblick auf die zu erwartenden ^{1}H-KMR-Spektren, so ist folgendes festzustellen:

1. Ist ein zentrales Kohlenstoffatom ein C_2-Zentrum, so sind die in Frage kommenden Gruppen äquivalent = homotop = isochron.
2. Ist das Zentrum prochiral, so können die gepaarten Liganden entweder enantiotop oder diastereotop sein. Um das entscheiden zu können, muß in dem Molekül eine σ-Ebene angeordnet werden können, die die Ebene R—C—R (Typ II, S. 43) halbiert. Ist eine solche Ebene hineinprojizierbar, so sind die beiden Liganden R enantiotop; ist keine σ-Ebene

hineinprojizierbar, so sind die beiden Liganden *R* diastereotop; d. h. man beobachtet eine geminale Nichtäquivalenz der Gruppen.

Für das Auftreten der geminalen Nichtäquivalenz hatte man früher [26] angenommen, daß es bereits ausreicht, wenn keine Symmetrieebene zwischen den geminalen Gruppen vorliegt. Das ist sicherlich nicht ganz richtig, denn z. B. kann in der folgenden Verbindung (Abb. 29) keine solche Symmetrieebene hineinprojiziert werden und trotzdem sind im Spektrum die geminalen Methylenprotonen äquivalent.

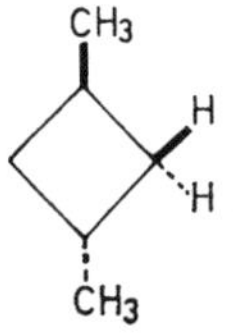

Abb. 29

Es ist daher zweifellos besser, zuerst zu prüfen, ob das Molekül ein C_2-Zentrum besitzt.

In dem folgenden Beispiel (Abb. 30) ist das cyklische $C(CH_3)_2$-Kohlenstoffatom und das cyclische Methin-Kohlenstoffatom prochiral, da es keine σ-Ebene gibt, die den $CH_3{-}C{-}CH_3$-Winkel oder die Ebene des acyclischen Methin-Kohlenstoffatoms halbiert. Daraus folgt, daß beide geminalen Methylgruppen an beiden Zentren diastereotop = anisochron sind.

Stark vereinfacht könnte man den Schluß ableiten, daß chirale Moleküle keine Symmetrieebenen besitzen und

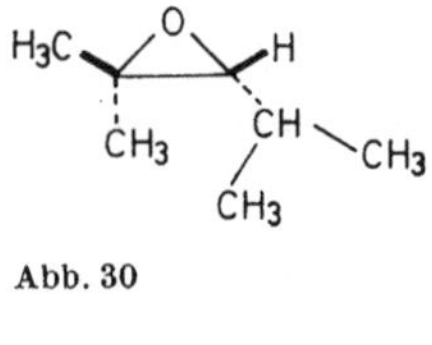

Abb. 30

daher die geminalen Liganden an prochiralen Zentren stets diastereotop sein müssen.

Umgekehrt stimmt diese Annahme (Abb. 31) nicht immer, wie es der folgende Fall beweist [27]:

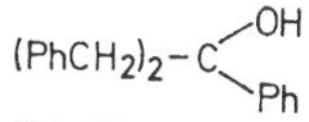

Abb. 31

Das Carbinol ist achiral, aber die geminalen Methylenprotonen sind im KMR-Spektrum diastereotop, da die Symmetrieebene nicht durch das prochirale Zentrum verläuft.

2.1.1.6. *Zur Verschiedenheit der chemischen Verschiebungen in diastereotopen Gruppierungen*

Untersucht man die ^{1}H-KMR-Spektren der *meso*-Verbindung (Abb. 32), sowie der racemischen Verbindung der folgenden Struktur [28], so stellt man fest, daß beide gut voneinander unterschieden werden können. Warum ist das so?

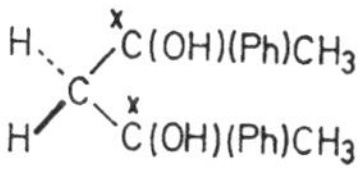

Abb. 32

In dem *meso*-Isomeren unterscheiden sich die beiden chiralen Zentren in ihrer absoluten Konfiguration. Das Methylen-Kohlenstoffatom ist außerdem kein C_2-Zentrum und die molekulare Symmetrieebene halbiert den Winkel H—C—H nicht. Damit sind die Methylenprotonen diastereotop, potentiell anisochron und damit im KMR-Spektrum nebeneinander nachweisbar.

In der racemischen Verbindung dagegen ist das Methylen-Kohlenstoffatom ein C_2-Zentrum und die Methylenprotonen erscheinen im ^{1}H-KMR-Spektrum als Singulett.

Ähnlich ist es im cyklischen Kohlenwasserstoff [29] (Abb. 33). Hier sind die Methylenprotonen anisochron in der *cis*-Verbindung und isochron in der *trans*(±)-Verbindung.

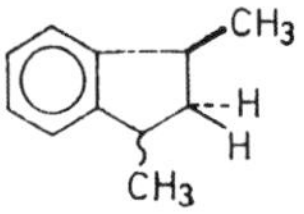

Abb. 33

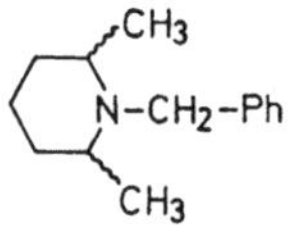

Abb. 34

Ein interessantes Beispiel ist schließlich das voranstehende Amin [30] (Abb. 34). Die Benzyl-methylen-Protonen sind diastereotop in der *trans*-1,3-Dimethyl-Verbindung und liefern im ^{1}H-KMR-Spektrum ein AB-System, während die gleichen Protonen in der *cis*-Verbindung enantiotop sind und demgemäß als Singulett im ^{1}H-KMR-Spektrum erscheinen.

2.1.1.7. *Zur Verschiedenheit der chemischen Verschiebungen in enantiotopen Gruppierungen*

Geminale Gruppen, die an einem prochiralen Zentrum haften, sind solange enantiotop, wie das Zentrum der prochiralen Gruppe in einer molekularen Symmetrieebene liegt, die den Winkel zwischen den geminalen Gruppen halbiert. Das bedeutet, daß enantiotope Gruppen sich in einer Spiegelbildanordnung befinden und damit isochron in achiralen oder racemischen Lösungsmitteln sind.

Verwendet man dagegen chirale Lösungsmittel, so werden die enantiotopen Gruppen im ^{1}H-KMR-Spektrum nach außen hin diastereotop und somit anisochron [15].

Damit kann prinzipiell auch eine Verschiedenheit der chemischen Verschiebungen der enantiotopen, geminalen Protonen oder Gruppen beobachtet werden.

Als Beispiel sei die Ungleichheit der chemischen Verschiebungen der beiden geminalen Methylgruppen im Dimethylsulfit [31] und N,N-Dimethylanilinoxid [31] angeführt (Abb. 35), bei denen Anisochronie mit 0,06 und 0,038 ppm in optisch aktivem 2,2,2-Trifluorphenyläthanol beobachtet werden konnte.

Abb. 35

Eine zweite Möglichkeit, enantiotope Gruppen im ^1H-KMR-Spektrum zu unterscheiden, besteht in dem Einsatz von chiralen Lanthaniden-shift-Reagenzien (Abb. 36), wie z. B. dem Tris-[3-Trifluoromethylhydroxymethylen-*d*-camphorato]-europium(III) [18].

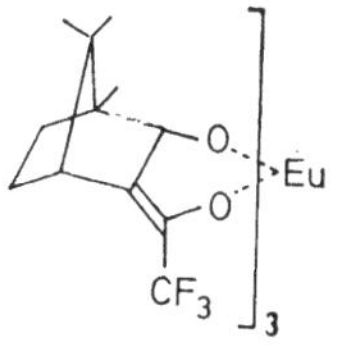

Abb. 36

Verwendet man eine Tetrachlorkohlenstofflösung mit 0,1 *M* Substrat und 0,05 *M* shift-Reagenz, so kann man z. B. bei den beiden Methylgruppen im Dimethylsulfoxid eine Anisochronie von 0,06 ppm im ^1H-KMR-Spektrum und von 0,20 ppm im ^{13}C-Spektrum beobachten. Ähnliche Ergebnisse lassen sich auch beim Zusatz dieses Reagenzes zu 2-Propanol und 2-Propylamin erreichen.

Tabelle 3 vermittelt einen Eindruck von der Größe der unterschiedlichen chemischen Verschiebung ($\Delta\delta$) und der geminalen Kopplungskonstanten (J) der enantiotopen

Methylenprotonen von Alkoholen des Typs *R*-CH_2OH in Gegenwart des chiralen Tris-[3-heptafluoropropylhydroxymethylen-d-camphorato]praseodyms(III) [19].

Tabelle 3

($R-CH_2OH$) | *R*	Mol-Verhältnis Lanthanid/Substrat	$\Delta\nu$ [ppm]	*J* [Hz]
C_6H_5	0,15	0,13	13,0
C_6H_5	0,28	0,22	12,9
4-CNC_6H_4	0,30	0,12	14,5
4-$CF_3C_6H_4$	0,27	0,15	14,0
4-FC_6H_4	0,26	0,08	13,2
4-$CH_3C_6H_4$	0,23	0,15	12,8
4-$CH_3OC_6H_4$	0,22	0,11	13,0
$(CH_3)_3C$	0,27	0,12	12,0

2.1.1.8. Einfluß der Rotation und Inversion auf das prochirale Zentrum

Intramolekulare dynamische Prozesse, wie Rotation oder Inversion, können sich auf das Aussehen eines Spektrums einer Verbindung mit einem prochiralen Zentrum entscheidend bemerkbar machen. Als Beispiel mag die Verbindung $BrCF_2-CCl_2Br$ gelten (Abb. 37).

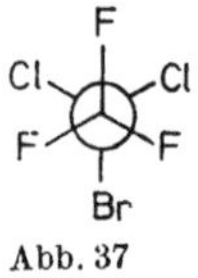

Abb. 37

In ihr sind die beiden geminalen Fluoratome diastereotop und anisochron. Bei normaler Temperatur ist jedoch die Drehung um die zentrale C—C-Bindung relativ frei und „schnell" im Sinne der KMR-Zeitskala. Die in der Zeiteinheit durchschnittliche Anordnung läßt die Fluoratome enantiotop erscheinen. Als Folge findet man im KMR-Spektrum auch nur ein einfaches Signal [20].

Das andererseits aber bei der Interpretation von

Spektren auch Vorsicht geboten ist, soll am folgenden Beispiel (Abb. 38) gezeigt werden [21].

Bei einer Temperatur von $-141\,^{\circ}C$ findet man im ^1H-KMR-Spektrum zwei anisochrone Methylgruppensignale im Verhältnis 2 : 1. Damit liegt also hier eine

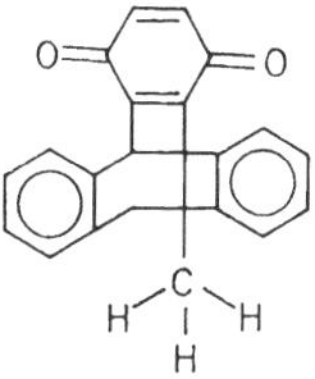

Abb. 38

geminale Nichtäquivalenz vor, die aber nicht durch ein prochirales Zentrum hervorgerufen wird, sondern dadurch entsteht, daß die Rotation um die Bindung Methylgruppe-C-Rest des Moleküls, bereits relativ langsam im Sinne der KMR-Zeitskala abläuft. Damit ist die Methylgruppe aber in den Konformationswechsel des gesamten Moleküls einbezogen und führt zu den geschilderten Spektren.

Ähnliche Fälle der Nichtäquivalenz von Methylgruppen in tert.-Butylgruppen werden im Abschn. 3.3. diskutiert.

2.1.1.9. Der Einsatz der prochiralen Gruppe zur Untersuchung dynamischer Prozesse

Eine Möglichkeit dynamische Prozesse in organischen Molekülen zu untersuchen besteht darin, eine acyklische prochirale Gruppe, z. B. eine Isopropylgruppe, durch Substitution an einer Stelle im Molekül einzuführen, die selbst an dem dynamischen Prozeß nicht beteiligt ist [12].

Der prochirale Rest kann dann eine Veränderung in der molekularen Symmetrie hervorrufen (im Sinne der KMR-Zeitskala) und ausgezeichnete Informationen über die Konformation oder dynamische Prozesse liefern.

So kann z. B. die Einführung eines Methylenester-Restes in das verdrehte Biphenyl-System (Abb. 39) dazu genutzt werden, die Rotation um die zentrale C—C-Bindung zu untersuchen. Im Ausgangszustand *A* sind die geminalen Methylenprotonen diastereotop, da keine Symmetrieebene vorhanden ist, die durch das prochirale Zentrum verläuft. Bei Drehung um 180° werden die

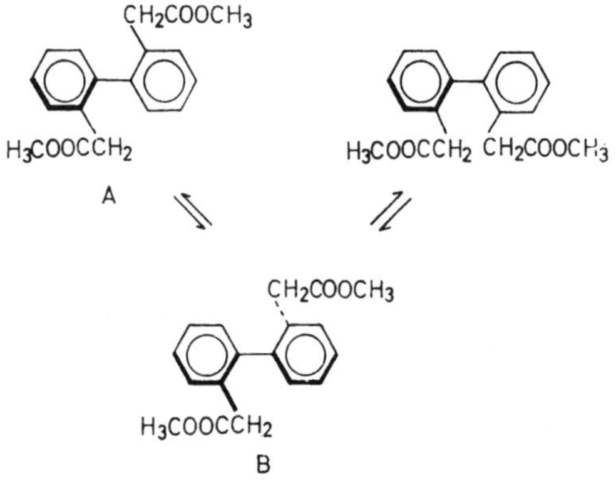

Abb. 39

gleichen Protonen enantiotop und damit isochron. Das ist nur erklärbar, wenn man in dem Übergangszustand *B* eine Symmetrieebene annimmt, die durch das prochirale Zentrum verläuft. Damit entspricht dieser Rotationsprozeß einem Racemisierungsverfahren, bei dem die beiden Rotameren enantiomer sind. Die Umwandlungsgeschwindigkeit kann aus dem Spektrum bestimmt werden, d. h. in diesem Fall in dem Temperaturbereich, in dem das Methylen-*AB*-System zu einem Singulett zusammenfällt.

Ein weiteres Beispiel (Abb. 40) ist die Untersuchung der „degenerierten Racemisierung" von Carbodiimiden [23], in denen die Signale der geminalen Methylenprotonen bei —140 °C zusammenfallen.

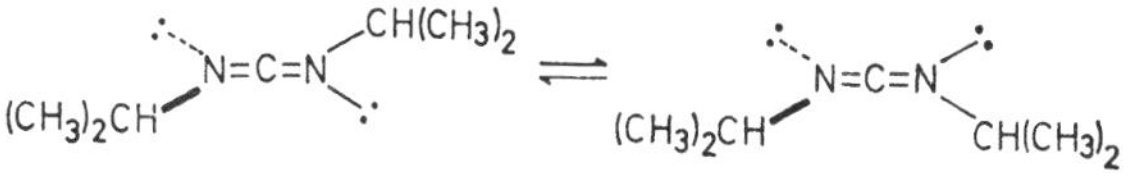

Abb. 40

Als drittes Beispiel (Abb. 41) sei noch das Pyrrolin-2-on angeführt [24], bei dem eine Verschiedenheit der chemischen Verschiebungswerte für die geminalen Methylenprotonen bis 175 °C festgestellt wurde. Dieser experimentelle Befund führte zu der überraschenden Annahme, daß die Rotation um die CH_2-Ringbindung durch die benachbarten 5-Phenyl- und 4-Alkyl-Gruppen unmöglich geworden ist.

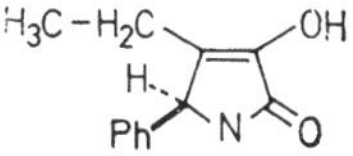

Abb. 41

Kehren wir nunmehr zurück zu unserem Beispiel (Abb. 42). Bei der Auswertung des Spektrums waren wir davon ausgegangen, daß der Stickstoffinversionsprozeß eines Amids zu einem Enantiomeren führen müßte:

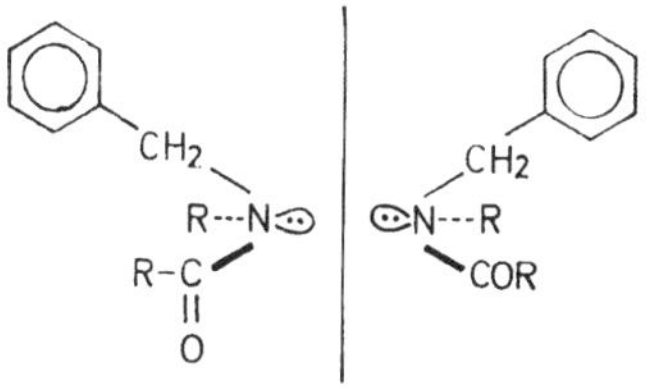

Abb. 42

Diese Spiegelbildisomere (= Enantiomere) können nach dem vorhergesagten KMR-spektroskopisch unter achiralen Bedingungen, unabhängig von der Höhe der Inversionsbarriere, nicht unterschieden werden. Dagegen sind Konformere, die durch Rotationsbehinderung entstehen, KMR-spektroskopisch unterscheidbar. Die Darlegungen aus Abschn. 4.2. erlauben die Schlußfolgerung, daß die am stärksten rotationsbehinderte Bindung in der Reihe der Amide die Amidbindung ist. Die Rotation um die C(O)–N-Bindung ist durch den partiellen Doppelbindungscharakter erschwert. In den dadurch existierenden *E*-*Z*-Isomeren (Abb. 43) sind die einander entsprechenden Protonen oder Gruppen diastereotop:

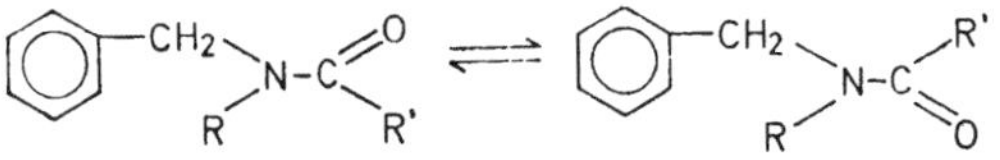

Abb. 43

Damit müssen die Isomerensignale in den ^{1}H-KMR-Spektren diesen Rotameren zugeordnet werden. Die Trennung in zwei unterschiedliche Signale der *E*-*Z*-Isomeren wird durch die Anisotropie der diamagnetischen Suszeptibilität der Carbonylgruppe wesentlich mit beeinflußt.

2.1.1.10. Zuordnung der E-Z-Isomerensignale in Amiden

Zur Zuordnung der Protonensignale kann der anisotrope Einfluß molekularer Magnetfelder auf die chemische Verschiebung der KMR-Resonanzsignale genutzt werden. Diese Verschiebung einander entsprechender Protonen oder Protonengruppen der Isomeren ist unabhängig von der Orientierung und dem Abstand zum molekularen Zusatzfeld. Zur Signalzuordnung werden meistens drei Kriterien genutzt:

1. Verschiebungen, die aus der Form des anisotropen Magnetfeldes der Amidgruppe vorhergesagt werden können

Die magnetische Suszeptibilität der C=O-Bindung ist in allen drei Raumrichtungen unterschiedlich. In der folgenden Abbildung ist der Anisotropiekegel der C=O-Bindung dargestellt (Abb. 44).

Protonen, die sich in der mit „+“ bezeichneten Region befinden, werden durch den hohen Diamagnetismus abgeschirmt (Abnahme von δ). Die mit „−“ bezeichnete Region in der C=O-Bindung ist paramagnetisch. Protonen, die sich in dieser Region befinden, werden gegenüber dem äußeren Magnetfeld entschirmt (Zunahme von δ).

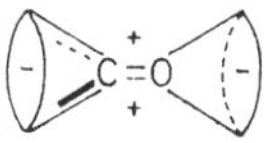

Abb. 44

Aus Ergebnissen KMR-spektroskopischer Untersuchungen dialkylierter Amide entwickelten PAULSEN und TODT [32] eine einfache Methode zur qualitativen Abschätzung der chemischen Verschiebung von Protonen in Abhängigkeit von ihrer Stellung zur C=O-Gruppe. Durch Zuordnung von Signalen sterisch fixierter Protonen wiesen sie nach, daß die Wirkung der magnetischen Anisotropie der Amidgruppe für bestimmte Abschnitte der Peripherie, die durch Rotation der H-Atome von N-Methylgruppen entsteht, zu differenzieren ist. Sind in N.N-Dimethylamiden N−CH_3-Gruppen cis-ständig zum Carbonylsauerstoff, so befinden sie sich außerhalb des C=O-Anisotropiekegels. Protonen dieser N−CH_3-Gruppen werden stärker abgeschirmt als Protonen der („in plane“) *trans*-C-NH_3-Gruppen und absorbieren deshalb bei höheren Feldern.

In Übereinstimmung mit dieser Regel ergaben Isomerenzuordnungen von FRANCONI [33] sowie LAPLANCHE und ROGERS [34], daß z. B. der Carbonylgruppe benachbarte CH_3-Gruppen stärker abgeschirmt sind (Abb. 45) als ihr gegenüberstehende.

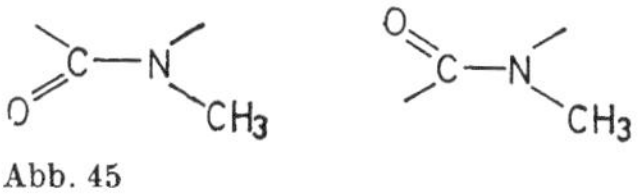

Abb. 45

Die konformative Position eines N—CH-Protons bewirkt nicht nur eine Änderung der Größe, sondern auch des Vorzeichens der relativen Abschirmung in den Isomeren.

Beispielsweise würde das CH-Signal einer Isopropylgruppe des Isomeren *A* bei niedrigerem Feld gefunden als in *B*. Diesen Befund haben andere Autoren [35] durch KMR-Messungen an den Methyldeuterierten Amiden N,N-Diäthylformamid-d_6 und N,N-Diisopropylformamid-d_{12} (Abb. 46) bestätigt.

Abb. 46

Die Deuterium-entkoppelten Protonen der CH_2-Gruppen in *A* bzw. der CH-Gruppen in *B* zeigen magnetische Nichtäquivalenz. Die Resonanz der mit α gekennzeichneten Protonen (CH bzw. CH_2, cis-ständig zum Carbonylsauerstoffatom) erfolgt bei tieferem Feld. Das Hochfeldsignal ist den β-Protonen zuzuordnen.

2. Verschiebungen, die hervorgerufen werden durch die Anisotropie der Phenylgruppe

Ein Phenylkern verursacht durch seinen Ringstromeffekt ein anisotropes Magnetfeld (Abb. 47).

Protonen, die in der Ebene des aromatischen Systems liegen (mit „—“ gekennzeichnete Region), werden ent-

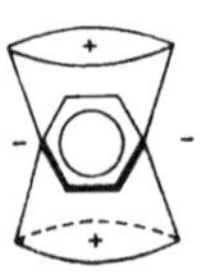

Abb. 47

schirmt. Ihre Resonanz erfolgt bei geringer Feldstärke. Das diamagnetische Magnetfeld des mit „+" gekennzeichneten Bereichs wirkt dem äußeren Magnetfeld entgegen. Die Resonanzlinien von Protonen dieser Region werden zu hohen Feldern (Abnahme von δ) verschoben.

3. Unterschiedliche Lösungsmittelverschiebungen der Signale

Ein einfaches Hilfsmittel zur Signalzuordnung ist die Variation des Lösungsmittels. Dazu werden KMR-Spektren der Amide sowohl in aprotischen, nichtaromatischen Lösungsmitteln als auch in aromatischen Lösungsmitteln aufgenommen (Abb. 48). Allgemein kann man sagen, daß in aromatischen Lösungsmitteln die Absorptionslinien der N-Alkyl-Protonen, die trans-ständig zum Carbonylsauerstoff angeordnet sind, stärker zu höheren Feldern verschoben werden, als cis-ständig angeordnete Protonen. Hatton und Richards [36] nehmen an, daß die unterschiedliche Benzolverschiebung auf einer spezifischen Wechselwirkung der π-Elektronen des Benzols und dem positiv geladenen Amidstickstoffion beruht:

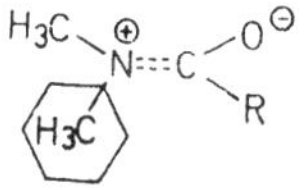

Abb. 48

Es entsteht dabei eine Struktur, in der das negativ geladene Carbonylsauerstoffion möglichst weit vom Zentrum des Benzolringes entfernt ist. Beide N-Alkylgruppen befinden sich in der diamagnetischen Region des Benzol-Anisotropiefeldes, wobei die Alkylgruppe, die trans-ständig zum Sauerstoffatom angeordnet ist, stärker beeinflußt wird als die cis-ständige. Diese unterschiedliche Beeinflussung der chemischen Verschiebung zur Zuordnung der Signale wird bei der „Benzol-Verdünnungsmethode" genutzt.

Sehen wir uns nun noch einmal das Spektrum des Amids an (s. S. 31):

Das N-Benzyl-N-methylformamid müßte bei schneller Rotation ein KMR-Spektrum mit vier Singuletts für die äquivalenten Protonen ergeben. Das Spektrum zeigt jedoch nur das Signal des Phenylkerns als Singulett. Durch die Rotationsbarriere der *E*-*Z*-Isomerisierung treten für die Absorption der CHO-, der Benzyl-CH_2- und der N—CH_3-Gruppe Doppelsignale auf. Das KMR-Spektrum des Amids ist damit bei Raumtemperatur eine Kombination der Signale der *E*-*Z*-Isomeren (Abb. 49).

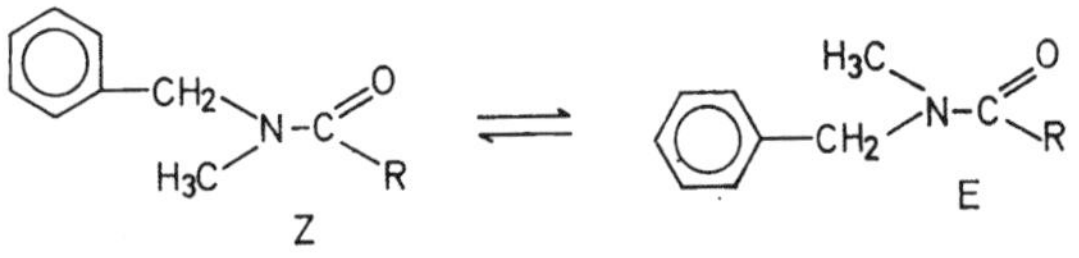

Abb. 49

Das Anisotropiefeld des aromatischen Ringes beeinflußt die N—CH_3-Gruppe der beiden Isomeren in gleicher Weise. Dagegen ist der Einfluß des C=O-Anisotropiefeldes auf die N-Alkylgruppen verschiedenartig. Nach den vorliegenden Untersuchungen ist das Hochfeldsignal der zum Carbonylsauerstoff cis-ständigen CH_3-Gruppe, d. h. der des *E*-Isomeren zuzuordnen. Außerdem sollte die Breite des Formylprotonensignals dieses Isomeren größer sein. Das Niedrigfeldsignal der C(O)H-Resonanz hat eine Breite von 2,3 Hz. Das Hochfeldsignal ist von geringerer Breite (1,9 Hz). Die Benzyl-CH_2-Gruppe ist im *E*-Isomeren trans-ständig zum Carbonylsauerstoffatom angeordnet und sollte bei höherem Feld absorbieren als die cis-ständige CH_2-Gruppe. Demnach können die intensiven Linien der Resonanzsignale (die N—CH_3-Hochfeldlinie, die CH_2-Hochfeldlinie und die C(O)H-Tieffeldlinie) dem *E*-Rotameren zugeordnet werden. Die folgende Übersicht vermittelt eine Zusammenfassung:

	C(O)H	C_6H_5	CH_2	CH_3	
E-Isomeres	8,22	7,24	4,33	2,72	(ppm)
Z-Isomeres	8,10	7,24	4,44	2,78	

2.1.1.11. Bestimmung des Isomerenverhältnisses

Die *E*-*Z*-Isomere des Amids besitzen einen unterschiedlichen Energieinhalt, wie aus Absch. 2.1., S. 31, zu entnehmen ist. Aus dem Unterschied der Freien Enthalpien resultiert ein Isomerenverhältnis ungleich 1 : 1, das im KMR-Spektrum durch eine Intensitätsdifferenz der Isomerensignale erkenntlich wird. Das Konzentrationsverhältnis der Rotationsisomeren entspricht dem Flächenverhältnis der KMR-Absorptionssignale. Bei geringer Umwandlungsgeschwindigkeit der Rotameren ineinander kann aus dem Flächenquotient ΔA nach der Gleichung

$$\Delta G = -RT \ln \frac{C_A}{C_B}$$

der Unterschied der Freien Enthalpien der Rotamere berechnet werden.

Die Unterschiede in den Werten der chemischen Verschiebung durch Lösungsmittelwechsel betragen im allgemeinen weniger als 0,1 ppm. Großen Einfluß hat das Lösungsmittel jedoch häufig auf das Verhältnis der *E*-*Z*-Isomeren.

In Tab. 4 sind die aus dem Spektrum zu entnehmenden Flächenverhältnisse der Rotamerenanteile, der Anteil der Rotameren am Gleichgewicht sowie der daraus resultierende ΔG-Wert angegeben. Zur Ermittlung dieser

Tabelle 4

Molverhältnis und Energieunterschiede der *E*-*Z*-Isomeren

Lösungsmittel	Temperatur [°C]	ΔA	*E*-Isomeres	*Z*-Isomeres	ΔG [kcal/Mol]
$CDCl_3$	24	1,36	58%	42%	0,18
DMSO-d_6	20	1,50	60%	40%	0,24

Größen werden die CH_2- und CH_3-Signale der Spektren in Chloroform, sowie das Aldehydprotonensignal in DMSO herangezogen.

Das Formamid liegt damit sowohl in Chloroform wie auch in DMSO bevorzugt als *E*-Isomeres vor.

Ein Vergleich des Wertes dieses Amids z. B. mit dem des Benzylisopropylformamids zeigt, daß die Substitution der N-Methylgruppe durch eine N-Isopropylgruppe zu einer Erhöhung des Energieunterschiedes zwischen den *E*-*Z*-Isomeren führt, was eine Verschiebung des Gleichgewichts zugunsten des energieärmeren *E*-Isomeren zur Folge hat. Die energetische Begünstigung des *E*-Isomeren steht in voller Übereinstimmung mit den rein sterischen Überlegungen und Betrachtungen am Dreiding-Modell, denn der raumerfüllende Effekt der Isopropylgruppe ist weitaus größer als jener der CH_2-Phenylgruppe, da der große Phenylsubstituent über eine CH_2-Gruppe mit annähernd normalem Tetraederwinkel an das Amid-Kohlenstoffatom gebunden ist.

Ein Vergleich der Meßwerte verschiedener Autoren gestattet es, den Lösungsmitteleinfluß zu analysieren. GUTOWSKY u. Mitarb. [37] ermittelten aus KMR-Untersuchungen des N-Benzyl-N-methylformamids ohne Lösungsmittelzusatz, daß das *E*-Isomere 135 cal/Mol ($T \leqq 20\,°C$) energieärmer als das *Z*-Isomere ist und mit 56% am Isomerengleichgewicht beteiligt ist. Das gleiche Amid wurde im Hinblick auf sein *E*-*Z*-Verhältnis auch von WALTER u. Mitarb. [38] untersucht. Sie fanden, daß in reinem Formamid als Lösungsmittel das *E*-Isomere zu 70% vorliegt.

Das zeigt, daß durch den Lösungsmitteleinfluß von Chloroform bzw. DMSO die Lage des Isomerengleichgewichtes relativ wenig beeinflußt wird. Das *E*-Isomere ist unter den genannten Bedingungen in allen Fällen energieärmer.

3.1.1.13. *Bestimmung der Geschwindigkeitskonstante und der Freien Aktivierungsenthalpie der E-Z-Isomerisierung*

Zur Bestimmung der Umwandlungsgeschwindigkeit und der Aktivierungsparameter wird die Temperaturabhängigkeit der KMR-Spektren in verschiedenen Lösungsmitteln untersucht. Bei unserem Beispiel erfolgte diese Untersuchung sowohl in Chloroform als auch in DMSO.

Die Geschwindigkeitskonstanten der Umwandlung in der Nähe der Koaleszenztemperatur wird auch hier am besten durch Anwendung der in Abschn. 1.1.2. angegebenen Näherungsgleichungen für ein ungekoppeltes AB-System gleicher Population ermittelt. Bei der Isomerisierung des vorliegenden Amids ist, wie aus dem Spektrum zu entnehmen, das Isomerenverhältnis ungleich 1 : 1 und die Lebensdauer der Isomeren τ_Z und τ_E differieren damit ebenso, wie die Geschwindigkeitskonstanten der Umwandlung des E- in das Z-Isomere k_{EZ} und umgekehrt k_{ZE}. Deshalb kann auch die nach der angegebenen Gleichung ermittelte Geschwindigkeitskonstante k_c nur einen Durchschnittswert darstellen.

$\Delta G_c^{\ddagger}$ ergibt sich in cal/Mol, wenn T_c in Grad Kelvin und $\Delta\nu$, die Differenz der chemischen Verschiebung bei $T \ll T_c$, in Hertz eingesetzt wird. Auch $\Delta G_c^{\ddagger}$ stellt einen Durchschnittswert für die Umwandlung des E- in das Z-Isomere und umgekehrt dar. Die Temperaturabhängigkeit des KMR-Spektrums von N-Benzyl-N-methylformamid in deuteriertem DMSO wurde im Bereich von 20–180 °C untersucht. Die folgende Abbildung zeigt die Temperaturabhängigkeit des Formyl-Protonensignals und des Signals der Methyl-Gruppen-Protonen.

Zur Bestimmung der Freien Aktivierungsenthalpie der E-Z-Isomerisierung kann bei diesem Beispiel sowohl die Koaleszenz des C(O)H-Protonensignals als auch die des N-Methyl-Protonensignals ausgewertet werden. Die bei

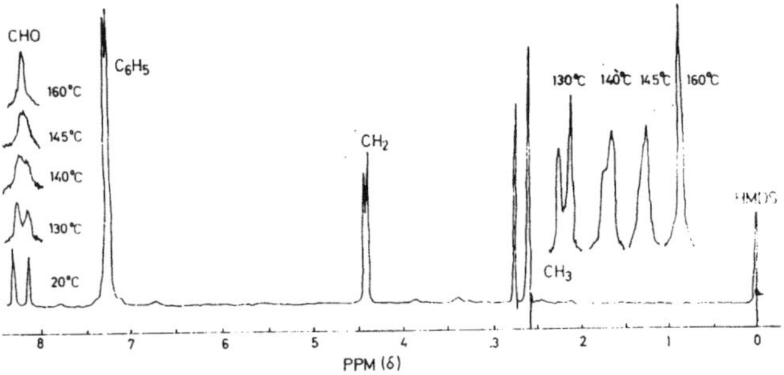

Abb. 50. KMR-Spektrum des N-Benzyl-N-methylformamids

der Koaleszenztemperatur ermittelten Werte der Geschwindigkeitskonstanten und der Freien Aktivierungsenthalpie werden dann wie folgt errechnet:

1. Wert der Geschwindigkeitskonstante:

$$k_c = \frac{3{,}141 \cdot 10{,}3}{1{,}414} = 22{,}93\ \mathrm{s}^{-1} \quad \text{für die C(O)H-Protonen}$$

$$k_c = \frac{3{,}141 \cdot 9{,}8}{1{,}414} = 21{,}82\ \mathrm{s}^{-1} \quad \text{für die N}-\text{CH}_3\text{-Gruppe}$$

2. Wert der Freien Aktivierungsenthalpie in der Nähe der Koaleszenztemperatur (T_c) nach Gleichung

$$\Delta G_c^{\neq} = 4{,}57 T_c \left(9{,}97 + \lg \frac{T_c}{\Delta\nu}\right)$$

a) für das $N-CH_3$-Signal bei 141 °C = 414 °K

$$\Delta G_c^{\neq} = 4{,}57 \cdot 414 \left(9{,}97 + \lg \frac{414}{9{,}8}\right)$$

$$= 4{,}57 \cdot 4{,}14(9{,}97 + \lg 42{,}24)$$

$$= 4{,}57 \cdot 414(9{,}97 + 1{,}625)$$

$$= 4{,}57 \cdot 414 \cdot 11{,}59$$

$$= 21{,}92\ \text{kcal/Mol}$$

b) für das $N-CH_3$-Signal bei 142 °C = 415 °K

$$\Delta G_c^{\ddagger} = 4{,}57 \cdot 415 \left(9{,}97 + \lg \frac{415}{9{,}8}\right)$$
$$= 4{,}57 \cdot 415(9{,}97 + \lg 42{,}34)$$
$$= 4{,}57 \cdot 415(9{,}97 + 1{,}6263)$$
$$= 4{,}57 \cdot 415 \cdot 11{,}59$$
$$= 21{,}98 \text{ kcal/Mol}$$

c) für das $N-CH_3$-Signal bei 143 °C = 416 °K

$$\Delta G_c^{\ddagger} = 4{,}57 \cdot 416 \left(9{,}97 + \lg \frac{416}{9{,}8}\right)$$
$$= 4{,}57 \cdot 416(9{,}97 + \lg 2{,}44)$$
$$= 4{,}57 \cdot 416(9{,}97 + 1{,}627)$$
$$= 4{,}57 \cdot 416 \cdot 11{,}59$$
$$= 22{,}03 \text{ kcal/Mol}$$

Das würde einem Mittelwert von 21,91 kcal/Mol entsprechen.

Würde man nach dem gleichen Verfahren den Wert der Freien Aktivierungsenthalpie auch für das C(O)H-Protonensignal bei einer Koaleszenztemperatur von 143 °C errechnen, so ergibt sich der folgende Wert:

$$\Delta G_c^{\ddagger} = 4{,}57 \cdot 415 \left(9{,}97 + \lg \frac{415}{10{,}3}\right)$$
$$= 4{,}57 \cdot 415(9{,}97 + \lg 40{,}2)$$
$$= 4{,}57 \cdot 415(9{,}97 + 1{,}6042)$$
$$= 4{,}57 \cdot 415 \cdot 11{,}51$$
$$= 21{,}82 \text{ kcal/Mol}$$

Die Auswertung zeigt, daß bei steigender Temperatur der Flächenquotient der Isomerensignale sinkt, d. h., daß bei erhöhter Temperatur der Anteil der energiereichen *Z*-Isomeren steigt.

Dieser Wert liegt damit in der Größenordnung der in der Literatur bekannt gewordenen Daten. So erhielten Franconi u. Mitarb. [39] für reines Benzyl-methyl-formamid eine Koaleszenztemperatur von 127 °C und durch Anwendung von Näherungsgleichungen einen ΔG_c^{+}-Wert von ca. 23 kcal/Mol. Gutowski u. Mitarb. [37] ermittelten durch eine vollständige „Signal-shape"-Analyse mit Hilfe eines Fortran-4-Programms einen ΔG_c^{+}-Wert bei $T = 373{,}1\,°K$ ohne Lösungsmittelzusatz von 20,9 bzw. 21,0 kcal/Mol für das Benzyl- bzw. Formyl-Protonensignal. Die angenäherte Koaleszenztemperatur für beide Linienpaare liegt bei 122 °C. Die Konstanten der Umwandlungsgeschwindigkeiten bei T_c wurden in der gleichen Arbeit mit 29 bzw. 20 s^{-1} angegeben.

Bei der Interpretation und Diskussion von ΔG_c^{+}-Werten muß immer beachtet werden, daß die Größe dieser Werte sowohl vom Lösungsmitteleinfluß als auch von der Temperatur abhängt. Meist werden die ΔG_c^{+}-Werte verglichen, weil diese relativ leicht bestimmbar sind, wie im voranstehenden Beispiel anschaulich zu sehen war. Da die Koaleszenztemperaturen oft sehr unterschiedlich sind, wird damit vorausgesetzt, daß das Entropieglied in der folgenden Gleichung gleich Null ist, und damit $\Delta G^{+} = \Delta H^{+}$ gilt.

$$\Delta G^{+} = \Delta H^{+} - T\Delta S^{+} .$$

Innerhalb homologer Reihen sollte die Aktivierungsentropie ΔS^{+}, die ein Maß für die relative Unordnung des Übergangszustandes ist, keine großen Unterschiede aufweisen. Ein Vergleich der ΔG_c^{+}-Werte ist gerechtfertigt, wenn die Differenz der T_c-Werte gering ist. Bei intramolekularen Prozessen im Gaszustand oder in unpolaren Lösungsmitteln, zeigt der ΔS^{+}-Wert keine großen Abweichungen von Null. Abweichungen von Null können auftreten, wenn Wechselwirkungen zwischen Substratmolekülen oder Lösungsmittel und Substrat stattfinden, deren Ordnungszustand im Grund- und Übergangszustand unterschiedlich ist.

Die Aktivierungsentropie der Rotation in vielen untersuchten Amiden ist klein (weniger als 10 oder sogar 5 cal/grd). Damit sind Vergleiche von $\Delta G_c^{\neq}$-Werten verschiedener Amide mit unterschiedlichen Koaleszenztemperaturen erlaubt. Schließlich sei bei der Interpretation von innermolekularen Bewegungsformen daran erinnert, daß z. B. das Amidmolekül im Rotationsgrundzustand polarer ist als im Übergangszustand und deshalb im Grundzustand stärker mit anderen Amid- oder Lösungsmittelmolekülen assoziieren kann. Verschiedene Autoren diskutieren eine dimere Struktur, die durch Kopf-Schwanz-Kupplung der dipolaren Amidmoleküle entsteht:

Rotations-Grundzustand Rotations-Übergangszustand

Abb. 51

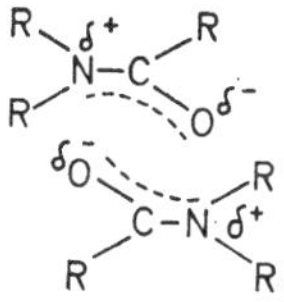

Abb. 52

Das Ausmaß der Dimerisierung hängt von der Natur des Lösungsmittels, der Amidkonzentration und der Temperatur ab und sollte den Grundzustand stabilisieren. Die gemessenen $\Delta G^{\neq}$-Werte repräsentieren einen intermediären Wert für die verschiedenen Zustände der Aggregation. Neumann u. Mitarb. [40] stellten fest, daß die Barrierenunterschiede eines freien Amidmoleküls, eines dimeren oder höheren Assoziats klein sind. Der Entropiegewinn durch Assoziation ist durch Vibrationsbewegungen der schwachen Assoziationsbindungen einerseits und der Translationsbewegung des freien Moleküls andererseits gering. Deshalb wird angenommen, daß Grund- und Übergangszustand annähernd in ihrer Struktur und damit in ihrem Entropievolumen identisch sind.

3. Rotationen um Einfachbindungen

3.1. Allgemeines

Die freie Drehbarkeit um eine Einfachbindung kann in einem organischen Molekül sowohl aus sterischen wie auch aus elektronischen Gründen gehindert sein. Die dabei entstehenden Konformationsisomere sind damit diskrete, geometrisch definierte Individuen und sollten deshalb als solche isolierbar sein. Daß die Konformeren dennoch praktisch in vielen Fällen nicht isolierbar sind, liegt daran, daß die Energiebarriere für den Übergang der Konformeren ineinander sehr niedrig ist.

Elektronische Einflüsse stabilisieren andererseits aber *cis-trans*-Isomere an Doppelbindungen so extrem stark, daß diese Rotamere als Konfigurationsisomere bezeichnet werden, obgleich sie eigentlich stabile Konformere sind.

3.2. Rotationen an sp^3-sp^3-hybridisierten C-Atomen [41—62]

Die Rotation um eine C—C-Einfachbindung (Abb. 53) kann sterisch gehindert sein, da die σ-Bindung rotationssymmetrisch ist. Das bedeutet, daß die Höhe der Energiebarriere im wesentlichen durch die sterische Hinderung im synperiplanaren Übergangszustand bestimmt wird [41].

Sind in der nachfolgenden Struktur (Abb. 53) die

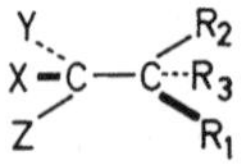

Abb. 53. Rotation um eine C—C-Einfachbindung

Substituenten $R_1 = R_2 = R_3$, so ist nur eine Aktivierungsenergie zu erwarten, da die möglichen Konformationen sich relativ leicht ineinander umwandeln. Wären die drei Substituenten z. B. jeweils Methylgruppen, so ist für E_a ein Wert von 3 kcal/Mol zu erwarten und damit im KMR-Spektrum nicht mehr erfaßbar [42]. Aber bereits die tert.-Butylgruppe zeigt im ^{1}H-KMR-Spektrum eine Aufspaltung ihres Signals, die durch die sterisch gehinderte Rotation um die C—C-Einfachbindung hervorgerufen wird. Das sich die tert.-Butylgruppe besonders gut eignet derartige Vorgänge zu untersuchen, sei an einem einfachen Beispiel demonstriert:

Benutzt man für die Untersuchungen den folgenden Alkohol (Abb. 54) [43],

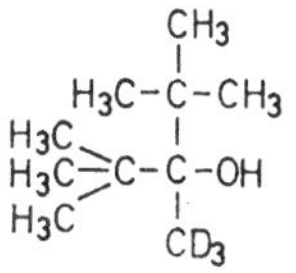

Abb. 54

so findet man im KMR-Spektrum bei Zimmertemperatur und bei Temperatursenkung bis −37 °C ein scharfes Singulett für die tert.-Butylprotonen in Übereinstimmung mit einer schnellen Rotation um die C—C-Bindung, gemäß der folgenden Projektion in Abb. 55.

Wird nunmehr die Temperatur weiter gesenkt, so

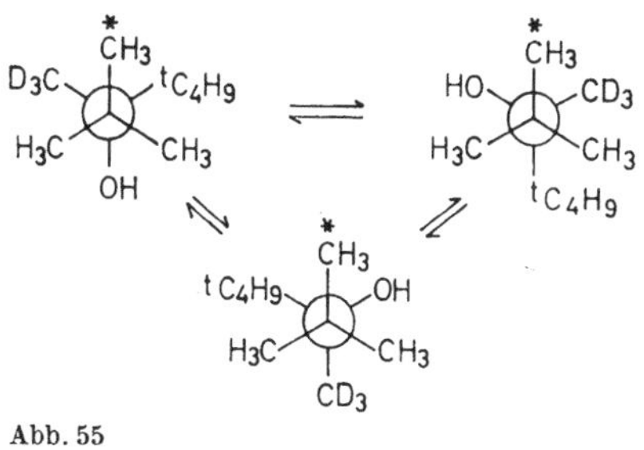

Abb. 55

verbreitert sich das ursprünglich scharfe Signal, um schließlich aufzuspalten und bei $-110{,}9\,°C$ drei gut getrennte Signale (Abb. 56) für die tert.-Butylprotonen zu liefern:

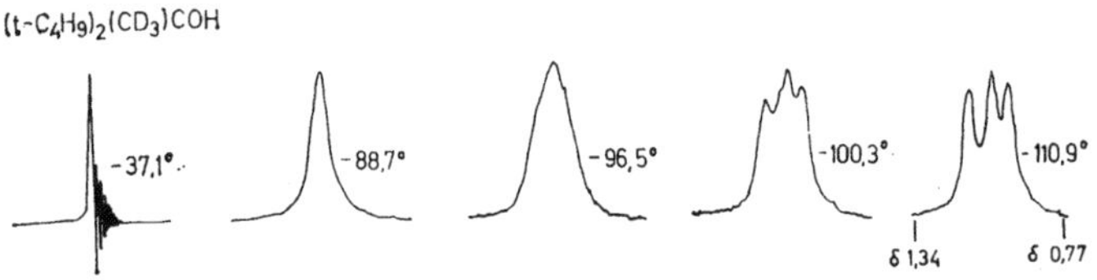

Abb. 56

Diese spektroskopische Nachweisbarkeit der gehinderten Rotation um die C—C-Bindung ist auch aus der NEWMAN-Projektion abzulesen. Die Analyse des Spektrums würde die folgenden Angaben liefern: 0,980 ppm (3H), 1,046 ppm (3H), 1,129 ppm (3H), dem entspricht ein Wert $\Delta G^{\neq} = 9{,}6$ kcal/Mol.

Einige andere Beispiele der gehinderten Rotation einer tert.-Butylgruppe zeigt Abb. 57.

Die Verbindung *X* läßt hiernach vermuten, daß hohe Rotationsbarrieren nicht nur einen energiereichen Übergangszustand für die Rotation erfordern, sondern auch einen energetisch niedrigen Grundzustand.

Tabelle 5

Gehinderte Rotation von tert.-Butylgruppen

Verbindung	$\Delta^{\neq}G_c$ [kcal/Mol]	T [°C]	Literatur
I	6,0	−155	[44]
II	10,6	−70,2	[45]
III	9,6	−83,5	[46]
IV	keine Angaben		[47]
V	9,4	−85	[48]
VI	9,0	−85	[49]
VI	8,9	−89	[49]
VII $X = OC_6Cl_5$	9,0	–	[50]
VIII	10,1	–	[51]
IX	10,3	25	[52]
X	> 25	–	[53]

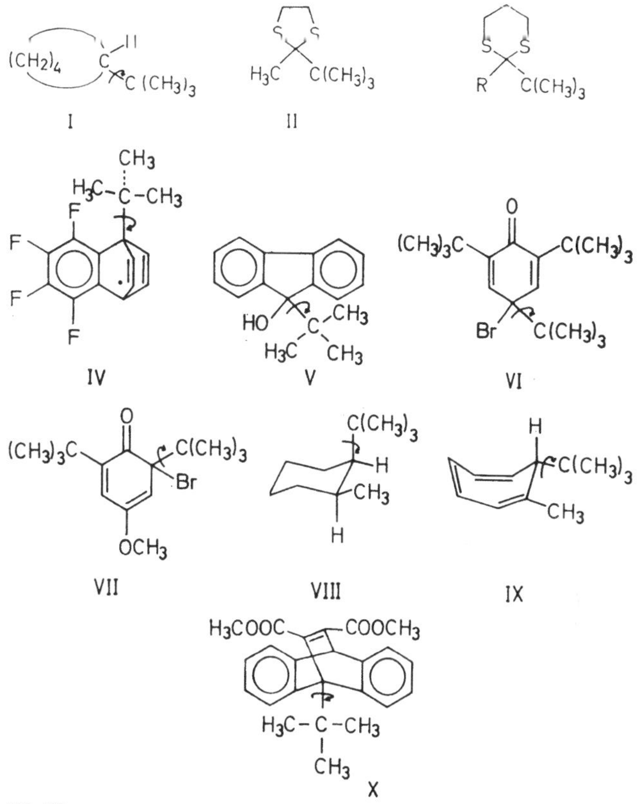

Abb. 57

Ein energiereicher Übergangszustand ist aber häufig mit einem hohen Energieniveau des Grundzustandes verbunden, wodurch notwendigerweise die Rotationsbarriere gesenkt wird. Dies scheint auch für die trotz der räumlichen Überfüllung im Übergangszustand recht niedrigen Rotationsbarrieren in den Derivaten des cis-1,2-Di-tert.-Butylcyclohexans [51] (*A*), 1,2-Di-tert.-Butylbenzols [54] (*B*) und 1,8-Di-tert.-Butylnaphthalins [55]

(*C*) zu gelten. Mit dem gleichen Argument kann die leichte Isomerisierung der Rotamere in den Azulen-Derivaten (*D*), (*E*), (*F*) gedeutet werden (Abb. 58).

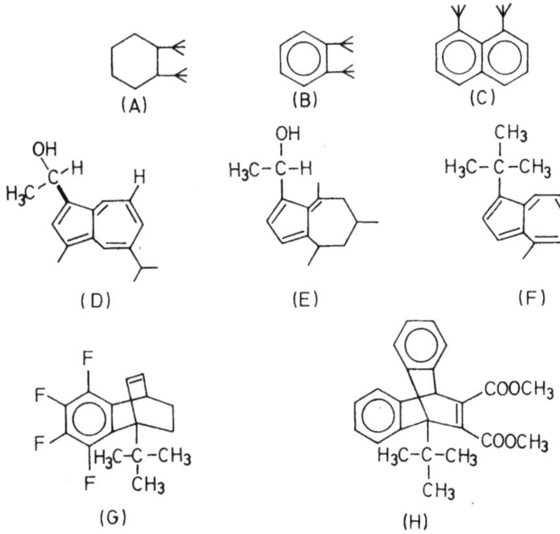

Abb. 58

Eine Möglichkeit, hohe Rotationsbarrieren zu realisieren, ist bei den Triptycenen gegeben, die synthetisch gut zugänglich sind. Im ^{1}H-KMR-Spektrum des an Triptycen (*G*) erinnernden Moleküls fand man für die tert.-Butylgruppe zwei getrennte Signale der relativen Intensität 2 : 1, die bei 100 °C zu koaleszieren beginnen [56]. Die Rotationsbarriere ist nicht angegeben; mit der Differenz der chemischen Verschiebungen und der Koaleszenztemperatur läßt sich aber die Freie Aktivierungsenthalpie $\Delta G_c^{\neq}$ zu ca. 20 kcal/Mol abschätzen. Bei der Verbindung (*H*) fand man im ^{1}H-KMR-Spektrum für die tert.-Butylprotonen, wie erwartet, zwei isolierte Signale; es war jedoch bei 132 °C weder Koaleszenz noch Linienverbreiterung zu erkennen — die Rotationsbarriere dürfte damit also höher als 25 kcal/Mol sein [53]. Legt man für den Frequenzfaktor A der ARRHENIUS-Gleichung einen für innere Rotationen üblichen Wert von 10^{13} s^{-1} zugrunde, so ergibt sich, daß stabile Rotamere mit einer mittleren Lebensdauer von einer Stunde nur dann isoliert werden können, wenn die Aktivierungsenergie für die Rotation wenigstens ca. 23 kcal/Mol beträgt. Die sterische Rotationsbehinderung im Triptycen-Analogon H ist damit also groß genug, um die Trennung und Isolierung stabiler Rotamere wahrscheinlich zu machen.

Trotzdem ist eine Trennung der beiden Isomere bisher nicht gelungen.

Da die tert.-Butylgruppe eine dreizählige Symmetrieachse besitzt, was zu nicht unterscheidbaren Rotameren führt, kann keine Trennung erwartet werden. Das sollte durch die Einführung einer Isopropylgruppe möglich werden. Es gelang jedoch auch hierbei nicht, in stabile Rotamere zu trennen, da die Aktivierungsenergie in diesem System für die Rotation nur 15 kcal/Mol beträgt [53].

Aus diesen Befunden ist zu entnehmen, daß stabile Rotamere dann zu erhalten sein müßten, wenn der Substituent am Brückenkopf des äthano-überbrückten Anthracengerüstes so raumerfüllend wie eine tert.-Butylgruppe ist, jedoch keine dreizählige Symmetrie aufweist. Diese Bedingungen sollte eine Benzylgruppe erfüllen. Das ^{1}H-KMR-Spektrum des so erhaltenen Esters zeigt jedoch für die Protonen der geminalen Methylgruppen lediglich ein Signal. Erhitzt man aber die Verbindung in Chlorbenzol, so bildet sich in zunehmendem Maße ein zweites Isomer, das an den beiden Methylsignalen und den Signalen der nun nicht mehr äquivalenten also diastereotopen Methylprotonen zu erkennen ist. Damit ist bewiesen, daß die Verbindung *meso*-Konfiguration besaß (Abb. 59). Beide Methylgruppen befinden sich in gleicher chemischer Umgebung. Das beim Erhitzen daraus erhaltene Isomer muß wegen der Nichtäquivalenz der Methylgruppen die (±)-Form sein. Die Diastereotopie der geminalen Benzylprotonen ist durch die unmittelbare Nachbarschaft zum Chiralitätszentrum zu erklären [57]:

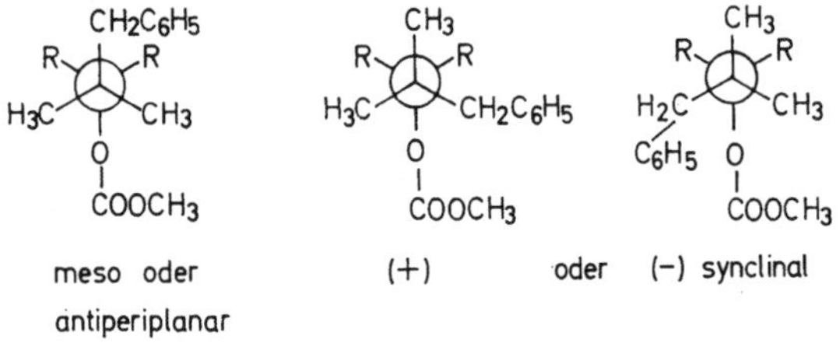

Abb. 59

Die Rotamere wurden nach Hydrolyse zur Monocarbonsäure isoliert; die Enantiomerentrennung gelang durch fraktionierte Kristallisation des (—)-Methylesters (Abb. 60). Alle drei durch die Rotationsbehinderung

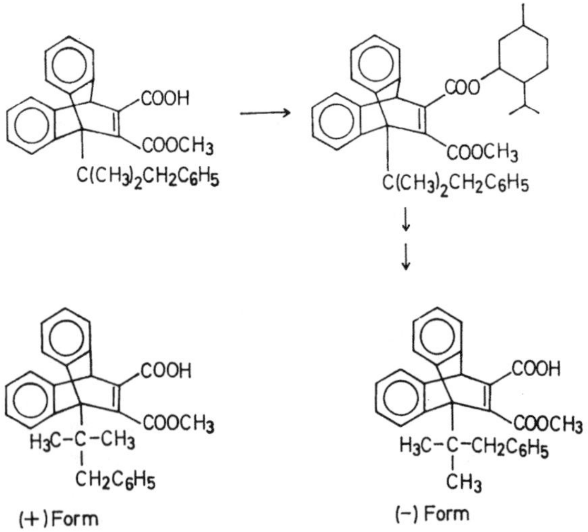

Abb. 60

entstandenen Formen sind bei Raumtemperatur stabil und haben folgende charakteristische Eigenschaften:

1. meso-Form: Schmp. 223–225 °C
2. (+)-Form: Schmp. 188–190 °C, $[\alpha]_D^{22} = +24{,}8°$ ($CHCl_3$)
3. (−)-Form: Schmp. 188–190 °C, $[\alpha]_D^{22} = -24{,}6°$ ($CHCl_3$)

Das Verhältnis der (±)-Form zur meso-Form liegt etwa in der Größenordnung 3 : 1.

In diesem Zusammenhang ist die Isolierung und der spektroskopische Nachweis der drei Rotameren *A*, *B* und *C* der folgenden Verbindung (Abb. 61) von Interesse, da es sich hier um Diastereomere handelt, obgleich nur ein asymmetrisches C-Atom vorliegt [58].

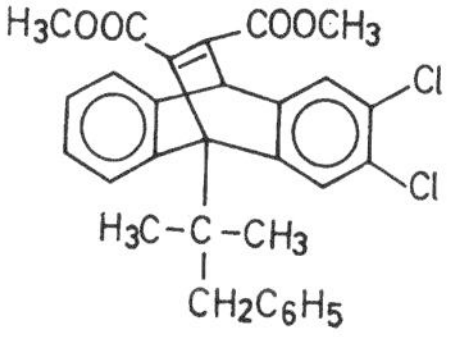

Abb. 61

Das bei der Synthese anfallende Rotamere *C* ist im kristallinen und auch im gelösten Zustand bei Zimmertemperatur sehr stabil, wandelt sich aber beim Erwärmen in Dichlorbenzol langsam in ein Gemisch weiterer zwei Isomere um. Die Einstellung des Rotamerengleichgewichtes ist etwa nach 8 Stunden beendet; man kann dann eine Isomerenzusammensetzung $A : B : C = 3 : 3 : 2$ feststellen. Die Trennung der drei Rotamere gelang durch Chromatographie an Kieselgel.

Die Strukturuntersuchungen gelangen durch KMR-spektroskopische Untersuchungen (Abb. 62).

Die KMR-Daten sind in der folgenden Übersicht angegeben (Tab. 6).

Damit sind die folgenden Newman-Projektionen für die drei durch die Rotationsbehinderung der tert.-Alkylgruppe bedingten Rotamere *A*, *B* und *C* ableitbar (Abb. 63).

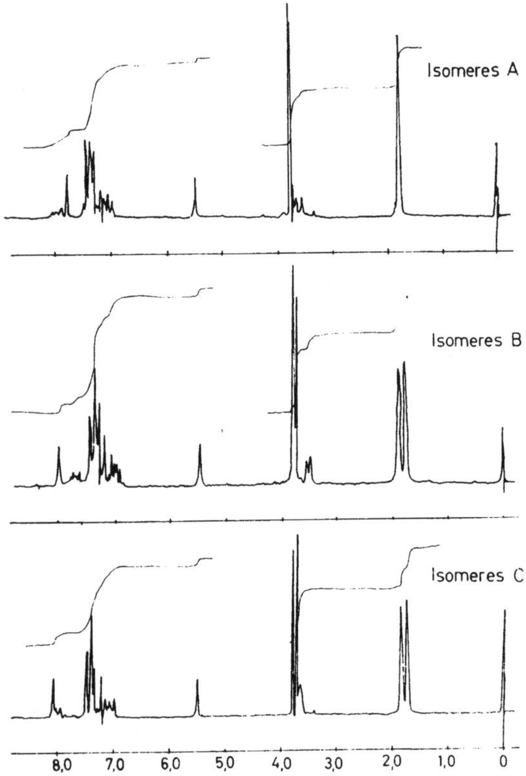

Abb. 62. ¹H-KMR-Spektren der Isomere *A*, *B*, *C* ($CDCl_3$, 60 MHz)

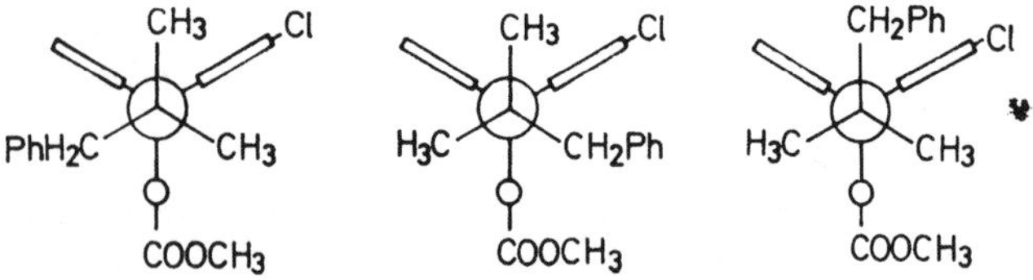

Abb. 63

Tabelle 6

Isomeres	A		B		C	
Lösungsmittel Proton	$CDCl_3$	C_6D_6	$CDCl_3$	C_6D_6	$CDCl_3$	C_6D_6
C–Me	1,80	1,63 1,80	1,77 1,88	1,67 1,94	1,71 1,80	1,72 1,89
O–Me	3,74 3,77	3,33 3,47	3,74 3,77	3,33 3,47	3,68 3,75	3,28 3,40
$C-CH_2$	3,60 Q J = 14,1 Hz $\Delta\nu$ = 15,6 Hz	3,80	3,50 Q J = 14,1 Hz $\Delta\nu$ = 12,1 Hz	3,77	3,69 Q J = 14,6 Hz $\Delta\nu$ = 8,7 Hz	3,49 Q J = 14,4 Hz $\Delta\nu$ = 11,8 H
10-H	5,49	5,44	5,49	5,44	5,49	5,44
1-H	7,76	7,75	7,99	8,04	8,05	8,05
8-H	7,9 m	7,9 m	7,7 m	7,7 m	8,0 m	8,0 m

Das auch kleinere Alkylreste für die Untersuchungen dynamischer Prozesse geeignet sind, beweist das folgende Beispiel, obgleich von der kleinen Methylgruppe die geringste Rotationsbehinderung zu erwarten ist.

Das 1,2,3,4,5,6,7,8-Octachlor-9-methyltriptycin (Abb. 64) weist in seinem KMR-Spektrum (in $CDCl_3/CS_2$, 8 : 1)

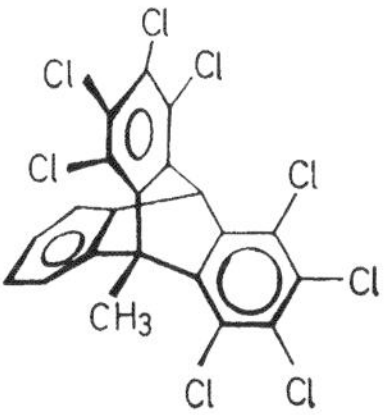

Abb. 64. 1,2,3,4,5,6,7,8-Octachlor-9-methyltriptycin

bei Zimmertemperatur ein normales Signal für die Methylgruppe auf [59]. Wird die Temperatur gesenkt, so nimmt der Signalverlauf einen nahezu dramatischen Verlauf an.

Zur Illustration zeigt Abb. 65 die experimentell gefundenen und die vom Computer simulierten Spektren der Verbindung. Bei $-45{,}3\,°C$ spaltet das breite Signal in zwei Einzelsignale mit den Verhältnissen 1 : 2 auf. Bei $-71{,}9\,°C$ spaltet dann das Signal bei tieferem Feld in

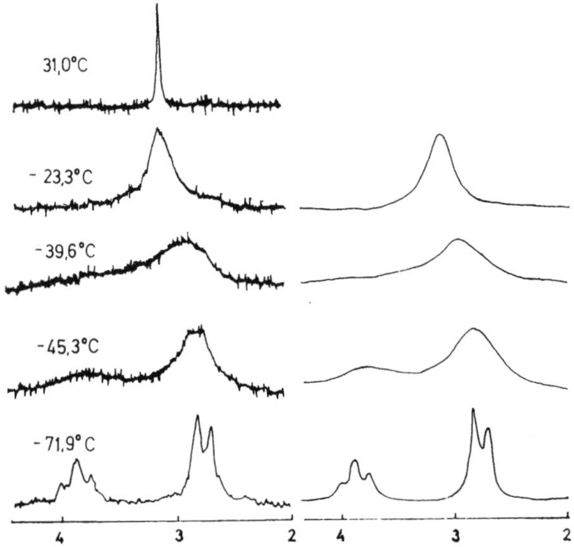

Abb. 65. Temperaturabhängigkeit der KMR-Spektren des 1,2,3,4,5,6,7,8-Octachlor-9-methyltriptycin

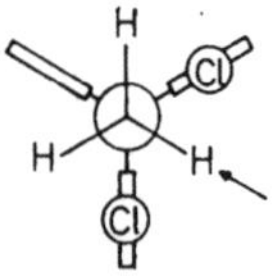

Abb. 66

drei und dasjenige bei höherem Feld in zwei Signale auf (Abb. 65).

Dieses Phänomen ist eigentlich nur verständlich, wenn man in der NEWMAN-Projektion (Abb. 66) entlang der Bindung C_9—C_{CH_3} blickt; denn hier wird deutlich, daß zwei Protonen der Methylgruppe sich in gleicher chemischer Umgebung befinden, während das dritte Proton eine andere Umgebung aufweist. Damit sollten die Methylprotonen entweder ein AB_2- oder ein ABB'-Spektrum liefern, wenn Rotation nahezu unmöglich geworden ist. Wie aus dem voranstehenden Spektrum zu sehen ist, entspricht das gefundene Spektrum fast einem AX_2-Typ. Aus den erhaltenen Daten lassen sich damit die ARRHENIUSsche Aktivierungsenergie zu 14,1 ± 0,6 kcal/Mol, die Werte für die Enthalpie, Entropie und Freie Aktivierungsenergie bei 25 °C zu 13,5 kcal/Mol, 9,8 EU und 10,6 kcal/Mol errechnen.

Die Rotationsbehinderung ist aber keineswegs auf große Moleküle beschränkt, sondern wird auch in relativ einfachen und kleinen heterocyklischen Systemen (Abb. 67) beobachtet:

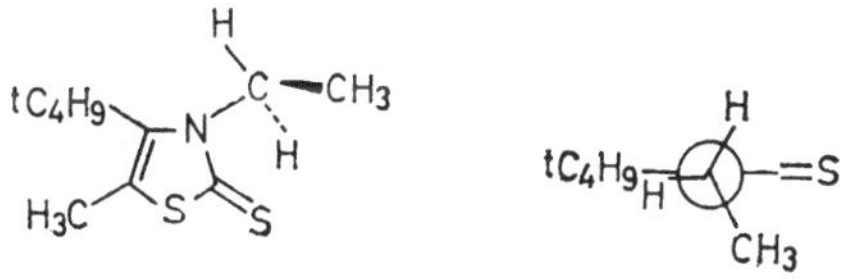

Abb. 67

In solchen Systemen ist die Kenntnis der Barrierenhöhe der Rotationsbehinderung von Alkylgruppen eine wesentliche Voraussetzung für die Kenntnis der Konformation und der Reaktivität. So wird die Konformation der voranstehenden Verbindung sicherlich wie in Abb. 67 wiederzugeben sein, da die Äthylgruppe stärker von der tert.-Butylgruppe abgestoßen wird als von der kleineren 2-CS-Gruppe. Damit sind aber die Methylprotonen der Äthylgruppe auch hier diastereotop. Das KMR-Spektrum der Äthylgruppe verändert sich derart, daß aus dem scharfen Triplett und dem Quartett für die Methylgruppe ein ABX_3-Spektrum bei tieferen Temperaturen herausgebildet wird (Abb. 68) [60].

Eine Einstrahlung der Äthyl-CH_3-Gruppen-Resonanz

bei $-61\,°C$ wandelt die Signale für die Methylenprotonen in ein *AB*-System um. Die aus dem Spektrum zu entnehmende Koaleszenztemperatur beträgt $-16\,°C$, die Rotationsbarriere 12,1 kcal/Mol. Für die Höhe dieser

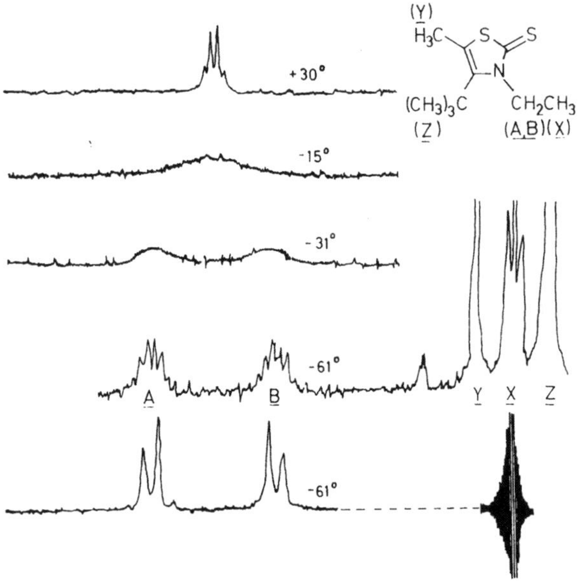

Abb. 68

Behinderung ist sicherlich jene Position verantwortlich, bei der die Äthylgruppe die CS-Gruppe zu passieren versucht.

Mit dynamischen Prozessen ist aber auch bei nahezu ebenen Strukturen zu rechnen (Abb. 69). Da das ^1H-KMR-Spektrum des trans-trans-1,3-Diphenyl-allyl-anions zu komplex ist, um eine Auswertung im Hinblick auf eine mögliche Rotationsbehinderung zu ermöglichen, bedient man sich in solchen Fällen der ^{13}C-KMR-Spektroskopie. Das Spektrum des Na-Salzes der voranstehenden Verbindung in flüssigem Ammoniak bei $-10\,°C$ weist für das ortho-C-Atom ein Signal bei 118,6 (TMS als interner Standard) auf, das sich bei Temperatursenkung in zwei Signale bei 115,4 und 121,3δ aufspaltet. Die Koaleszenztemperatur ergab sich zu −40 °C, so daß eine Rotations-

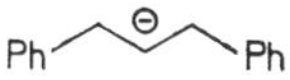

Abb. 69

behinderungsbarriere von $\Delta G^{+} = 10{,}9$ kcal/Mol errechnet werden konnte [61].

Dieser Wert entspricht den üblichen Phenylrotationsbehinderungen in Phenylaldehyden und Ketonen und liegt ebenfalls im Bereich der bereits bekannten Barriere im Li-Salz des 1-Phenylallylanions.

Chirale Butadiene

Eine besonders interessante Gruppe unter den Verbindungen mit einer behinderten Beweglichkeit an einer Einfachbindung sind die Butadiene.

Von den drei möglichen Rotameren (Abb. 70), der transoid-coplanaren (*A*), der cisoid-coplanaren (*B*) und der nichtebenen Form (*C*), sind die coplanaren Anordnungen *A* und *B* aus Konjugationsgründen gegenüber der nicht-ebenen Form (*C*) energetisch bevorzugt.

Im Gegensatz zu den coplanaren Butadien-Konfor-

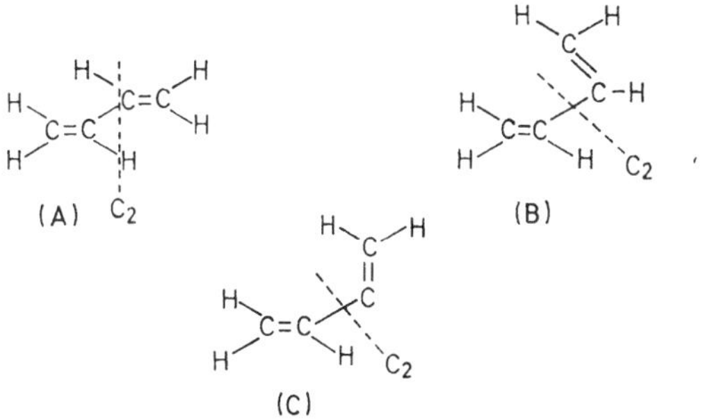

Abb. 70. Butadien-Konformere

meren (*A* und *B*), die der Symmetriepunktgruppe C_{2h} bzw. C_{2v} angehören und daher achiral sind, gehört die nicht-ebene Form (*C*) zur Punktgruppe C_2; sie ist damit chiral. Bei einer hinreichend hohen Rotationsbarriere geeigneter Substitutionsprodukte müßten sich damit die Enantiomeren KMR-spektroskopisch nachweisen lassen.

Setzt man für die Untersuchungen die folgenden Verbindungen (Abb. 71) ein, so findet man in den ^{1}H-KMR-

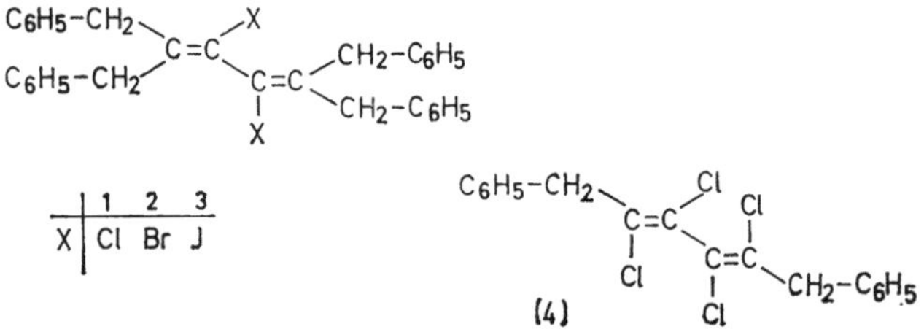

Abb. 71

Spektren dieser halogenierten Butadiene 1, 2 und 3 aromatische- und Benzylprotonen im geforderten Verhältnis 5 : 2. Die Methylengruppen bilden jeweils ein *AB*-System mit $J_{AB} \approx 15$ Hz (Abb. 72). Für die entsprechende Tetrahalogenverbindung wären die beiden Benzylgruppen äquivalent. Daraus ist abzuleiten, daß wegen der sterischen Hinderung der coplanaren Anordnung die Rotation um die C—C-Einfachbindung ein in der KMR-Zeitskala langsamer Vorgang ist und somit die nicht-ebene Form (*C*) vorliegt. Diese Form ist aber chiral; die Benzylprotonen sind somit diastereotop und können sich in ihrer chemischen Verschiebung voneinander unterscheiden.

Das Spektrum der Benzylprotonen ist für die Di- und Tetrahalogenverbindung in Abb. 73 dargestellt. Demnach bildet sich bei 190 °C ein scharfes Singulett. Aus der Koaleszenztemperatur $T_c = 75$ °C und dem Signalabstand bei 39 °C errechnet sich für die Rotation eine Freie Aktivierungsenthalpie $\Delta G_c^{\neq} = 17{,}6$ kcal/Mol.

Das Spektrum des Dichlorids vereinfacht sich bei

180 °C zu zwei Singuletts, je eines für die (*Z*)- und die (*E*)-ständigen Benzylgruppen. Die Koaleszenztemperatur beträgt etwa 140 °C; für die Rotation ergibt sich damit $\Delta G_c^{\ddagger} = 21$ kcal/Mol.

Im KMR-Spektrum des Dibromids finden sich bis 165 °C, in dem des Dijodids bei 195 °C keine Anzeichen für

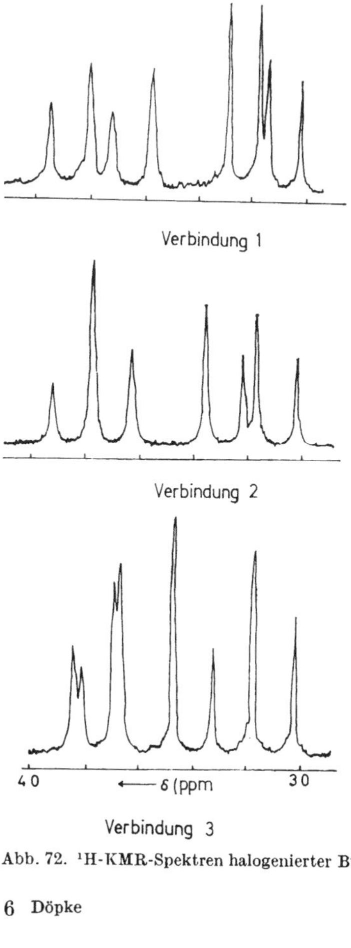

Abb. 72. ¹H-KMR-Spektren halogenierter Butadiene

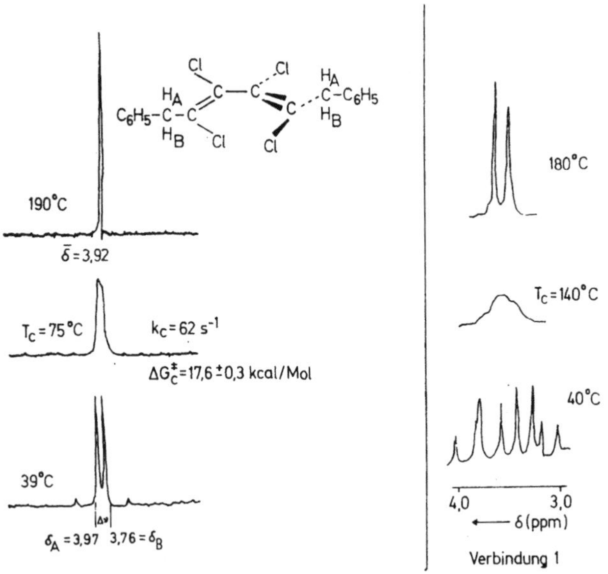

190°C
δ̄ = 3,92
T_c = 75°C
k_c = 62 s⁻¹
ΔG‡_c = 17,6 ± 0,3 kcal/Mol
39°C
δ_A = 3,97 3,76 = δ_B
180°C
T_c = 140°C
40°C
4,0
3,0
δ (ppm)
Verbindung 1

Abb. 73

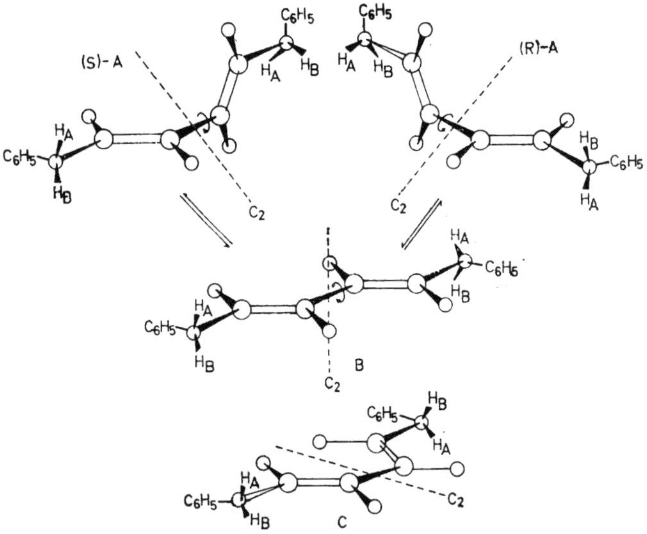

(S)-A
(R)-A
C₂
B
C

Abb. 74

eine Koaleszenz. Aus diesen Beobachtungen folgt für das Dibromid $\Delta G_c^+ = 22$ kcal/Mol und für das Dijodid $\Delta G_c^+ = 24$ kcal/Mol.

Die in der Reihenfolge $4 < 1 < 2 < 3$ steigenden Rotationsbarrieren entsprechen der Erwartung, da die (*E*)-Benzylgruppen von 1 gegenüber den endständigen Chloratomen von 4, die schwereren Halogene in 2 und 3 gegenüber dem Dichlorid als voluminöse Substituenten die coplanare Einstellung der Butadiene erschweren.

Die gefundenen Energieschwellen liegen damit aber in einem Bereich, der keiner vollen Drehung um die C—C-Einfachbindung entspricht (Abb. 74), sondern eher einer Teilrotation über die transoidplanare Konformation *B*, wodurch die Enantiomeren (*R*)-*A* und (*S*)-*A* wechselseitig ineinander umlagern. Die planaren Konformationen *B* und *C* (Abb. 74) weisen sicherlich einen höheren Energiegehalt auf, als die nicht-ebenen Formen *S*-*A* und (*R*)-*A*, was auf eine Wechselwirkung zwischen den Substituenten zurückzuführen ist.

Zuverlässige Auskünfte über den Einfluß der Substituenten auf die Höhe der Rotationsbarriere von Tetrahalogen-butadienen vermitteln die temperaturabhängigen ^{1}H-KMR-Spektren, Abb. 76. Die bei 34 °C als *AB*-System erscheinenden Methylengruppen der folgenden Verbindung (Abb. 75) vereinfachen sich bei erhöhter Temperatur zu Singuletts; auch die diastereotopen Methylgruppen der Silylreste zeigen bei hinreichend tiefer Temperatur die erwartete Aufspaltung, wie in dem folgenden Spektrum (Abb. 76) zu erkennen ist.

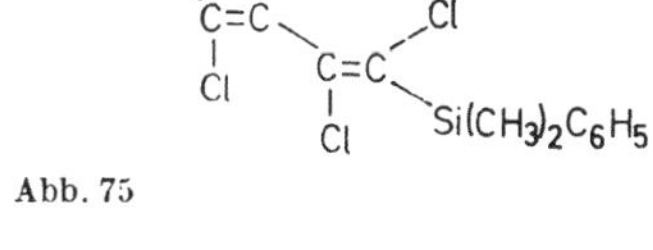

Abb. 75

Aus dem Wert für $T_c = 30$ °C und $\Delta\nu = 2{,}8$ errechnet sich ein ΔG_c^+ von 16,7 kcal/Mol.

Der Vergleich mit anders substituierten Tetrahalogenbutadienen zeigt den unterschiedlichen sterischen Einfluß der äußeren Substituenten auf die Höhe der Rotationsbarriere. Die Energieschwelle erhöht sich bei Ersatz eines Wasserstoffatoms durch eine Benzylgruppe um 4,5 bis 5,0 kcal/Mol. Der Ersatz eines Br-Atoms durch eine

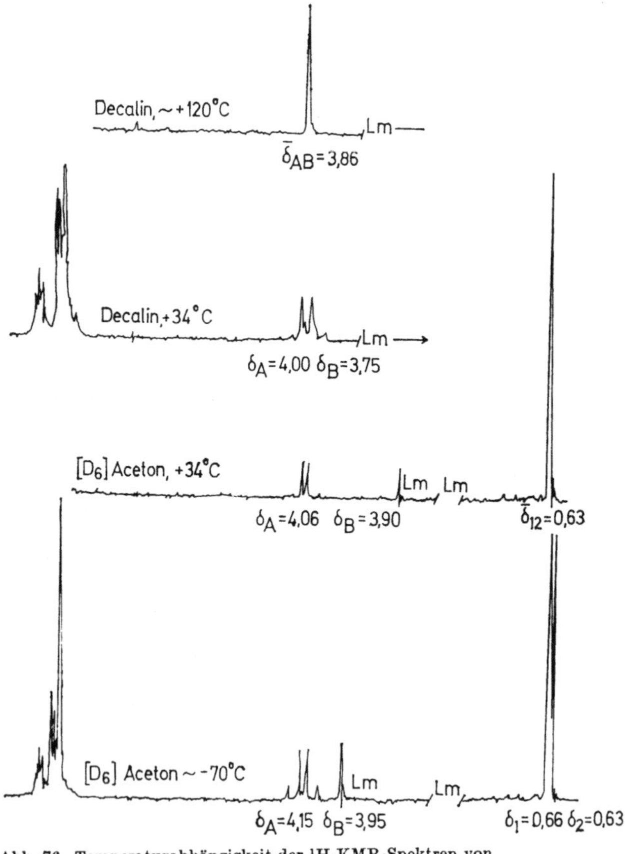

Abb. 76. Temperaturabhängigkeit der ^{1}H-KMR-Spektren von Tetrahalogen-butadienen

Dimethylphenylsilyl-Gruppe führt zu einer um 3,5 kcal/Mol höheren Energieschwelle.

Damit liefern die Messungen an den zwei verschiedenen prochiralen Zentren erneut den Beweis für die behinderte Drehung um die mittlere C—C-Einfachbindung der Butadiene. Der markante Einfluß der äußeren Substituenten auf die Höhe dieser Energiebarriere ($\Delta G_c^{\ddagger}$ = 12,2 bis 17,6 kcal/Mol) wird als Stützeffekt dieser Gruppen interpretiert.

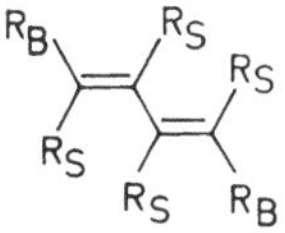

Abb. 77

Wenn es so ist, daß die vier „sperrenden" Substituenten R_S die coplanare Einstellung der beiden Doppelbindungen erschwert (Abb. 77) oder gar verhindert, und wenn darüber hinaus die beiden Substituenten R_B einen Stützeffekt ausüben, der zu einer Valenzwinkeldeformation der Gruppen R_S führt und damit eine coplanare Orientierung der beiden Molekülhälften mittelbar erschwert, dann sollten Enantiomerentrennungen möglich sein. Unlängst gelang eine Synthese, die den folgenden Verlauf nahm (s. Abb. 78).

Aus dem Tetrabromid konnte mit 2 Äquivalenten D-(+)-α-Phenyläthylamin in Aceton ein kristallines Ammoniumsalz gewonnen werden, dessen Diastereomerentrennung durch mehrfaches Digerieren mit heißem Aceton gelang. Durch Zusatz von verd. Schwefelsäure erhielt man ein Tetrabrombutadienprodukt mit $[\alpha]_{546}^{20}$ = −16,0° (in Aceton). Aus diesem konnte mit verd. NaOH bei Zimmertemperatur der (−)-(*E*. *E*)-Tetrabromdialkohol mit $[\alpha]_D^{20}$ = −14,3° (in Aceton) gewonnen werden. Beide optisch aktiven Butadiene sind als Feststoffe optisch stabil; hingegen racemisieren sie in Lösung bereits allmählich bei Zimmertemperatur [62].

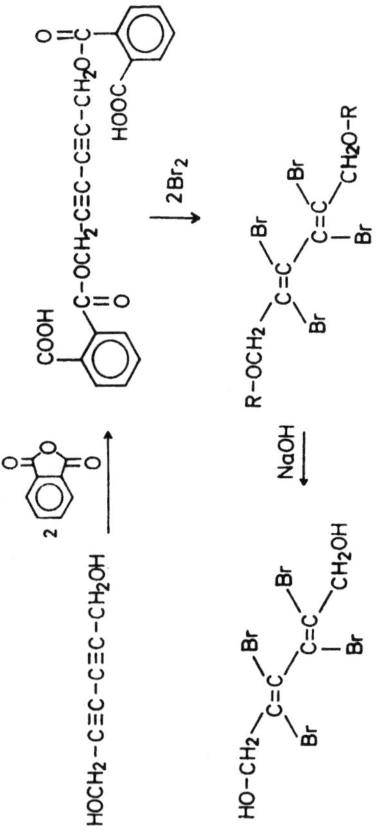

Abb. 78

3.3. *Rotationsbehinderungen um sp^3-sp^2-hybridisierte C-Atome* [63—76]

Bei der Einfachbindung zwischen sp^2- und sp^3-hybridisierten Kohlenstoffatomen können vor allem raumerfüllende Substituenten die Rotation stark behindern. Das wohl am längsten bekannte Beispiel ist das 1,2-Dineopentyltetramethylbenzol (Abb. 79), bei dem eine Rotationsbehinderung um die Aryl-CH_2-Bindung vorliegt [63].

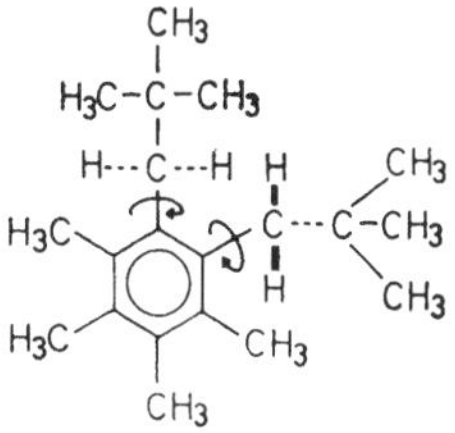

Abb. 79. 1,2-Dineopentyltetramethylbenzol

Wie aus den folgenden Spektren (Abb. 80) zu ersehen ist, sind in diesem Fall die Methylenprotonen bei $-30\,°C$ anisochron und erscheinen als ein typisches *AB*-Quartett ($\delta_{AB} = 0{,}24$ ppm und $J_{AB} = 14{,}2$ cps), das bei Temperaturerhöhung schließlich wieder zu einem Signal zusammenfällt und bei 80 °C ein scharfes Singulett bildet. Der Wert für die Aktivierungsenergie des Austauschprozesses beträgt $11{,}5 \pm 0{,}6$ kcal/Mol.

Seit dieser Zeit sind eine große Zahl von Verbindungen untersucht und bekannt geworden, die ein ähnliches Verhalten zeigen.

Ähnlich wie in den Äthan-Derivaten, bei denen die antiperiplanare Konformation die energieärmste und die synperiplanare Konformation die energiereichste Form ist, ist auch das Energieprofil der Rotation um die sp^3-sp^2-Bindung von der Stellung und Größe der Substituenten abhängig. So geben die KMR-Spektren gerade bei dieser Art der Rotationsbehinderung oft nicht nur Auskunft über die Höhe der Rotationsbarriere, sondern auch über die vorherrschende Konformation. In der folgenden Übersicht (Abb. 81) sind einige Strukturmodelle aufgeführt, in denen die vorherrschende stabile Konformation angegeben und diese zugleich auch als der Grundzustand anzusehen ist.

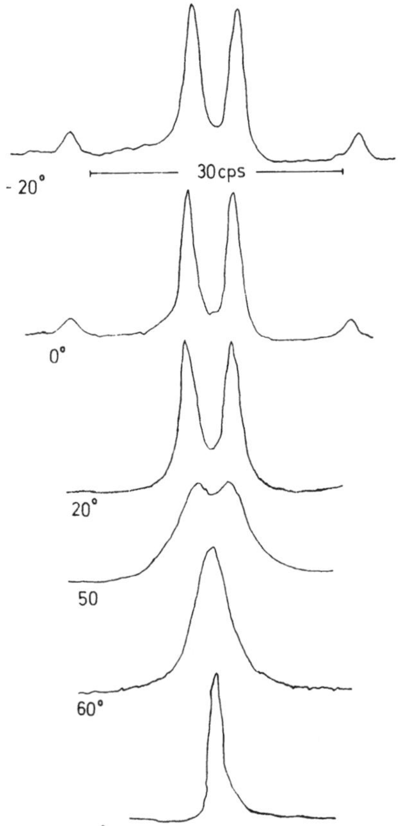

Abb. 80. KMR-Spektrum des 1,2-Dineopentyltetramethylbenzols

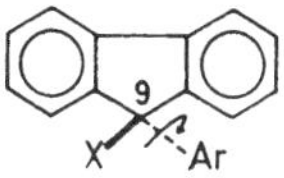

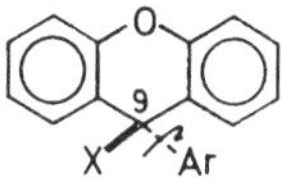

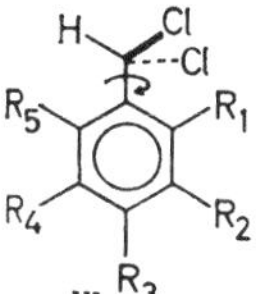

I II III

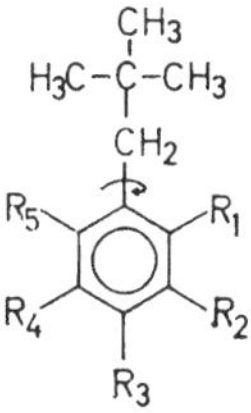

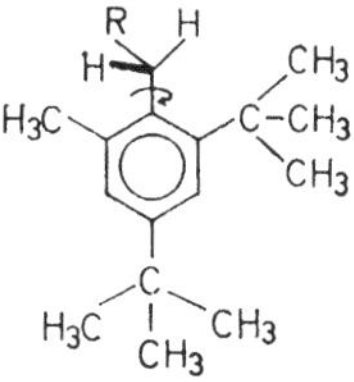

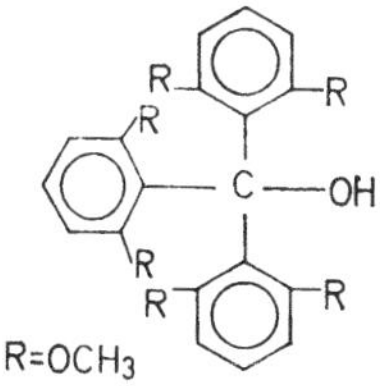

IV V VI

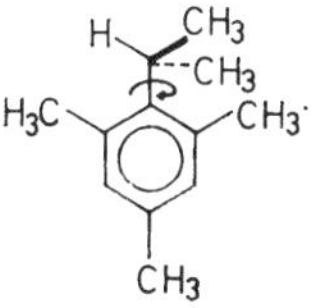

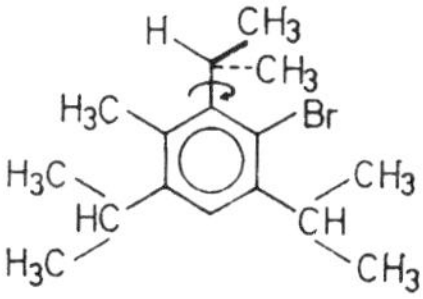

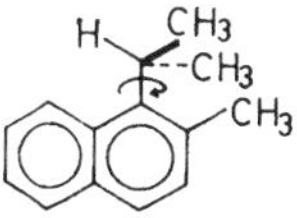

VII VIII IX

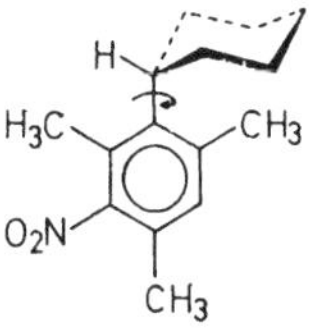

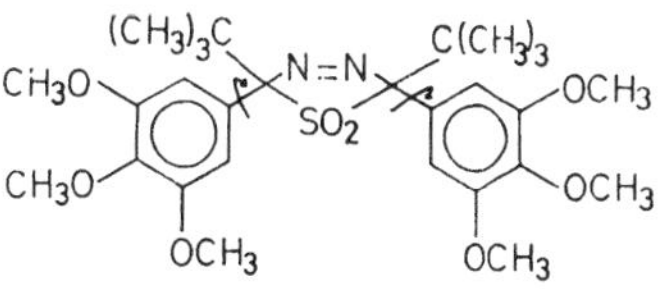

X XI

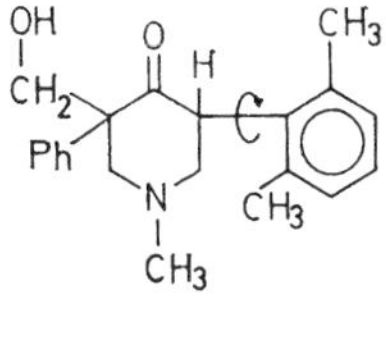

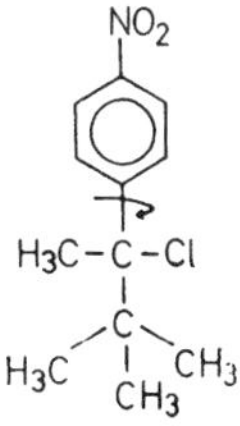

XII XIII

Abb. 81

Hohe Rotationsbarrieren wurden z. B. bei den 9-Fluoren-Derivaten (*I*) beobachtet. Durch Temperaturmessungen konnte sichergestellt werden, daß die Abnahme der Höhe der Rotationsbarriere von dem raumerfüllenden Effekt der Substituenten am C-9 abhängt. Offensichtlich ist es so, daß bei größeren Substituenten

Tabelle 7

Rotationsbarrieren um sp^3-sp^2-C–C-Einfachbindungen

Verbindung	$\Delta G_c^{\neq}$ [kcal/Mol]	T [°C]	Literatur
I (X = H, Ar = 2,4,6-Trimethylphenyl)	> 25	> 190	[64]
I (X = OH, Ar = 2,4,6-Trimethylphenyl)	20,2	145	[64]
II (X = H, Ar = 2,4,6-Trimethylphenyl)	10,9	25	[65]
III ($R_1 = R_3 = R_5$ = Cl, $R_2 = R_4$ = H)	15	31	[66]
IV ($R_1 = R_5$ = Cl, $R_2 = R_4$ = –CH–CCH$_3$)$_3$$R_3$ = H	14,3	25	[67]
V	E_A = 12,5	–	[68]
VI	< 8,2	–	[69]
VII	12,8	–35	[69]
VIII	14,6	–13	[70]
IX	12,7	–45	[70]
X	14,8	–7	[70]
XI	18,2	81	[71]
XII	keine Angaben		
XIII	7,8	–114	[73]

der Grundzustand behindert ist und damit destabilisiert wird, so daß die Energiedifferenz zwischen dem Grund- und dem Übergangszustand verringert wird.

Im allgemeinen liegen die Rotationsbarrieren für die Xanthyl-Derivate (II) niedriger als die entsprechenden des Typs (I), was sicherlich auf die größere Flexibilität des sechsgliedrigen heterocyclischen Ringsystems zurückzuführen ist. Es scheint heute auch sicher, daß bei der Bildung des Übergangszustandes eine simultane Wechselwirkung zwischen den Substituenten am C-2 und C-6 des Aromaten, am C-9 des Ringsystems mit den Protonen am C-4 und C-5 stattfindet.

Untersucht wurden auch die Verbindungen des Typs III, in denen eine Rotationsbehinderung der Dichlormethylengruppe vorliegt. Hier können auf Grund der raumerfüllenden Effekte der Dichlormethylengruppe Rotationskonformere eindeutig nachgewiesen werden.

Die Di- und Trienopentylbenzol-Derivate zeigen eine gemeinsame Bewegung und Drehung der großen Gruppen, deren Rotationsgeschwindigkeiten durch die benachbarten Substituenten wesentlich beeinflußt wird. Eine unsymmetrische Substitution bedingt eine Erniedrigung der Rotationsbarriere, während die Einführung von Halogenatomen im allgemeinen zu sehr unterschiedlichen Barrieren führt, die abhängig von der Art des Halogens ist.

Ganz allgemein kann man feststellen, daß bei solchen Systemen immer dann hohe Rotationsbarrieren zu erwarten sind, wenn große, raumerfüllende Substituenten an einem aromatischen System haften und in o-Position keine Substituenten angeordnet sind. Auch in allen übrigen Beispielen der in der Übersicht angegebenen Strukturen wird die Höhe der Rotationsbarriere eindeutig durch die raumerfüllenden Effekte der Substituenten diktiert. Das Beispiel XIII zeigt aber auch, daß ein signifikanter elektronischer Effekt mit ins Kalkül gezogen werden muß.

Es gibt in der Literatur [74] ein sehr interessantes Beispiel (Abb. 82), wie voranstehende Überlegungen zielgerichtet ausgenutzt werden können, um schließlich

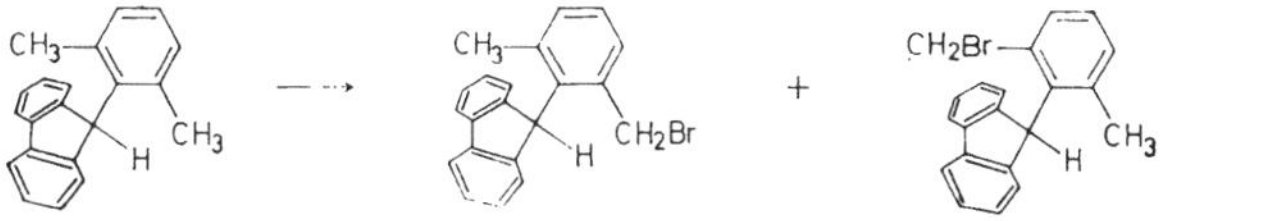

I II III

Abb. 82

Rotamere auch von Verbindungen zu isolieren, deren Rotationsbehinderung an einer sp^2-sp^3-C—C-Einfachbindung zu suchen ist.

Die Rotationsbarriere an der C_9—C_{Ar}-Bindung in dem 9-(2,6-Dimethylfluoren), Typ I, liegt über 25 kcal/Mol und ist damit hoch genug, um Isomere isolieren zu

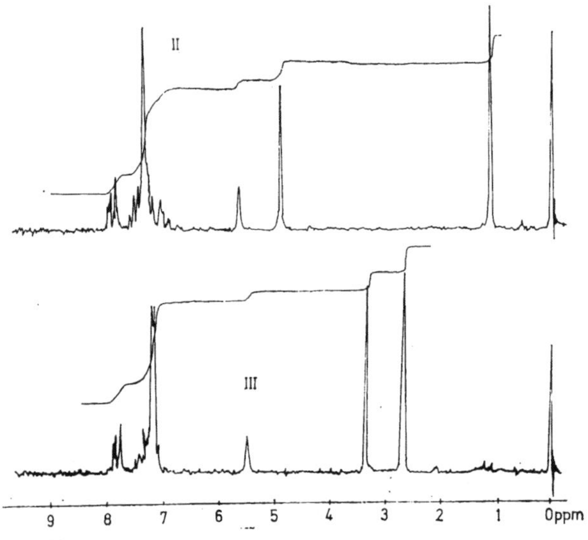

Abb. 83

können, wenn eine der Methylgruppen substituiert ist. Wird nun in Abb. 82 Verbindung (I) mit N-Bromsuccinimid bromiert, so erhält man ein Gemisch zweier Bromide, die chromatographisch trennbar sind und unterschiedliche physikalische Konstanten aufweisen. Die Verbindung (II) schmilzt bei 115 °C und die Verbindung (III) bei 125 °C. Die beiden Isomere unterscheiden sich in ihren KMR-Spektren (Abb. 83) dadurch, daß das eine Isomere ein Methylsignal bei hohem Feld und ein Methylensignal bei tiefem Feld aufweist und das andere Isomere genau entgegengesetzte Signale zeigt.

Eine Gleichgewichtseinstellung zwischen den beiden Isomeren kann erreicht werden, wenn man in Hexachlorbutadien einige Stunden erwärmt. In dem Gleichgewicht ist das Isomere (II) bevorzugt, unabhängig von der Temperatur im Bereich von 80—120 °C. Damit kann für k_1/k_{-1} in der Reaktion

$$\mathrm{II} \underset{k_{-1}}{\overset{k_1}{\rightleftharpoons}} \mathrm{III}$$

der Wert 0,28 ± 0,02 errechnet werden.

Die aus dem KMR-Spektrum auswertbare ARRHENIUSsche Aktivierungsenergie ergibt für die Reaktion II → III den Wert 27,1 kcal/Mol und für die Reaktion III → II den Wert 27,1 kcal/Mol. Die Isomerisierungskonstante bei 80 °C ist allerdings sehr klein, so daß die Isomerisierung der beiden Formen unter den gewählten Bedingungen sehr gering ist. Aus den Meßdaten folgt, daß etwa ein Verhältnis von 2,2 : 1 vorliegt.

Tabelle 8

Temperatur [°C]	$k_1 \times 10^6$ [s^{-1}]	$k_{-1} \times 10^5$ [s^{-1}]
80	1,0	0,36
100	6,4	2,3
111	19	6,9
121	57	21

Bemerkenswert ist schließlich noch die Tatsache, daß die Brommethylgruppe jede Konformation in der synperiplanaren Form II annehmen kann, während die Form III aus sterischen Gründen zumindest in der antiperiplanaren Form mit der Brommethylgruppe in der gezeigten Anordnung ungünstig ist.

An einem weiteren Beispiel (Abb. 84) soll verdeutlicht werden, daß derartige Überlegungen auch bei Olefinen [73] und Ketonen Gültigkeit haben, da auch hier analoge Bindungen vorliegen.

Das KMR-Spektrum der nachstehenden Verbindungen

zeigt für die an der Doppelbindung haftende Methylgruppe unterhalb der Koaleszenztemperatur ein ungleiches Dublett, während bei höheren Temperaturen ein scharfes Singulett erscheint.

Abb. 84

Ähnlich verhalten sich analoge Verbindungen. Die durch komplette „line shape"-Analyse errechneten Daten für die Verteilung und die Energiedifferenzen der verschieden substituierten Isomere sind in Tab. 9 zusammengestellt.

Tabelle 9

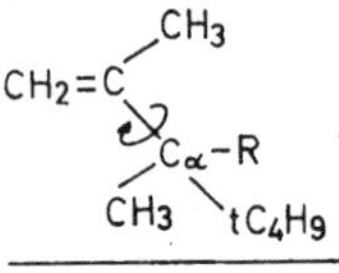	Verteilung der zwei Isomeren bei tiefen Temperaturen T_T				
	$\Delta G^{\ddagger}$	T_c [°K]	T_T	$p_A : p_B$	$\Delta G_0 T_T$
1 R = t-Butyl	15 · 4	306	175	42 : 58	0,11
2 R = i-Propyl	11 · 2	214	177	81 : 19	– 0,35
3 R = Äthyl	9 · 1	169	142	34 : 66	0,19

Wie ist hier die Bildung der Isomeren zu erklären?

Bei Rotation um 360° um die Bindung wird keine Konformation erhalten, die mit der Ausgangsverbindung identisch ist. Die KMR-Spektren beweisen vielmehr, daß zwei Konformationen vergleichbaren Energieinhaltes (Abb. 85) vorliegen. Das könnte erklärt werden, wenn die Doppelbindung einmal cis-ständig (5) zur Methylgruppe und einmal trans-ständig (6) angeordnet ist. Wahrscheinlich sind aber beide Formen ein Gemisch beider metastabiler Konformationen. Die für die Verbindung mit der tert.-Butylgruppe gefundene Barrierenhöhe deutet darauf hin, daß bei der Rotation die Formen 7 und 8 durchlaufen werden, die einen höheren Energieinhalt besitzen, da die Wechselwirkung der tert.-Butylgruppen in beiden Ausgangsformen (5) und (6) nahezu gleich stark sind.

Im Gegensatz hierzu wird für die Verbindungen mit einer Äthyl- oder Isopropylgruppe, die beide eine gerin-

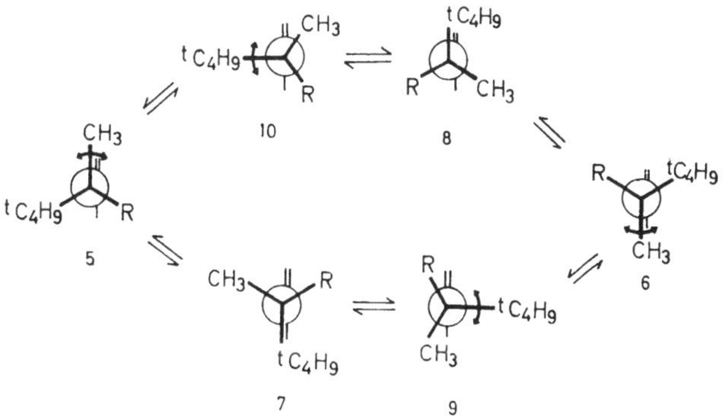

Abb. 85

gere Symmetrie aufweisen, eine Konformation bevorzugt, die den Formen 9 und 10 entsprechen und mit der tert.-Butylgruppe so weit wie möglich von der Olefin-Ebene entfernt sind. Die gefundenen Barrieren zeigen aber, welche von den Formen 7 oder 8 die energieärmste ist, weil das Durchlaufen dieser Form alle anderen Konformationen zugänglich macht.

Dieser Gegensatz erklärt auch die Energiedifferenz zwischen (1) und (2).

Bemerkenswert ist ferner, daß die Verbindung (3) eine nochmals geringere Barriere als (2) besitzt. Das zeigt deutlich, daß wie in anderen Beispielen der Substituent R entscheidend ist bzw. daß die Wechselwirkung der tert.-Butylgruppe nicht die alleinige Verantwortung für die Barrierenhöhe trägt. Zur Erklärung kann angenommen werden, daß der Winkel R—C—tert.-Butyl größer als 120°

ist, bedingt durch die gegenseitige Abstoßung, so daß in (7) verglichen mit (5) der Rest *R* einen kürzeren Abstand zur Olefinebene besitzt und so eine stärkere Wechselwirkung mit dieser Ebene spürbar wird.

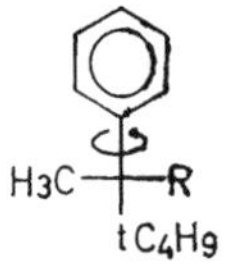

Abb. 86

Auch für Ketone (Abb. 87) sind von derartigen Rotationsbehinderungen, die durch Wechselwirkungen zwischen großen, raumerfüllenden Substituenten zustande kommen, berichtet worden.

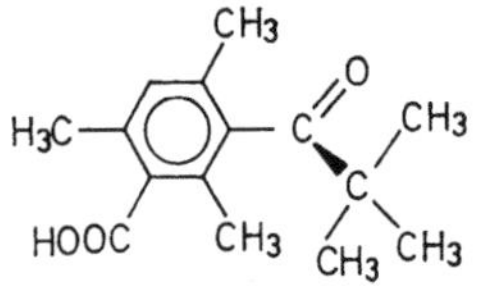

Abb. 87

In der voranstehenden Verbindung konnte eine Verkleinerung des Bindungswinkels $C_{Aryl}-CO-C_{tert.\,Butyl}$ nachgewiesen werden, so daß eine Bildung von zwei Konformeren verständlich wird [76].

3.4. *Rotationsbehinderungen um sp^2-sp^2-hybridisierte C-Atome* [77–90]

Das Energieprofil, das Rotationen um derartige Bindungen widerspiegelt, wird durch zwei Faktoren wesentlich beeinflußt:

1. einem sterischen Faktor, der eine Konfiguration stabilisiert, in der die p-Orbitale einen rechten Winkel bilden. Das hat zur Folge, daß der $\Delta G_c^{\neq}$-Wert mit der Größe des

Substituenten *R* sehr schnell ansteigt und schließlich KMR-spektroskopisch nicht mehr erfaßbar ist. Derartige Untersuchungen sind meist an Biphenyl-Derivaten (Abb. 88) durchgeführt worden. Eine derartige sterische Behinderung ist z. B. in tert.-Butyl-arylketonen bereits so groß, daß die optischen Antipoden voneinander getrennt werden können [90].

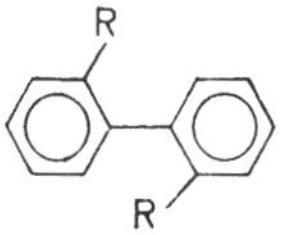

Abb. 88

2. Häufiger als die sterische ist die „elektronische Hinderung" der Rotation zu beobachten. Diese Behinderung ist bedingt durch die Beteiligung ionischer, mesomerer Grenzstrukturen (Abb. 89), wodurch formale Einfachbindungen den Charakter einer partiellen Doppelbindung erhalten. Diese Art von Rotationsbehinderung fordert coplanare Konformationen, die besonders energiearm sind.

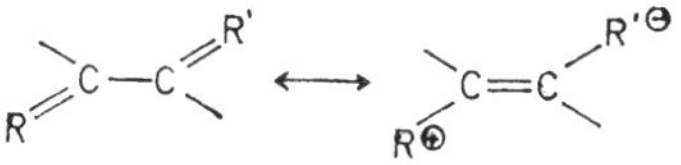

Abb. 89

In Abb. 90 sind einige Verbindungen zusammengestellt, deren Untersuchung wesentlich zu den heutigen Kenntnissen über die Rotationsbehinderung an sp^2-sp^2-C—C-Einfachbindungen beigetragen haben.

Allgemein kann festgestellt werden, daß der Wert für $\Delta G_c^{\ddagger}$ um so größer wird, je stärker sich die Substituenten in ihren Elektronendonator- und -acceptoreigenschaften voneinander unterscheiden. So wird in Verbindungen des Typs VI die Rotation in der Reihe $X = \mathrm{H} < \mathrm{OCH_3} < \mathrm{N(CH_3)_2}$ zunehmend erschwert. Besonders deutlich wird der Einfluß eines großen Substituenten auf die

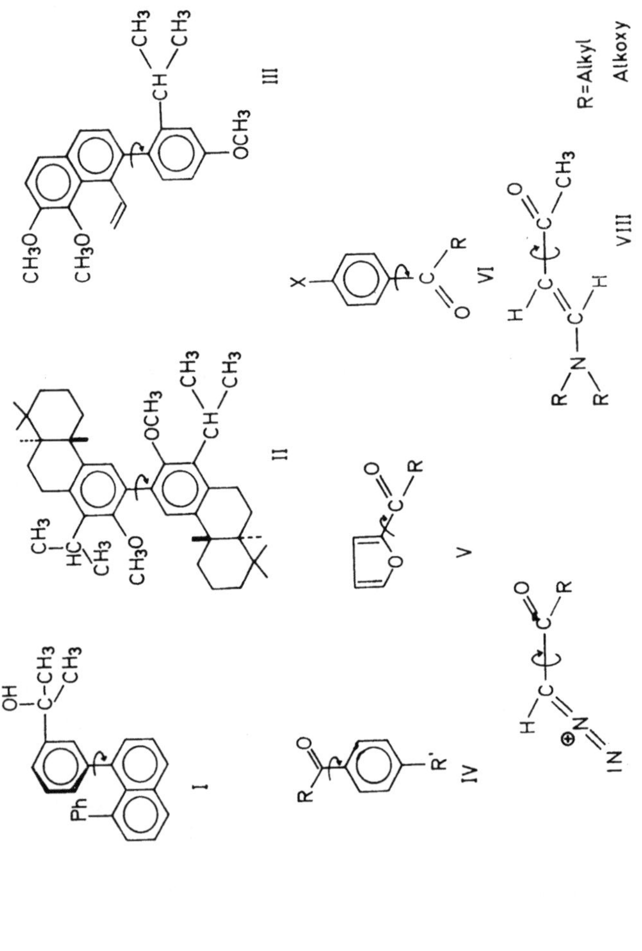
I
II
III
IV
V
VI
VIII
R=Alkyl
Alkoxy

Tabelle 10

a) Rotationsbarrieren in Biphenyl-Derivaten

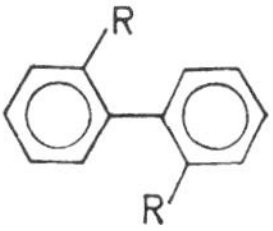

Verbindung: *R*	$\Delta G_c^{\neq}$ [kcal/Mol]	T_c [°C]	Literatur
2,2'-Di-$CH(CH_3)_2$	> 26,1	> 200	[77]
2-$CH(CH_3)_2$, 2'OCH_3	19,2	86	[78]
2-$CH(CH_3)_2$, 2'OH	19,2	86	[79]
I	16	25	[80]
II	14,2	−11	[81]
III	–	–	[82]

b) Rotationsbarrieren in aromatischen Aldehyden

Verbindung	$\Delta G_c^{\neq}$ [kcal/Mol]	T_c [°C]	Literatur
IV ($R = R' =$ H	7,9	−123	[83]
$R =$ H, $R' = N(CH_3)_2$	10,8	−71	[83]
$R =$ H, $R' = OCH_3$	9,2	−99	[83]
$R = CH_3$, $R' = N(CH_3)_2$	8,5	−92	[84]
$R = CH_2J$, $R' =$ Cl)	11,10	–	[85]
V	10−11	−57	[86]
VI ($R =$ H, $R' = CH_3$)	6−11	−142	[83, 84]
VII	12−16	−32 bis +13	[87]
VIII	keine Barrierenangabe		[88]

Barrierenhöhe, wenn Nitromethoxygruppen eingeführt werden und man die gefundenen Werte für die Barriere mit denen der unsubstituierten Verbindungen vergleicht. Wie zu erwarten, wird hier durch den Substituenten der energiereiche Übergangszustand (coplanar) durch Resonanzbedingungen stabilisiert.

In aromatischen Aldehyden kann man den deutlichen Einfluß eines para-ständigen Substituenten mit Elektronendonatoreigenschaften feststellen, da stets ein Anstieg der Barrierenhöhe durch die Stabilisierung des coplanaren Grundzustandes durch die möglichen Resonanzbedingungen meßbar wird.

Eine häufig genutzte Methode in dieser Verbindungsreihe ist die Protonierung mit SbF_3-FSO_3H oder Komplexbildung mit BF_3. Beide Verfahren führen zu einem Anstieg der Barrierenhöhe.

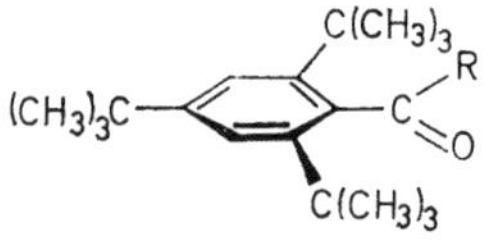

a: $R=CH_3-$
b: $R=CH_3CH_2-$
c: $R=C_6H_5CH_2-$
d: $R=3.5-(CH_3)_2C_6H_3-$
e: $R=2.4-(CH_3)_2C_6H_3-$
f: $R=3.4.5-(CH_3O)_3C_6H_2-$
g: $R=2.4.6-(CH_3)_3C_6H_2-$

Abb. 91

Ein Beispiel aus der Reihe der Ketone soll das bisher gesagte nochmals verdeutlichen:

2,4,6-Tri-tert.-butyl-phenyl-ketone sind Verbindungen (Abb. 91), bei denen die innermolekularen Bewegungen um die Bindung der Carbonylgruppe und dem α-C-Atom des Restes *R* behindert ist [89]. Die Raumerfüllung der beiden ortho-ständigen tert.-Butylgruppen erzwingt eine weitgehend senkrechte Anordnung der durch die Valenzen des Carbonyl-Kohlenstoffatoms festgelegten Ebene zur Ebene des Tri-tert.-butylphenyl-Ringes. Dementsprechend findet man für Verbindungen dieses Typs auch im IR-Spektrum Carbonylbanden um oder über 1700 cm^{-1}, was auf die Aufhebung der Konjugation zwischen Carbonylgruppe und aromatischem π-Elektronensystem hinweist. Bei den Verbindungen *d*, *e* und *f* ist der Ring *B* coplanar zur Carbonylgruppe und damit senkrecht zur Ebene des Tri-tert.-butylphenyl-Ringes angeordnet. Bei *g*, wo auch der Ring *B* zwei ortho-Substituenten trägt, ist diese Anordnung nahezu ähnlich, obgleich hier die besonderen sterischen Verhältnisse offenbar eine Aufweitung des CCC-Winkels an der Carbonylgruppe erzwingen. Das ^{1}H-KMR-Spektrum von *d* (Abb. 92) zeigt bei 32 °C neben zwei scharfen Singuletts bei 8,61 (para-tert.-Butyl) und 8,81 (ortho-tert.-Butyl) zwei Methylsignale bei 7,60 und 7,80 von denen — unter Berücksichtigung der unterschiedlichen Abschirmung durch

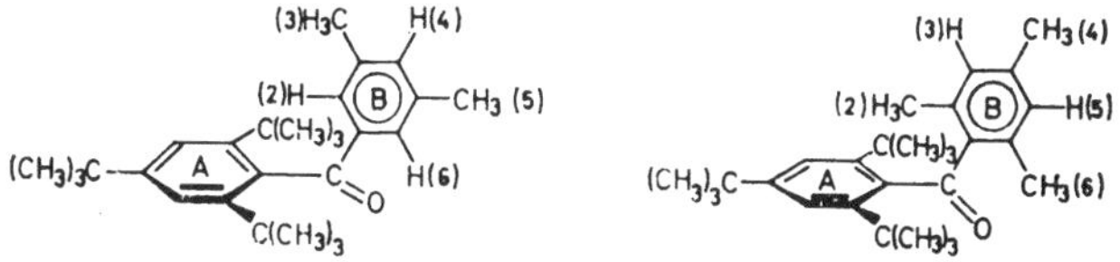

Abb. 92

den Ring *A* — ersteres der CH_3-Gruppe in 5-Position, letzteres der in 3-Position zugeordnet wurde. Im Absorptionsbereich aromatischer Protonen wird das Signal bei höchster Feldstärke dem H(2) und dasjenige bei niedrigster Feldstärke dem H(6) zugeordnet. Die magnetische Nichtäquivalenz dieser beiden Protonen sowie der beiden Methylgruppen zeigt damit eindeutig, daß die Rotation um die Bindung zwischen der Carbonylgruppe und dem Ring *B* bei Raumtemperatur beträchtlich behindert ist.

Bei erhöhter Temperatur koaleszieren sowohl die Signale der beiden Methylgruppen als auch die der beiden Protonen.

Die Koaleszenztemperatur T_c der Methylsignale wurde für eine 0,6-m-Lösung in 1-Chlornaphthalin/Benzotrichlorid 1 : 1 zu 63 ± 3 °C bestimmt. Aus den Differenzen der chemischen Verschiebung ließ sich daraus für die Rotation die Freie Aktivierungsenthalpie zu $\Delta G_c^{\neq} = 17{,}2 \pm 0{,}2$ kcal/Mol errechnen. Für die beiden Protonen H(2) und H(6) konnte in analoger Weise von einer 1,3 m Lösung in Hexachlorbutadien ein T_c-Wert von 91 ± 8 °C und eine Freie Aktivierungsenthalpie von $\Delta G_c^{\neq} = 17{,}7 \pm 2$ kcal/Mol ermittelt werden.

Beim ^{1}H-KMR-Spektrum der Verbindung *g* treten neben den Signalen für die tert.-Butylgruppen drei Methylsignale auf bei CH_3(6) 7,28τ, CH_3(4) 7,74τ und

CH_3(2) 8,43τ. Die Zuordnung der Signale erfolgte auf Grund der Abschätzung des Anisotropieeinflusses des Ringes *A* und vor allem nach dem Befund, das die Signale bei 7,28 und 8,43 bei höherer Temperatur koaleszieren und das jenes bei 7,74 auch bei höherer Temperatur unverändert bleibt. Erwartungsgemäß werden auch für die beiden Protonen am C-5 und C-6 getrennte Signale bei $\tau = 3{,}08$ und 3,27 gefunden. Die Koaleszenztemperatur der beiden Methylsignale wurde für eine 0,6 Lösung in Hexachlorbutadien zu 81 ± 6 °C bestimmt. Die Rotationsbarriere ergab sich zu $\Delta G_c^{\neq} = 17{,}3 \pm 0{,}4$ kcal/Mol.

3.5. *Rotationsbehinderungen um* N—N- *und* N—O-*Bindungen* [91—105]

Die Rotationsbehinderung in Nitrosaminen ist nach den bisherigen Untersuchungen von einer relativ hohen Energieschwelle (> 20 kcal/Mol) begleitet, da die bevorzugten planaren Konformationen durch die Beteiligung der polaren Grenzstrukturen (Abb. 93) erklärbar sind.

Abb. 93

Ist *R* verschieden, so können Konformationsisomere auftreten, die lediglich im Gleichgewicht nachgewiesen werden können. Zur Umorientierung der Nitrosogruppe in einem Nitrosamin mit $R{=}R{=}CH_3$ ist eine Freie Enthalpie der Aktivierung von ungefähr 23 kcal/Mol nötig. Das entspricht dem Grenzwert von $\Delta G_c^{\neq}$ oberhalb dessen beide Formen in Lösung bei Raumtemperatur stabil sein sollten.

Wählt man daher für die Untersuchungen (Abb. 94) die folgende Verbindung [97] (*A*), so gelingt eine präparative Tennung an Kieselgel bei 6 °C in die beiden Rotameren *A* und *B*:

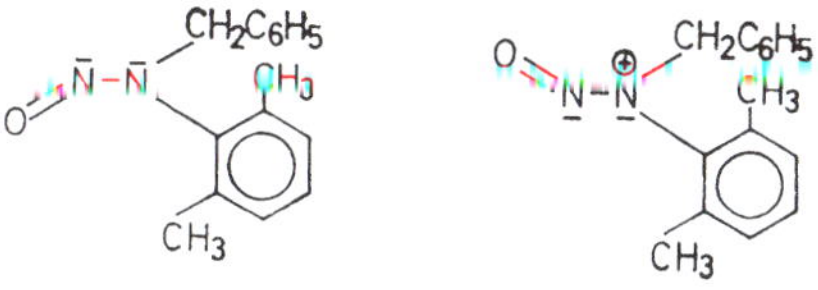

A B

Abb. 94

Im kristallinen Zustand sind beide Formen stabil. In CCl_4 stellt sich bei 36,5 °C ausgehend von *A* oder *B* mit einer Halbwertszeit von 86 min ein Gleichgewicht ein, an dem *A* mit 37% beteiligt ist. Hieraus erhält man die Geschwindigkeitskonstante $k_A = 8{,}6 \cdot 10^{-5}\,s^{-1}$ und $k_B = 5{,}2 \cdot 10^{-5}\,s^{-1}$, für $\Delta G_A^{\ddagger}$ ergibt sich dann 23,9 ± 0,2 kcal/Mol und für $\Delta G_B^{\ddagger} = 24{,}2 \pm 0{,}2$ kcal/Mol.

Schließlich müssen in dieser Gruppe noch die Alkylnitrite [104] erwähnt werden, die in den folgenden zwei Formen (Abb. 95) vorliegen können. Allgemein gilt, daß hier die Rotationsbarrieren ca. 10—14 kcal/Mol niedriger liegen als in den vergleichbaren Nitrosaminen.

Abb. 95

Beispiele von Verbindungsklassen, an denen eine behinderte Rotation um die N—N-Bindung festgestellt wurde, zeigt Abb. 96:

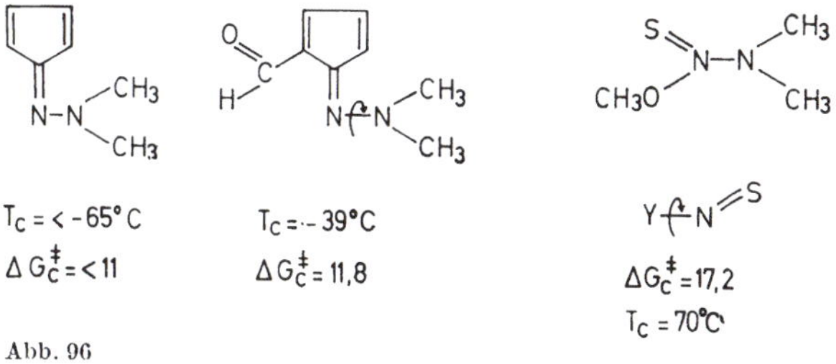

Abb. 96

Hydrazin-Derivate, einschließlich der substituierten Hydrazine, haben meist recht komplexe temperaturabhängige ^{1}H-KMR-Spektren, die sich nur unter der Annahme einer gehinderten Rotation um die N—N-Einfachbindung bei gleichzeitiger langsamer Stickstoffinversion erklären lassen [105].

Für diese Verbindungsklasse kann festgestellt werden, daß die Rotation um eine N—N-Einfachbindung bedeutend mehr Energie erfordert als um eine C—N-Einfachbindung.

Beispiele für Rotationsbehinderung bei Hydrazinen (Abb. 97):

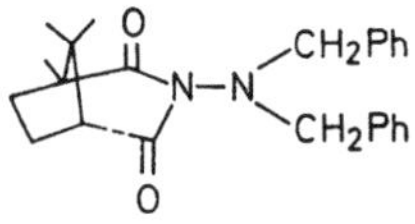

$\Delta G^{\ddagger}_{100°C}$ = 19,7 kcal/Mol

A

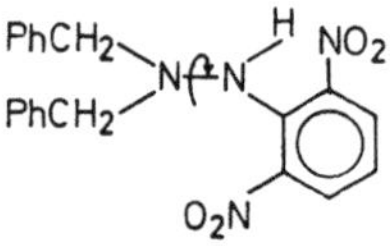

$\Delta G^{\ddagger}_{C}$ = 16,6 kcal/Mol

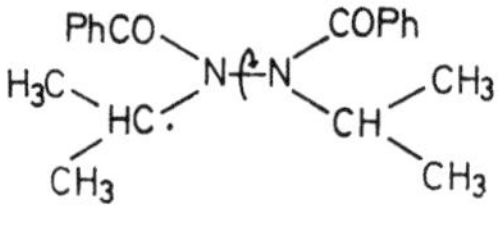

$\Delta G^{\ddagger}_{147°C}$ = 23,5 ± 0,5 kcal/Mol

Abb. 97

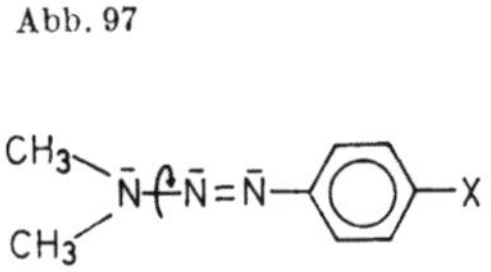

Abb. 98

Auch in substituierten Aryltriazenen [99] ist bereits vor einiger Zeit eine Behinderung der Rotation um die Dimethylaminogruppe festgestellt worden (Abb. 98). Die Barrierenhöhe hängt hier eindeutig von dem elektronenziehenden Effekt des Substituenten X ab.

Für den Substituenten X = p-OCH_3 konnte ein

$\Delta G_c^{\neq} = 12{,}7$ kcal/Mol und für den Substituenten p-NO_2 ein $\Delta G_c^{\neq} = 15{,}7 \pm 0{,}2$ kcal/Mol gefunden werden. Bei diesen Untersuchungen konnte eine eindeutige Korrelierung der Rotationsbarriere mit der HAMMET-Konstante des X im Arylrest hergestellt werden [99].

3.6. *Rotationsbehinderungen um* C—N-*Bindungen* [106—119]

Die dynamische Stereochemie von Verbindungen mit einer C—N-Einfachbindung ist schwieriger zu untersuchen, da hier die Möglichkeit besteht, daß gleichzeitig eine Inversion am Stickstoff und eine Rotation um die benachbarte Einfachbindung stattfindet.

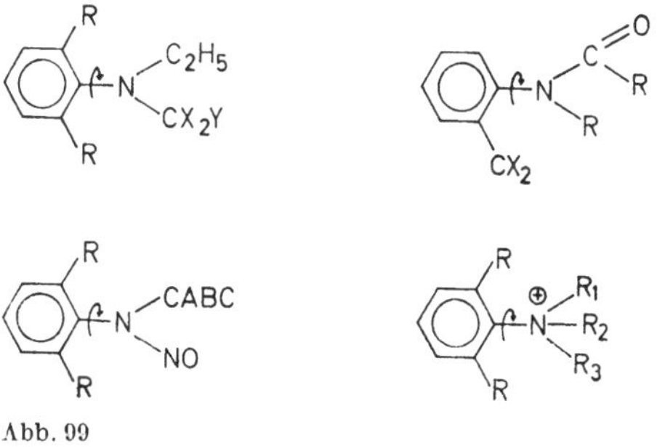

Abb. 99

Bei aromatischen Verbindungen (Abb. 99) führt die sterische Hinderung der Rotation um die Aryl-N-Bindung dazu, daß die X-Atome magnetisch nicht mehr äquivalent sind und damit zu einer weiteren Aufspaltung der Signale im ^{1}H-KMR-Spektrum führen. Das gilt sowohl für Amine [106], wie auch für Amide [106, 107] und Nitrosamine [108]. Ketenaminale [109] der nachstehenden Struktur (Abb. 100) sind daher für die Untersuchungen der Rotationsbehinderung um eine C—N-Einfachbindung ein interessantes Beispiel.

Bei diesem Beispiel soll auch die Problematik der Behinderung um die Doppelbindung erwähnt werden.

Das ^{1}H-KMR-Spektrum des jeweiligen Ketenaminals [114] weist neben den Signalen für die aromatischen Protonen (Abb. 101) im allgemeinen zwei Signale für die Dimethylaminogruppen auf. Die Spektren sind temperaturabhängig. Wie in Abb. 101 zu sehen ist, fallen

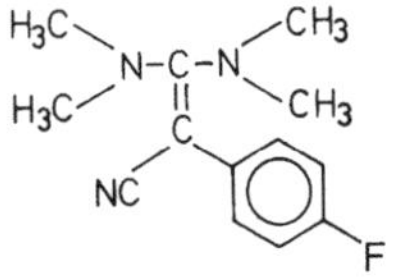

Abb. 100

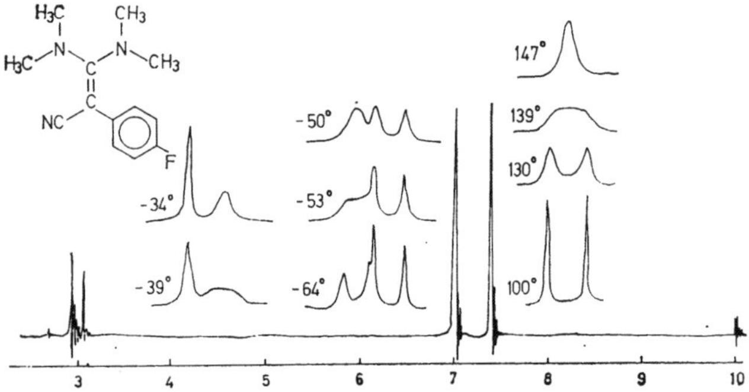

Abb. 101

beim Erwärmen in 1,2,4-Trichlorbenzol die beiden Signale der Dimethylaminogruppe zu einem Signal zusammen um dann schließlich bei weiterem Erwärmen wieder in ein scharfes Singulett überzugehen. Hier findet demgemäß ein Austausch der beiden Dimethylaminogruppen (Abb. 102) um die C=C-Doppelbindung statt.

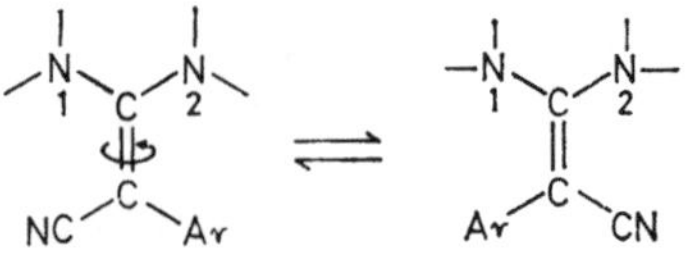

Abb. 102

Erfolgt die Rotation bei Temperaturerniedrigung langsam, so sind die Signale für beide Dimethylaminogruppen getrennt im Spektrum zu sehen. Wird die thermische Isomerisierung beim Erwärmen jedoch wieder häufiger, so findet man eine Bande mittlerer chemischer Verschiebung.

Die aus der Koaleszenztemperatur nach der EYRING-Gleichung abzuleitende Freie Aktivierungsenthalpie $\Delta G_c^{\neq}$ läßt sich zu 21,1 kcal/Mol berechnen (T_c = 139 °C).

Interessant ist der experimentelle Befund, daß beim Abkühlen der Probe jedes dieser Dimethylaminogruppensignale noch einmal aufspaltet, so daß dann insgesamt vier N-Methylgruppen (Abb. 101) deutlich zu erkennen sind. Dieses Phänomen ist nur erklärbar, wenn man annimmt, daß beim Abkühlen nicht nur die Rotation um die C=C-Doppelbindung (Abb. 103), sondern auch die um die C—N-Einfachbindung „langsam" im Sinne der KMR-Zeitskala wird. Das bedeutet, daß die beiden N-Methylgruppen jeweils austauschbar sind, wie es in Abb. 103 dargestellt ist:

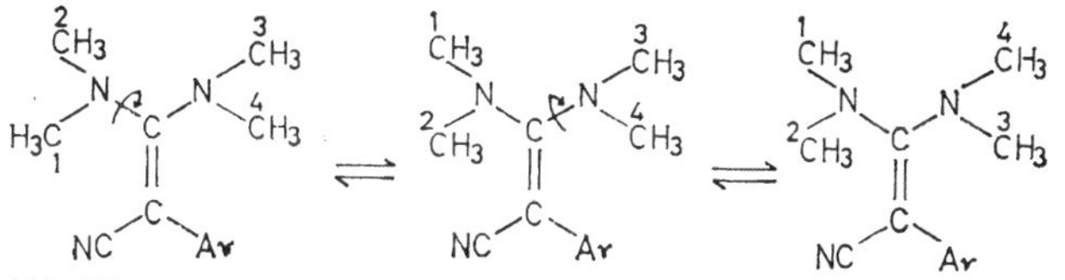

Abb. 103

Für die Rotation um die C—N-Einfachbindung gilt, daß sie mit zunehmendem Elektronenzug erschwert wird. Wie aus Vergleichsuntersuchungen abgeleitet werden konnte, können in dem voranstehenden Spektrum (Abb. 101) die Signale bei hohem Feld der zum Arylrest cis-ständigen Dimethylgruppe zugeordnet werden.

Eine Stütze erfährt diese Zuordnung durch die Tatsache, daß in den Spektren von o-substituierten Aminalen das Hochfeldsignal eine beträchtliche Verschiebung zu größeren τ-Werten erfährt.

Für die Rotationshinderung der Dimethylaminogruppen — die durch die Beteiligung polarer Grenzstrukturen, bedingt durch die Mesomerie-Wechselwirkung, wie in Abb. 104 ausgedrückt (X und Y sind ver-

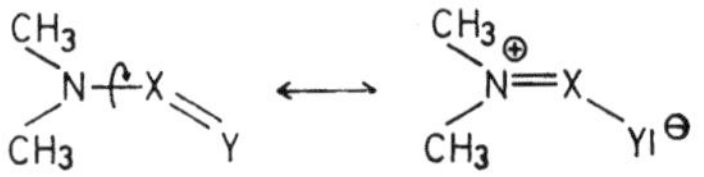

Abb. 104

schiedene Gruppen) — lassen sich aus den Spektren die folgenden Werte entnehmen bzw. berechnen:

Rotationsbarrieren um die CN-Einfachbindung

Tieffeldsignal		Hochfeldsignal	
T_c	$\Delta G_c^{\neq}$	T_c	$\Delta G_c^{\neq}$
−53	11,2	−39	11,8

Da bei stark elektronenziehenden Resten im Arylring die Rotation um die C-Aryl-Bindung behindert ist, muß der Arylrest nahezu coplanar mit der Doppelbindung angeordnet sein. Da aber andererseits eine starke Wechselwirkung der Dimethylaminogruppe mit dem aromatischen System stattfindet, kann keine völlig Coplanarität der beiden Systeme vorliegen.

Für die Dimethylaminogruppe selbst ist ebenfalls auf Grund der bereits erwähnten Wechselwirkung keine ebene Struktur zu erwarten, sondern nur eine Verflachung der Stickstoffpyramide.

3.6.1. *Rotationsbehinderungen bei Aminen*

Rotationsbarrieren in aliphatischen Aminen sind in den letzten Jahren intensiv untersucht worden, da hier im allgemeinen niedrige $\Delta G_c^{\neq}$-Werte zu erwarten sind, und die Inversion am Stickstoffatom noch nicht so stark in Erscheinung tritt.

Ein interessantes Beispiel ist das tert.-Butyl-dimethylamin [107, 110], in dem eine mögliche langsame Inversion am Stickstoffatom kein Chiralitätszentrum hervorruft und die Rotation um eine Einfachbindung damit der einzige im ^{1}H-KMR-Spektrum erkennbare Prozeß sein sollte.

Das ^{1}H-KMR-Spektrum (60 MHz) in CH_2CHCl bei $-100\,°C$ zeigt zwei scharfe Singuletts (Abb. 105) für die tert.-Butyl- und die Methylgruppen. Wird die Temperatur gesenkt, so erscheint das tert.-Butylsignal zunächst als ein verbreitertes und dann schließlich als ein sich überlappendes Dublett der relativen Intensität 1 : 2. Die Signalform der $N(CH_3)_2$-Gruppe ist nahezu temperaturunabhängig und verbreitert sich nur geringfügig, was wohl auf die zunehmende Viskosität und das ^{14}N-Quadropolmoment zurückzuführen ist.

Da die langsame Inversion am Stickstoff kein Chiralitätszentrum erzeugt, kann dieses Verhalten nur durch eine Verlangsamung der Rotation um die tert.-Butyl-N-Bindung erklärt werden:

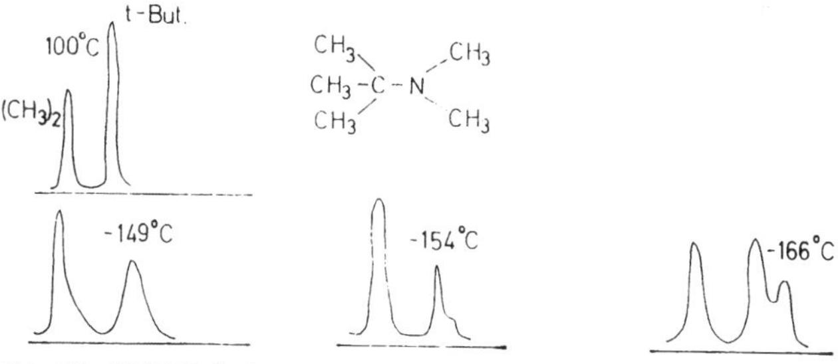

Abb. 105. ^{1}H-KMR-Spektrum des tert.-Butyl-dimethylamin in CH_2CHCl

Eine weitere Stütze dieser Annahme findet man in den drei NEWMAN-Projektionen (Abb. 106), die klar zeigen, daß in allen drei Rotameren die N-Methylgruppen die gleiche chemische Umgebung besitzen und somit auch keine unterschiedlichen KMR-Spektren dieser Gruppierung zu erwarten sind.

Für die tert.-Butylgruppe dagegen haben wir in jedem Rotameren zwei äquivalente Methylgruppen, die durch die Ebene des einsamen Elektronenpaares am Stickstoffatom halbiert werden und eine dritte Methylgruppe, die wiederum die $N-(CH_3)_2$-Gruppe halbiert. Unter diesen Voraus-

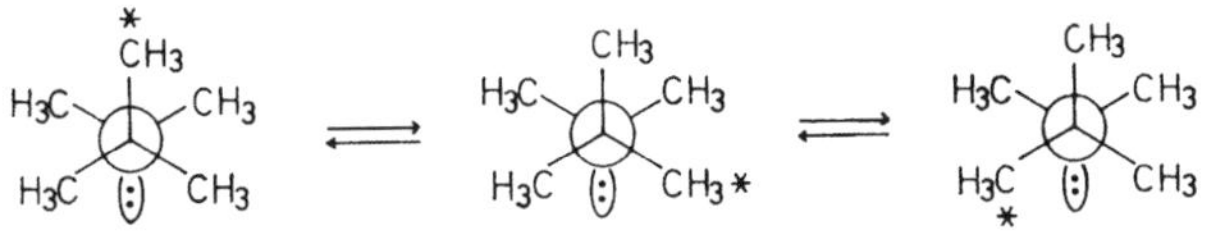

Abb. 106

setzungen sollte das ^1H-KMR-Spektrum für die tert.-Butylgruppe zwei Signale im Verhältnis 2 : 1 zeigen, was — wie voranstehend (Abb. 105) zu ersehen — tatsächlich der Fall ist. Bei tiefen Temperaturen ist also die Rotation um die C-tert.-Butyl-N-Bindung behindert, während bei Zimmertemperatur die Rotation ohne Behinderung abläuft und demgemäß für die tert.-Butylgruppe auch nur ein Signal im ^1H-KMR-Spektrum auftritt. Als $\Delta G_c^{\ddagger}$-Wert konnte 6,0 ± 0,1 kcal/Mol bei −153 °C errechnet werden.

Untersuchungen an ähnlichen Verbindungen brachten außerdem interessante Ergebnisse, wie die nachfolgenden Beispiele (Abb. 107) zeigen, in denen der Einfluß der Substituenten auf die Höhe der Rotationsbarriere unter-

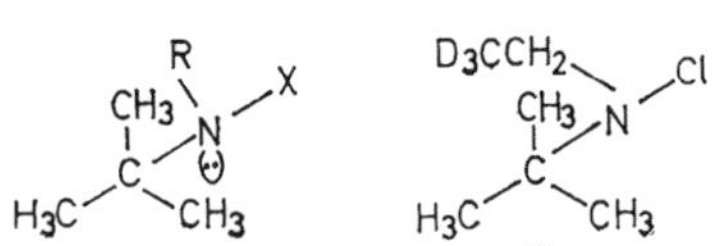

1 2

Abb: 107

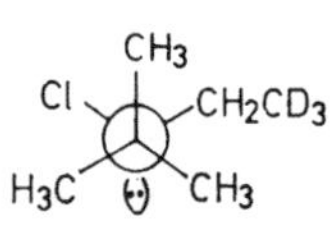

Abb. 108

sucht wurde [108]. Das ^1H-KMR-Spektrum der Verbindung (2) in $CBrF_3$ bei −62 °C zeigt eine verbreiterte Bande für die CH_2-Gruppe und ein scharfes Signal für die tert.-Butylgruppe (Abb. 109). Bei anschließender

Temperatursenkung spaltet sich das CH_2-Gruppensignal in ein typisches AB-Spektrum ($J_{AB} = 25,7$ Hz; J_{AB} = 13,2 Hz) auf und widerspiegelt damit die später zu besprechende Stickstoffinversion ($\Delta G^{\ddagger}_{Inv}$ 9,7 ± 0,2 kcal/Mol bei −76 °C).

Bei weiterer Temperatursenkung spaltet sich nunmehr das ursprüngliche Singulett der tert.-Butylgruppe in gut erkennbare drei Singuletts gleicher Intensität auf. Das bedeutet, daß die Rotation der tert.-Butylgruppe deutlich behindert ist und die Konformation wie in Abb. 108 wiedergegeben werden könnte.

Auch die Spektren der übrigen untersuchten Verbindungen zeigen ein ähnliches Verhalten und beweisen damit die Rotationsbehinderung der tert.-Butylgruppe [110] an der C—N-Bindung.

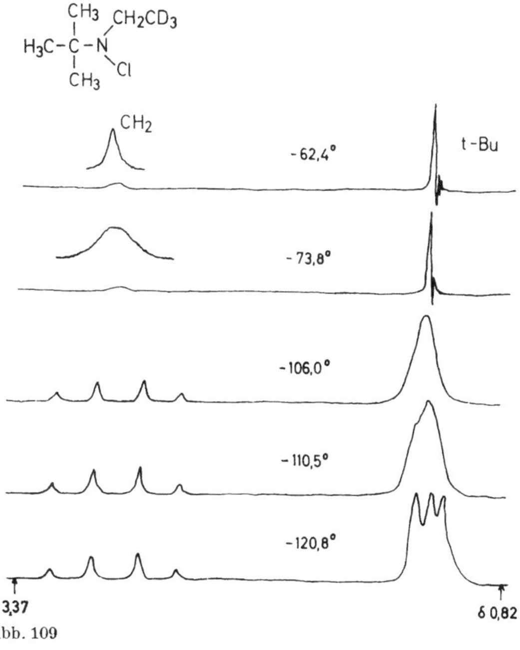

Abb. 109

Die Auswertung der Signalformen führt bei den einzelnen N-tert.-Butylhalogenaminen (Abb. 107, Formel 1) zu den folgenden Werten der Rotationsbarrieren (s. Tab. 11):

Tabelle 11

Verbindung	*X*	*R*	$\Delta G_c^{\neq}$ [kcal/Mol]
2	Cl	Cl	9,4 ± 0,2 (−92 °C)
3	Cl	CH_3	8,6 ± 0,2 (−114 °C)
4	Br	CH_3	8,3 ± 0,2 (−121 °C)
5	Cl	CH_2CD_3	8,6 ± 0,2 (−109 °C)
6	Cl	$CH_2C_6H_5$	8,3 ± 0,2 (−122 °C)
7	Cl	$CH(CD_3)_2$	7,0 ± 0,4 (−143 °C)
8	CH_3	CH_3	6,0 ± 0,1 (−153 °C)

Ein Vergleich der Werte der Rotationsbarrieren in der voranstehenden Übersicht zeigt deutlich den Trend. Wird beispielsweise eine Methylgruppe durch ein Chloratom ersetzt, so ist eine signifikante Steigerung der Höhe der Rotationsbarriere zu verzeichnen, die sich abermals erhöht, wenn auch noch die zweite Methylgruppe durch Chlor ersetzt wird. Dieser Effekt legt die Vermutung nahe, daß die vicinale-*syn-periplanare* Abstoßung zwischen der CH_3-Gruppe und einem Chloratom größer ist, als zwischen zwei Methylgruppen.

Die Rotationsbehinderung um die Aryl-Stickstoff-Bindung in aromatischen Aminen wird hauptsächlich durch sterische Faktoren und durch die Möglichkeit, Wasserstoffbrückenbindungen zu bilden, beeinflußt [111]. Hierfür sind Anilide ein Beispiel.

Vergleicht man (Abb. 110) die drei folgenden Anilide [115], so erhält man in den beiden ersten Molekülen im

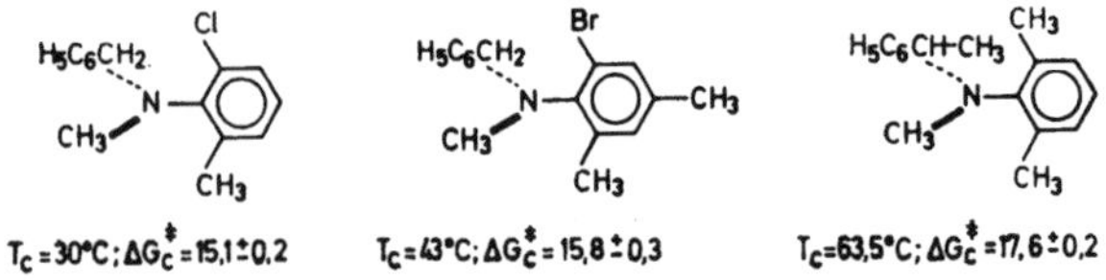

Abb. 110

^{1}H-KMR-Spektrum für die CH_2-Protonen jeweils ein AB-System bei tiefer Temperatur, während bei höherer Temperatur ein A_2-Singulett festgestellt werden kann.

Die $\Delta G_c^{\neq}$-Werte der Anilide sind etwa vergleichbar mit jenen von N-Nitrosaminen (Abb. 111), bei denen cis- und trans-Isomere in Lösung nebeneinander existieren. Gefunden wurden bei 34 °C in Hexachlorbutadien 59% der Verbindung A, 41% von B und 60% von C.

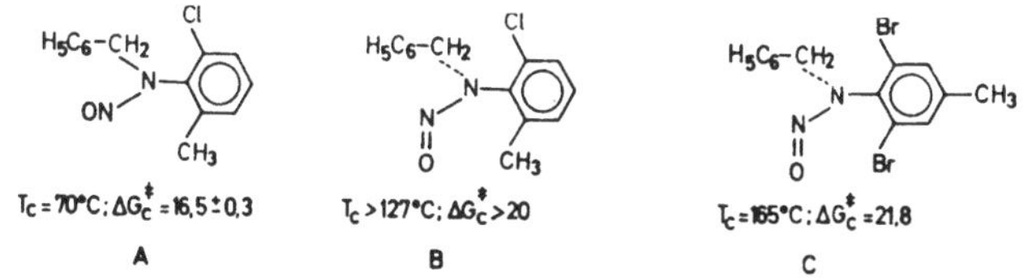

Abb. 111

Die $\Delta G_c^{\neq}$-Werte zeigen deutlich, daß sich die Rotation um die Aryl-N-Bindung verlangsamt, wenn das Anilin z. B. mit dem *trans*-Nitrosamin A und dem *cis*-Nitrosamin B verglichen wird.

Das Maß der Rotationsgeschwindigkeit um diese Aryl-N-Bindung wird aber auch herabgesetzt, wenn man von der Chlor- zur Bromverbindung in der Reihe der Aniline geht.

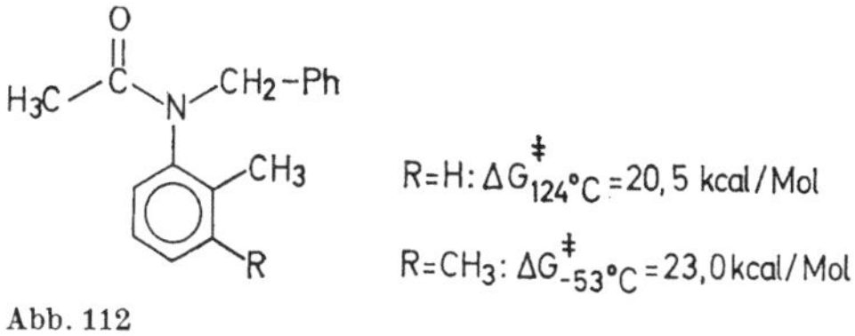

Abb. 112

Ähnliche Überlegungen gelten sinngemäß auch für anders substituierte Anilide (Abb. 112), bei denen zumeist relativ hohe Rotationsbarrieren gefunden werden. Der Prozeß der Rotation um die Aryl-Stickstoff-Bindung ist hier eindeutig von sterischen Faktoren abhängig und fordert zumeist einen planaren Übergangszustand. Für das Anilid (Abb. 112) wurden z. B. die Werte für die Behinderung angegeben [113].

Im Zusammenhang mit diesen Untersuchungen ist die Frage interessant, wie sich ein positiv geladener Stick-

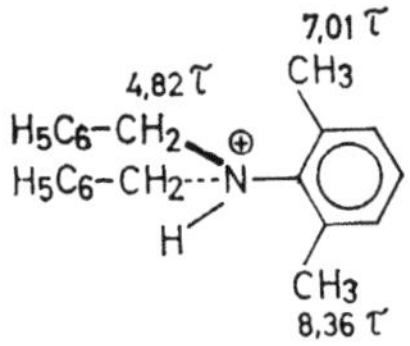

Abb. 113

stoff auf die Dynamik der Umwandlungsprozesse auswirkt [109]. Die Verbindung in Abb. 113 zeigt ein ^{1}H-KMR-Spektrum mit vier äquivalenten (= homotopen) CH_2-Protonen und zwei Signalen für unterschiedlich angeordnete Methylgruppen.

Diese Nichtäquivalenz der beiden Methylgruppen wird durch die Konformation des Moleküls, bei der sicherlich das Proton am Stickstoff *syn-periplanar* zum aromatischen System angeordnet ist, verständlich. Diese Annahme findet eine Bestätigung im ^{1}H-KMR-Spektrum des Chlorids, das bei 0 °C zwei Methylsignale bei $\tau = 7{,}02$ und 7,89 zeigt, während das analoge Spektrum bei 50 °C nur noch ein gemitteltes Signal bei $\tau = 7{,}48$ zeigt.

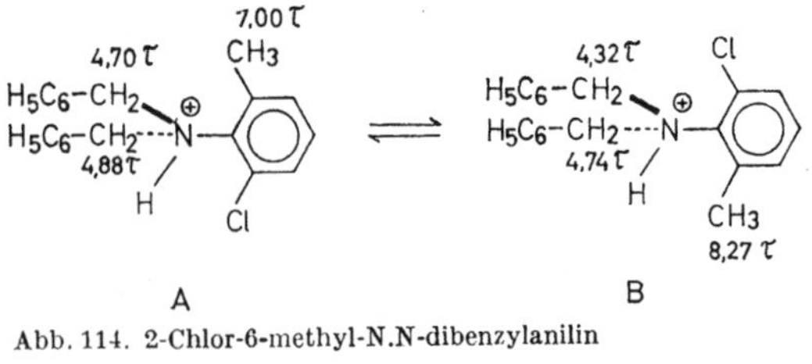

Abb. 114. 2-Chlor-6-methyl-N.N-dibenzylanilin

Das entsprechende Spektrum des 2-Chlor-6-methyl-N.N-dibenzylanilins (Abb. 114) in CF_3COOD als Lösungsmittel zeigt zwei Gruppen von Signalen, die den beiden Ionen in Abb. 111 entsprechen. Jedes gibt ein *AB*-Spektrum für die vier CH_2-Protonen (τ = 4,70 und 4,88, J = 12,8 cps für *A*; τ = 4,32 und 4,74, J = 12,6 cps für *B*). Analog gilt das auch für die entsprechenden Bromverbindungen, bei denen dann allerdings wieder die Überlegung, daß sich die Größe eines Substituenten in der voranstehend geschilderten Weise bemerkbar macht, berücksichtigt werden muß.

Beweise für die gehinderte Rotation in protonierten Aminen und Aniliden sind vorhanden. Für den Fall der protonierten Anilide scheint es sich abzuzeichnen, daß die Rotationsbarriere um die Aryl-Stickstoff-Bindung größer ist als in den entsprechenden unprotonierten Verbindungen. So konnte als bevorzugte Konformation in dem o-disubstituierten Dimethylanilin die Formel (Abb. 115) abgeleitet werden [112], bei der ein $\Delta G^{\ddagger}_{26\,°C}$-Wert von 15,9 kcal/Mol für die Rotationsbarriere ermittelt wurde.

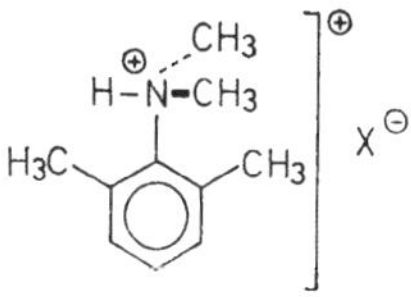

Abb. 115

Die Rotationsbehinderung in Nitroso-Verbindungen [116] wurde ebenfalls untersucht und führte zu dem Ergebnis, daß die Freie Aktivierungsenergie allgemein Werte um > 20 kcal/Mol annimmt. In diesem Fall ist die Rotationsbehinderung eindeutig durch elektronische Faktoren beeinflußbar, denn die Protonierung führt zu einem beträchtlichen Anstieg des Wertes für $\Delta G_c^{\ddagger}$.

Die hohe Energieschwelle, die die bevorzugten planaren Konformationen trennt, wird durch die starke Beteiligung der polaren Grenzstruktur (Abb. 116) an der Mesomerie verständlich. Bei geeigneter Substitution am Aminstickstoff sind die Rotameren so stabil, daß sie isoliert werden können [119].

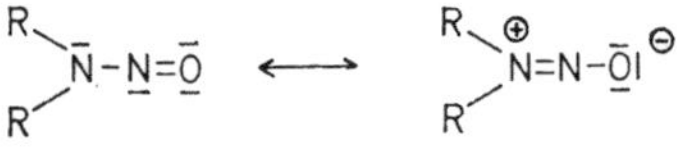

Abb. 116

3.6.2. *Rotationsbehinderungen um verschiedenartige Einfachbindungen*

Zum Schluß dieser Betrachtungen über Behinderungen der Rotation an Einfachbindungen, sollen noch einige Untersuchungen erwähnt werden, die sich mit anderen als einer C—C- oder C—N-Einfachbindung beschäftigen.

Kohlenstoff—Sauerstoff- und Kohlenstoff—Schwefel-Einfachbindungen können ebenfalls Behinderungen der Rotation bewirken.

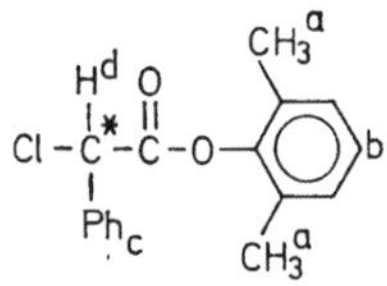

Abb. 117

Sterisch gehinderte innermolekulare Bewegungen um die C—O-Bindung wurden z. B. in aromatischen Äthern (Abb. 117) und Estern nachgewiesen. So zeigt das ^{1}H-KMR-Spektrum (Abb. 118) der nachstehenden Verbindung bei —60 °C für beide Methylgruppen je ein Signal, während bei —30 °C die Koaleszenz der beiden Signale beobachtet wird [117]. Unterschiedliche Signale für die Methylgruppen können nur dann auftreten, wenn die Rotation um die Aryl-Sauerstoff-Bindung verlangsamt ist (in der KMR-Zeitskala). Diese Bindung ist aber zugleich eine zweizählige Symmetrieachse für die Methylgruppen in unmittelbarer Nachbarschaft des Chiralitätszentrums.

Weil also dieses Symmetrieelement existiert, kann die Symmetrie nur dadurch verloren gehen, daß eine Molekülbewegung stattfindet, die einer solchen Symmetrieoperation entspricht.

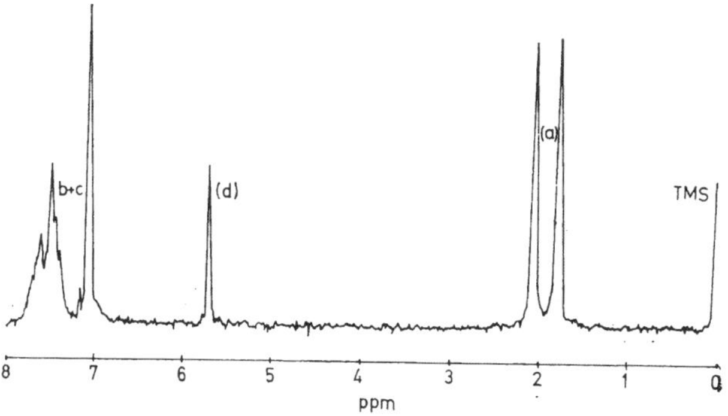

Abb. 118

Wie aus dem voranstehenden Spektrum zu entnehmen ist, sind die beiden Signale für die Methylgruppen (*a*) von gleicher Intensität und das Signal für das Methinproton erscheint als scharfes Singulett (*d*). Es ist daher unwahrscheinlich, daß dieses Signalbild auf eine behinderte Rotation um die C=O-Sauerstoff-Bindung zurückzuführen ist, denn unter den Bedingungen einer *cis-trans*-Isomerie an dieser Bindung würden gleiche Signalintensitäten auch eine gleiche Population der beiden Isomeren bedeuten. Das ist aber auf Grund des gegenwärtig vorliegenden Untersuchungsmaterials unwahrscheinlich. Das scharfe Methinprotonensignal würde ebenfalls voraussetzen, daß dieses Proton sowohl in dem *cis-* als auch in dem *trans*-Isomeren die gleiche chemische Umgebung besitzen müßte. Das ist aber auszuschließen, da der Phenylring in beiden Isomeren einen ganz anderen Anisotropieeffekt auf das Methinproton ausüben würde, und damit auch kein scharfes Singulett zu erwarten ist. Ein Beweis dafür ist in dem ^{1}H-KMR-Spektrum der folgenden Verbindung (Abb. 119) zu sehen, in dem die Existenz eines Chiralitätszentrums eine mögliche Symmetrieebene verbietet. Die behinderte Rotation um die Aryl-O-Bindung sollte hier zur Diastereotopie der beiden

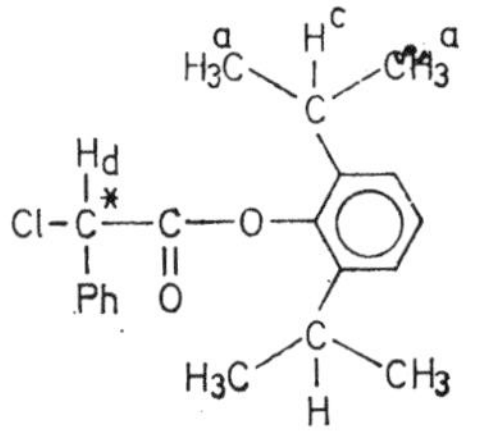

Abb. 119

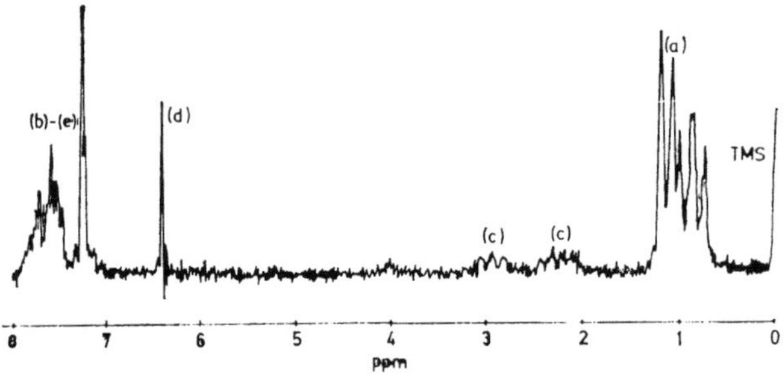

Abb. 120

Isopropylgruppen führen. Wie aus dem Spektrum in Abb. 120 bei $-30\,^{\circ}$C zu entnehmen ist, treten die beiden Methylgruppen der Isopropylgruppe (*a*), wie zu erwarten, jeweils als Doppelsignal und die Methinprotonen der Isopropylgruppe ebenfalls als ein Doppelsignal (*c*) auf. Die Koaleszenztemperatur für die Methylgruppensignale liegt bei $+40\,^{\circ}$C. Vergleicht man diese mit der Koaleszenztemperatur der erst erwähnten Verbindung, so fällt auf, daß diese wesentlich tiefer liegt. Das zeigt deutlich, daß die Rotationsbarriere in der zweiten Verbindung wesentlich höher liegen muß, was bei der Größe der Isopropylgruppe aus rein sterischen Gründen auch zu erwarten war.

Wesentliches zum Verständnis derartiger Prozesse können auch Disulfide, Diselenide oder auch Peroxide (Abb. 121) beitragen, da hier jeweils zwei nichtebene, enantiomere Vorzugskonformationen existieren:

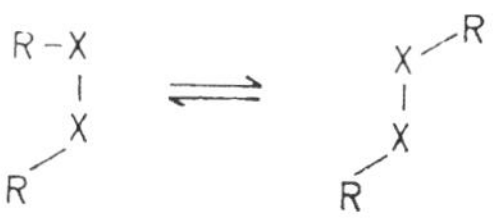

Abb. 121

Während aliphatische Disulfide bis —95 °C im allgemeinen keine [118] temperaturabhängigen ^{1}H-KMR, Spektren liefern, zeigen aromatische Disulfide sehr gute, temperaturabhängige Spektren. Nehmen wir als Beispiel ein Bis[2,6-di-*R*-phenyl]-disulfid (Abb. 122), in dem *R* z. B. eine Isopropyl- oder auch eine tert.-Butylgruppe sein soll. Am Dreiding-Modell wäre folgendes erkennbar:

Vier Konformationen *A*, *A'*, *B* und *B'* sind unter Beachtung der Tatsache, daß wir einen Diederwinkel von ca. 90° an der Disulfidbrücke voraussetzen können und nur eine Aryl-S-Rotation betrachtet wird, möglich. Berücksichtigt man auch noch die zweite Rotation, so wären insgesamt acht Konformationen zu erwarten.

Will man die Spektren interpretieren, sind folgende Fragen vorher zu beantworten:

1. Welche Rotation ist möglich?
2. Wie beeinflußt diese Rotation das zu erwartende Spektrum?

Es kann nun die Rotation um die S—S-Bindung und/oder um die Aryl-S-Bindung behindert sein.

1. Ist die Rotation um die S—S-Bindung gehindert, die Rotation um die Aryl-S-Bindung aber frei, so sollten die Positionen 2 und 6 äquivalent sein. Das heißt, daß Substituenten wie Methyl- oder auch tert.-Butylgruppen nur jeweils ein Signal geben sollten. Stehen in diesen

Positionen beispielsweise CH_2CH_3- oder $CH(CH_3)_2$-Gruppen, so werden die beiden CH_2-Protonen der Äthylgruppe oder die beiden Methylgruppen der Isopropylgruppe innerhalb einer Gruppe diastereotop, denn die Konformationen *A* und *A'* wie *B* und *B'* sind optische Antipoden.

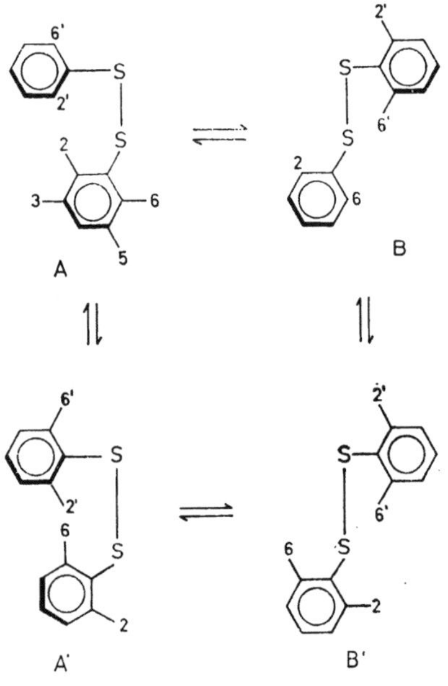

Abb. 122

In ¹H-KMR-Spektren wäre daher magnetische Nichtäquivalenz dieser beiden Gruppierungen zu erwarten.

2. Es kann die Rotation um die Aryl-S-Bindung gehindert, und die Rotation um die S—S-Bindung frei sein.

Für diesen Fall wären die Positionen 2 und 6 bzw. 3 und 5 äquivalent, d. h. einfache Substituenten wie die Methyl- oder die tert.-Butylgruppe sollten einfache Signale geben. Bei Einführung von sog. prochiralen Gruppen — wie die Äthyl- oder die Isopropylgruppe —

sollte wie voranstehend für den X-Teil der Gruppierung CX_2Y magnetische Nichtäquivalenz zu erwarten sein.

3. Schließlich kann die Rotation sowohl um die S—S- als auch um die Aryl-S-Bindung behindert sein.

In diesem Fall sollten die Signale der sog. einfachen

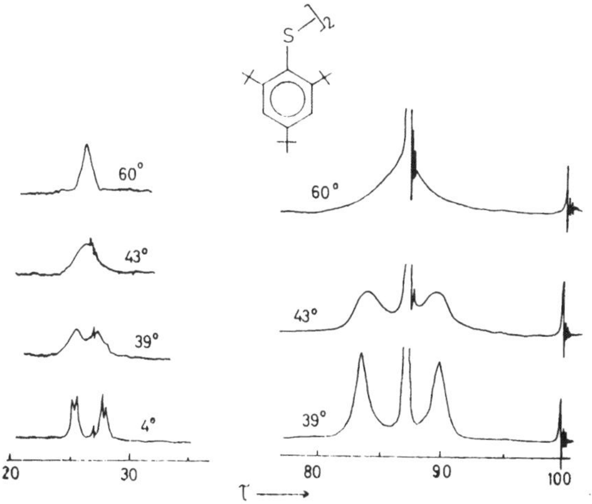

Abb. 123

Gruppen, wie Methyl- und tert.-Butylgruppen, verdoppelt auftreten, die Signale der prochiralen Gruppen sollten eine hohe Multiplizität aufweisen.

Alle in der folgenden Zusammenstellung aufgeführten 2,6-Di-tert.-butylierten aromatischen Disulfide weisen in ihren KMR-Spektren bei tiefer Temperatur eine Verdopplung der Signale (Abb. 123) für die o-ständigen Substituenten auf. Ebenso erscheinen die Signale der zum Schwefel m-ständigen Protonen als AB-Spektraltyp. Die aus den Spektren ermittelten Freien Aktivierungsenthalpien $\Delta G_c^{\ddagger}$ sind in Tab. 12 aufgeführt. Deutlich wird, daß der p-ständige Substituent nur einen geringen Einfluß auf die Höhe der Rotationsbarriere besitzt, wie auch aus den Modellbetrachtungen nicht anders zu erwarten ist.

Tabelle 12

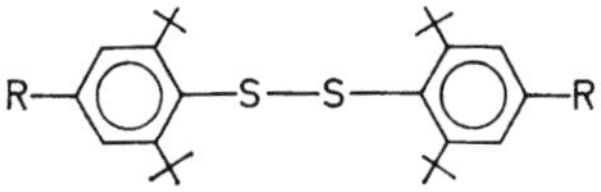

Verbindung	*R*	Aromatische Protonen $\Delta\nu$ [Hz]	T_c [°C]	$\Delta G_c^{\neq}$ [kcal/Mol]	tert.-Butylgruppe $\Delta\nu$ [Hz]	T_c [°C]	$\Delta G_c^{\neq}$ [kcal/Mol]
1	H				39,0	39	15,5
2	CH_3	14,0	31,0	15,6	37,8	39	15,5
3	$N(CH_3)_2$	8,0	18,0	15,2	35,0	37	15,5
4	$C(CH)_3$	14,8	40,0	16,2	39,0	54	16,3

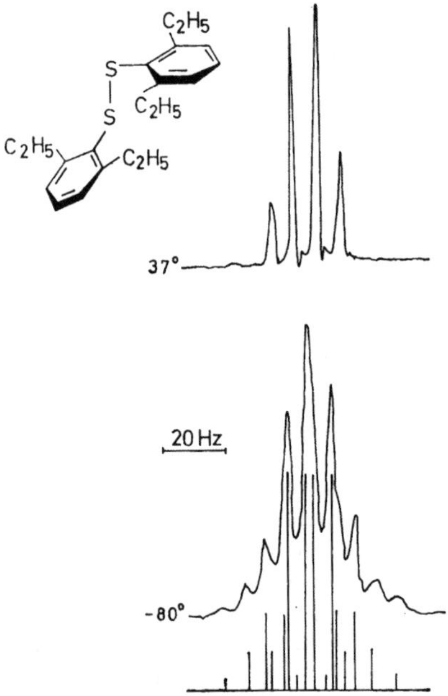

Abb. 124

Diese Temperatureffekte lassen sich nur durch die Annahme gehinderter Rotation, sowohl um die S—S-Bindung als auch um die Aryl-S-Bindung, erklären.

Für die Möglichkeiten der Rotationsbehinderung nach 2 spricht das [1]H-KMR-Spektrum der folgenden Verbindung (Abb. 124). Hier verändert sich der CH_2-Teil des Spektrums, da die CH_2-Protonen diastereotop sind.

4. Rotationsbehinderungen an partiellen Doppelbindungen

4.1. Rotationsbehinderungen an C=C-*Doppelbindungen*

Die bis heute bekannt gewordenen Rotationsbarrieren von C—C- und C—N-Doppelbindungen liegen normalerweise über 40 kcal/Mol und damit oberhalb des Bereiches, der mit der KMR-Methode erfaßt werden kann. Damit können im folgenden Kapitel nur Verbindungen vorgestellt werden, bei denen durch elektronische oder sterische Einflüsse entweder die Energie des Grundzustandes erhöht, oder aber die des Übergangszustandes herabgesetzt wird.

Ganz allgemein gilt die C=C-Doppelbindung als sehr konfigurationsstabil. So erfordert die cis-trans-Isomerisierung in 1,2-Dideuteroäthylen 65 kcal/Mol. Erst bei einer Abschwächung des Charakters der Doppelbindung wird die Rotation um diese Bindung im KMR-Spektrum sichtbar. Zwei Beispiele (Abb. 125) sind die folgenden Verbindungen:

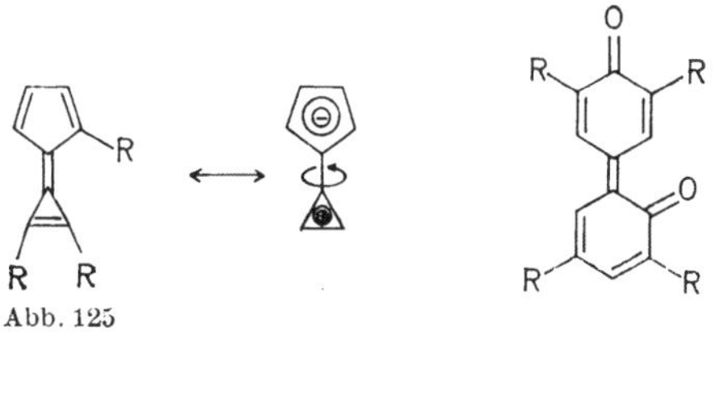

Abb. 125

In dem Acylpentatriafulvalen [120] ist sicherlich die starke Beteiligung einer Grenzstruktur (Abb. 125) zu erwarten. Ein Beweis dafür ist in dem temperaturabhängigen ^{1}H-KMR-Spektrum des stabilen Aldehyds zu sehen. Das Spektrum weist für die Methylengruppen zwei Tripletts auf, die beim Temperaturanstieg zu-

Tabelle 13

Kinetische Parameter der Rotation in Abhängigkeit vom Lösungsmittel

Lösungsmittel	$\nu_A - \nu_B$ [cps]	T_c	k_1	$\Delta G_c^{\ddagger}$ [kcal/Mol]
$(C_6H_5)_2O$	39,0	387	86,6	19,4
o-$C_6H_4Cl_2$	28,5	378	63,3	19,2
C_6H_5CN	18,0	356	40,0	18,4
$HCON(CH_3)_2$	7,3	339	16,2	18,0

nächst verbreitert erscheinen, um schließlich zu einem einzigen Triplett zusammenzufallen. Die aus dem KMR-Spektrum zu entnehmenden Daten, sowie die errechneten Werte für k_1 und $\Delta G_c^{\ddagger}$ sind in Tab. 13 in Abhängigkeit vom Lösungsmittel zusammengestellt.

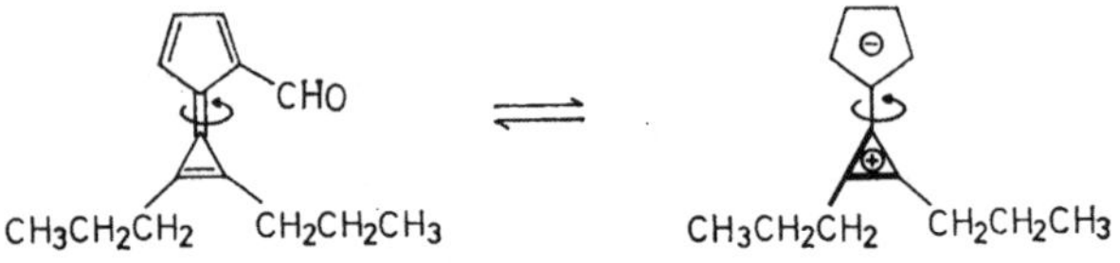

Abb. 126

Das Absinken des Wertes für die Rotationsbarriere, das parallel zu einem Anstieg der Dielektrizitätskonstanten des verwendeten Lösungsmittels erfolgt, macht deutlich, daß die Rotation über einen Übergangszustand verlaufen muß, der wesentlich polarer als der Grundzustand ist. Eine Erklärung für dieses Phänomen ist in Abb. 126 zu sehen.

Es ist anzunehmen, daß sich im Übergangszustand ein Cycloproponiumkation (Abb. 126) und ein Cyclopentadienid-Anion in einem Winkel von annähernd 90° gegenüberstehen. Das solche dynamischen Prozesse an Doppelbindungen nicht selten sind, beweist auch die von Seitz [121] durchgeführte Synthese einiger Heterosesquifulvalene, denen ein gewisser Anteil einer dipolaren Struktur (Abb. 127) am Grundzustand nachgewiesen werden konnte. So wurde ein Dipolmoment von 5,1 D gemessen. Ferner ließ sich die Freie Aktivierungsenthalpie der Rotation um die zentrale C=C-Doppelbindung KMR-spektroskopisch bestimmen. Aus der unterschiedlichen chemischen Verschiebung der Pyranprotonen bei tiefer Temperatur mit einer maximalen Signalaufspaltung von 73 Hz und einer Koaleszenztemperatur $T_c = 339\,°K$ konnte ΔG_c^{+} zu 16,5 kcal/Mol berechnet werden. Dies spricht für eine verminderte Bindungsordnung der intercyklischen C=C-Doppelbindung im Sinne einer Beteiligung der dipolaren Struktur am Grundzustand, wie es im folgenden Formelbild (Abb. 127) schematisch dargestellt ist:

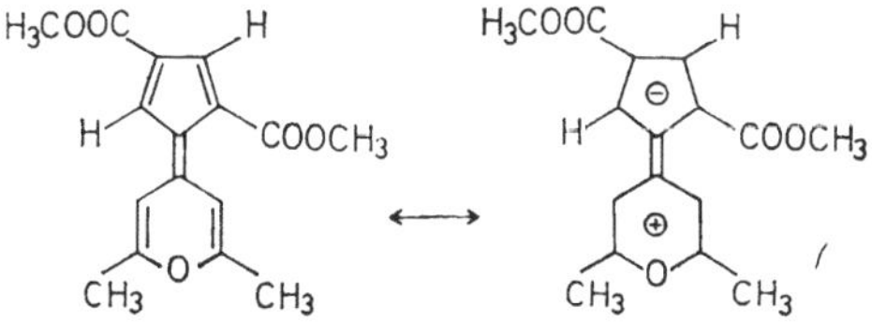

Abb. 127

Das Protonenresonanzspektrum der zweiten Modellverbindung [122] zeigt zwei AB-Systeme (Abb. 128) mit $\tau_{A'} = 1{,}88$, $\tau_{B'} = 2{,}55$, $J_{A'B} = 2{,}5$ Hz und $\tau_A = 2{,}97$, $\tau_B = 3{,}03$, $J_{AB} = 2{,}5$ Hz für die chinoiden Protonen, sowie die Signale der tert.-Butylgruppen. Die unterschiedliche chemische Verschiebung der A'- und B'-Protonen des para-chinoiden Ringes, sollte bei erhöhter

Meßtemperatur entfallen (Abb. 129), da dann eine freie Drehbarkeit um die zentrale Bindung diese beiden Protonen homotop (= äquivalent) werden läßt.

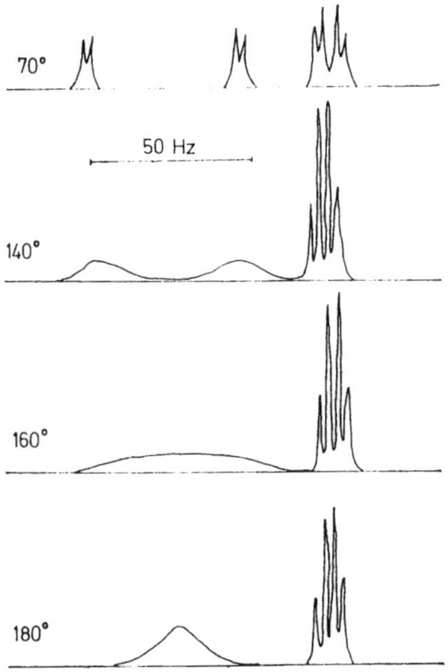

Abb. 128

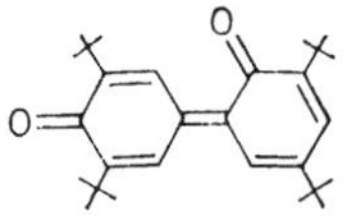

Abb. 129

Das Spektrum zeigt tatsächlich bei 155 °C, daß die beiden Signale von A' und B' zusammenfallen, während das AB-Quadruplett in dem für die Messungen verfügbaren Temperaturbereich keine Veränderungen erfährt. Nach dem Abkühlen tritt das A',B'-System unverändert wieder auf. Aus der Koaleszenztemperatur läßt sich der Wert für ΔG_c^{+} zu 21,0 kcal/Mol errechnen.

Die tert.-Butylgruppen geben in 1,2,4-Trichlorbenzol als Lösungsmittel zwei Banden der relativen Intensität 3 : 1. Die Bandenbreite des einen Signals ist dabei größer als die des zweiten Signals. Außerdem ist die Bandenbreite des ersten Signals temperaturabhängig.

Tabelle 14

Bandenbreite der Signals [Hz] der beiden tert.-Butylgruppen

Temperatur [°C]	1. Bande	2. Bande
60	1,6	1,1
80	1,4	0,9
100	1,0	0,8
120	0,85	0,8
150	0,80	0,8

Setzt man voraus, daß die zusätzliche Verbreiterung der 1. Bande um 0,5 Hz bei tiefer Temperatur durch die unterschiedliche chemische Verschiebung der tert.-Butylgruppen in den Positionen 3 und 5 bewirkt wird, die bei freier Rotation identisch wären, so kann man mit Hilfe dieser Verschiebung und der Koaleszenztemperatur die Freie Aktivierungsenthalpie zu ΔG_c^{+} = 21,3 kcal/Mol berechnen.

Auf Grund des bisher vorliegenden Materials kann damit die Beteiligung einer polaren Grenzstruktur in dem vorliegenden Fall als wenig wahrscheinlich angesehen werden. Offensichtlich spielt dagegen die Symmetrie der zu untersuchenden Verbindung eine ganz entscheidende Rolle [123]. Beispiele für diese Annahme gibt es in der Reihe der direkt bzw. vinylog verknüpften p-Bis-Chinonmethide, von denen Abb. 130 zwei Vertreter darstellt.

Im Gegensatz zu den symmetrischen Verbindungen (Abb. 131), sind in den Chinonmethiden *A* und *B* die

Protonen H^1 und H^2 bzw. die tert.-Butylgruppen 1 und 2 aus Symmetriegründen je unter sich magnetisch nicht äquivalent. In den ^{1}H-KMR-Spektren tritt daher für die chinoiden Protonen ein *AB*-System und für die tert.-Butylgruppen ein Dublett auf.

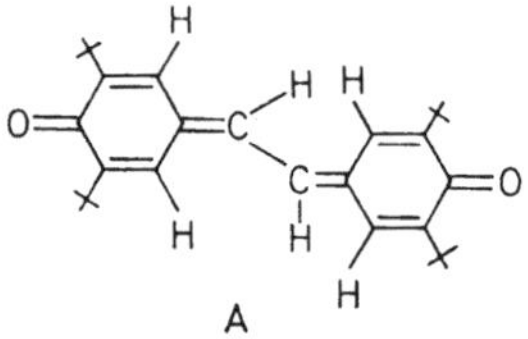

A

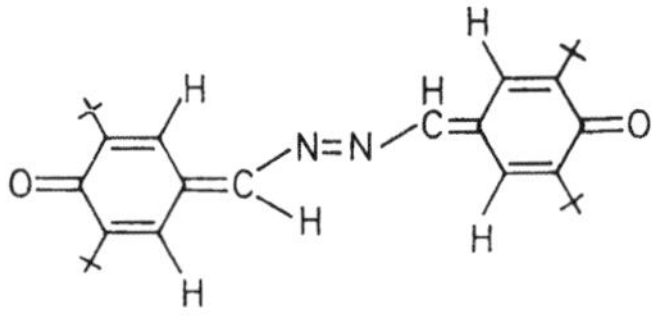

B

Abb. 130

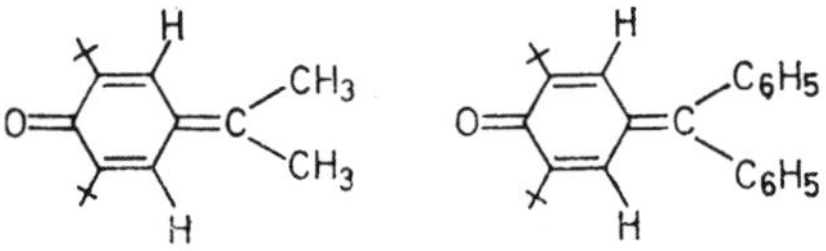

Abb. 131

Wird nun als dynamischer Prozeß eine Rotation um die exocyklische Doppelbindung angenommen, so sollte bei genügend kurzer Lebensdauer der beiden Rotamere zunächst eine Verbreiterung, und schließlich Koaleszenz der Signale von H^1 und H^2 bzw. der tert.-Butylgruppen zu erwarten sein. Bei dem *Bis*-Chinonmethid *A* wird bei einer Meßtemperatur von 190 °C ein Zusammenfallen der tert.-Butylsignale beobachtet. Der aus dem Spektrum zu entnehmende Wert für $\Delta G_c^{\neq}$ ergibt sich damit bei einem $\Delta\nu$-Wert von 1,8 Hz zu 25,8 kcal/Mol. Offenbar erleichtert also der Einbau der Chinonmethid-Doppelbindung in ein längeres, konjugiertes System die Isomerisierung, denn bei den unsymmetrischen Chinonmethiden wird keine Veränderung des KMR-Spektrums beobachtet.

Bei dem *Bis*-Chinonmethid *B* ist das Konjugationssystem noch mehr verlängert und gleichzeitig die Polarisationsrichtung der Carbonylgruppe begünstigt. Das bedeutet, daß ein ionischer oder biradikalischer Übergangszustand sehr gut stabilisiert werden kann. Im KMR-Spektrum beobachtet man bei dieser Verbindung bereits bei Temperaturen von 135 °C Koaleszenz der Signale der chinoiden Ringprotonen und bei 95 °C die der tert.-Butylprotonen. Daraus ergibt sich für die chinoiden Ringprotonen in Decalin bei $\Delta\nu = 70$ Hz ein ΔG_c^{+}-Wert von 20,0 kcal/Mol und für die tert.-Butylprotonen in Toluol bei $\Delta\nu = 4{,}7$ Hz ein ΔG_c^{+}-Wert von 19,9 kcal/Mol.

Als Schlußfolgerung ergibt sich damit aus diesen Untersuchungen zu den dynamischen Prozessen solcher Verbindungen, daß elektronenziehende und -drückende Reste in Chinonmethiden nicht ausreichen, um die Rotationsbarriere so weit zu senken, daß sie KMR-spektroskopisch erfaßbar wird.

Einigermaßen nachweisbar ist die Rotation nur im symmetrischen Chinonmethid *B*, während die Barriere im elektronisch vergleichbaren Chinonmethid der folgenden Struktur (Abb. 132), das jedoch nicht symmetrisch ist, beträchtlich höher liegt. Für den möglichen Mechanismus der Rotation wird damit die Entkopplung der π-Elektronen im Übergangszustand erforderlich; dem kommt die Neigung von chinoiden Systemen entgegen, in den biradi-

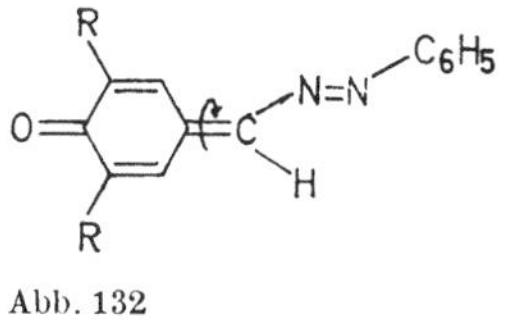

Abb. 132

kalischen Übergangszustand überzugehen, wenn das konjugierte System möglichst lang ist.

Der direkte Nachweis der Rotation um die C=C-Doppelbindung durch ^{1}H-KMR-spektroskopische Untersuchungen ist daher nur dann möglich, wenn sehr extreme Begünstigungen des polaren oder aber biradikalischen Übergangszustandes vorliegen.

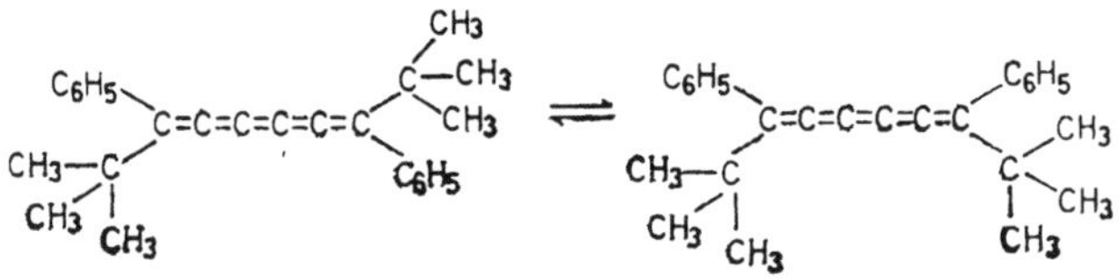

Abb. 133. Cis- und trans-Isomere des Hexapentaens

So ist sicherlich auch die Bildung der beiden cis/trans-Isomeren des Hexapentaens [124], das in kristalliner Form isoliert werden konnte, zu interpretieren (Abb. 133). Das ^{1}H-KMR-Spektrum des Hexapentaens bei 100 MHz in Dimethylsulfoxid weist zwei scharfe Banden auf, die den beiden äquivalenten tert.-Butylgruppen der cis- und trans-Form zugeordnet werden müssen. Beim Erwärmen der Probe auf 100 °C wird Koaleszenz der beiden Signale beobachtet, während beim Abkühlen das ursprüngliche Spektrum zurückerhalten wird.

Aus dem Koaleszenzpunkt der beiden Banden läßt sich die Freie Aktivierungsenthalpie der Rotation in Dimethylsulfoxid zu $\Delta G_c^{+} = 20$ kcal/Mol abschätzen.

Als ein Beispiel, daß stark elektronendrückende oder -ziehende Substituenten die Doppelbindung soweit schwächen können, daß Rotation durch die KMR-Spektroskopie meßbar wird, sei das 1-Nitro-2,2-bis-methylthioäthylen (Abb. 134) angeführt.

Das KMR-Spektrum dieser Verbindung in $CDCl_3$ zeigt ein Signal für die Vinylprotonen und ein einfaches, scharfes Signal für die zwei S-Methylgruppen. Wird die Temperatur herabgesetzt, so verbreitert sich das S-

Methylgruppensignal zunächst, um dann bei 0 °C schließlich in ein Dublett aufzuspalten. Aus den Daten, die dem Spektrum entnommen werden können, errechnet

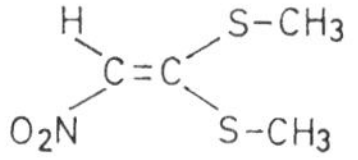

Abb. 134. 1-Nitro-2,2-bis-methylthioäthylen

sich ein $\Delta G_c^{\neq}$-Wert von 14,8 kcal/Mol für die Rotationsbarriere um die zentrale Bindung. Diese relativ geringe Barriere kann nur dadurch erklärt werden, daß die C=C-Doppelbindung weitgehend aufgehoben ist und eine polare Struktur (Abb. 135) die Rotation ermöglicht:

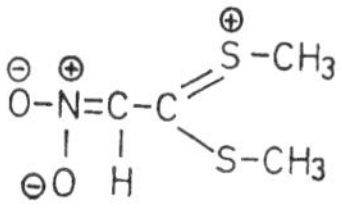

Abb. 135

Versuche, das gleiche Phänomen auch in cyklischen Ketenaminalen (Abb. 136) festzustellen, führten dagegen zu keinem Ergebnis. In der folgenden Verbindung findet man für N-Methylprotonen und Methylenprotonen nur je ein einfaches Signal bis −63 °C. Dieses Verhalten

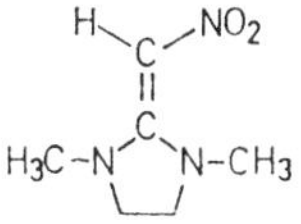

Abb. 136

ist nur erklärbar, wenn man die beiden N-Methylgruppen als äquivalent betrachtet, was sehr unwahrscheinlich ist, so daß eine leichte Rotation um die zentrale Bindung angenommen werden muß [125].

4.2. Rotationsbehinderungen an Amiden

Eine Gruppe, bei der die Behinderung der Rotation sehr eingehend untersucht worden ist, sind die Amide, bei denen die ^{1}H-KMR-Spektroskopie zuerst durch Untersuchung der dynamischen Prozesse des N,N-Dimethylformamids [166] eingeführt wurde.

Es folgten bald die ersten quantitativen Bestimmungen der Rotationsbarrieren durch Gutowsky und Holm [167], die eine Folge weiterer Untersuchungen bewirkten.

Die Barrierenhöhe wurde in kurzen Abständen in elf Publikationen erwähnt. Als Vergleichsparameter wurde die Freie Aktivierungsenergie $\Delta G^{\neq}$ gewählt, was sicherlich fraglich ist, aber bei dem vorliegenden Material die einzige Vergleichsgröße darstellt, die angegeben worden ist. Tabelle 15 zeigt die Rotationsbarrieren des Dimethylformamids.

In den acht Publikationen, in denen jeweils die reinen Flüssigkeiten untersucht wurden, wurde ein Wert für $\Delta G^{\neq}$ von 21,1 kcal/Mol mit einer mittleren Koaleszenztemperatur von $T_c = 118\,°C$ gefunden. Der neuste Wert liegt bei $\Delta G^{\neq} = 20{,}9$ kcal/Mol und $T_c = 119\,°C$ [174].

Tabelle 15

Rotationsbarrieren von Dimethylformamid

Lösungsmittel	$\Delta G^{\neq}$	T_c [°C]	Literatur
Tetrachloräthan	20,9	115	[168]
reine Flüssigkeit	20	113	[132]
$NCCH_2CO_2C_2H_5$	21	114	[132]
Aceton	20	113	[132]
Schwefelsäure	20	99	[132]
reine Lösung	22,4	149	[169]
reine Lösung	20,8	123	[170]
Formamid	21,2	108	[170]
α-Chlornaphthalin	20,6	128	[171]
$CFCl_3$	21,2	117	[172]
Hexamethyldisiloxan	20,9	110	[172]
Trifluoressigsäure	20,7	99	[173]

Der Einfluß von Lösungsmitteln ist bei dieser Gruppe von Amiden offensichtlich gering. Das überrascht, denn man sollte erwarten, daß ein polares Lösungsmittel den Grundzustand auf Grund der Dipol-Dipol-Wechselwirkung stabilisiert. Ebenfalls ist verblüffend, daß sowohl Schwefelsäure wie auch Trifluoressigsäure einen sehr geringen Effekt auf die Barrierenhöhe ausüben: sobald ein Molekül am Stickstoff protoniert wird, sollte die Barriere herabgesetzt werden, da die protonierte Form keinen C—N-Doppelbindungscharakter mehr aufweist.

Die meisten KMR-Untersuchungen bei Amiden gehen davon aus, daß in Übereinstimmung mit dem bisher gesagten, die Rotation um die Amidbindung durch Beteiligung der Grenzstruktur *B* (Abb. 137) am Grundzustand erschwert ist.

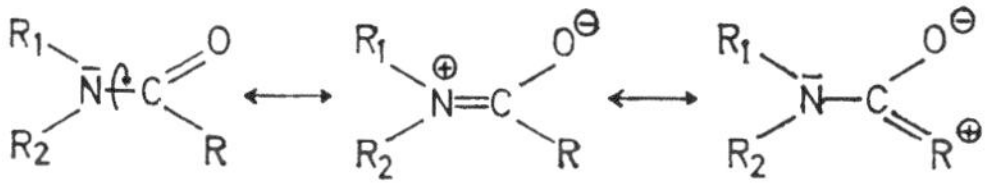

Abb. 137

Diese Feststellung hat folgende Konsequenzen:

1. Geometrische und magnetische Nichtäquivalenz der N-Substituenten, sogar wenn $R_1 = R_2$ ist.
2. Longe-range-Spinkopplung von R zu R_1 oder R_2.
3. Ein starres, fast planares Amidgerüst.
4. Eine große Barriere der Rotation um die Amidbindung.

Für N-monosubstituierte Amide würde das folgendes bedeuten: N-monosubstituierte Amide können in einer cis- und einer trans-Form vorkommen. Wenn ein Amid aber als ein Gemisch von cis- und trans-Isomeren vorliegt (Abb. 138), müssen separate Signale im KMR-Spektrum zu beobachten sein, wenn die Rotation um die Amid-Bindung langsam (im Sinne der KMR-Zeitskala) ist. Das bedeutet: $\tau_A \gg \sqrt{2}/2\pi(\nu_A - \nu_B)$, wobei τ_A die mittlere Lebensdauer der Form A ist und ν_A und ν_B die Resonanzfrequenzen der Form A und B sind.

Wenn solche Signale vorhanden sind, kann auch das Verhältnis der beiden Isomeren zueinander bestimmt werden. Dieses Verhältnis unterliegt einer großen Schwankungsbreite, da sowohl das Lösungsmittel als

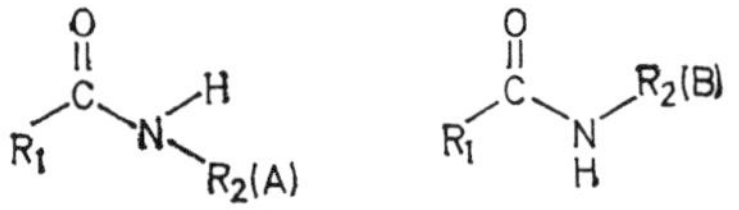

Abb. 138

auch die Temperatur Bedeutung haben. Bei monosubstituierten Amiden hat die Konzentration des Amids Bedeutung.

Tabelle 16 vermittelt einen Eindruck von der überwiegend größeren Stabilität der trans-Isomeren, wie es in dem Anwendungsbeispiel (S. 59) abgeleitet worden ist.

Tabelle 16

Alkylamid $RC(O)NHR_1$

R	R_1	Lösungsmittel	%-trans	Literatur
H	CH_3	–	92	[126]
CH_3	CH_3	–	100	[126]
CH_3	CH_3	H_2O	97	[127]
H	2-Propyl	–	80	[126]
H	2-Propyl	Benzol	84	[128]
H	t.-Butyl	Benzol	82	[126]
H	Benzyl	Benzol	90	[128]
H	$CH(CH_3)C_6H_5$	Benzol	87	[128]

Bei N-Alkylformamiden steigt im allgemeinen der Prozentsatz des cis-Isomeren mit der Größe des N-Alkylsubstituenten. Dieser Trend läßt sich relativ leicht durch die sterische Wechselwirkung zwischen dem N-Alkylsubstituenten und dem Carbonyl-Sauerstoff erklären.

Geht man vom Formamid aus, das einen $\Delta G_c^{\neq}$-Wert von 17,8 kcal/Mol im Lösungsmittel Methylpropylketon aufweist, und substituiert, so erhält man disubstituierte Amide (Abb. 139), für die man folgenden Grund- und angeregten Zustand formulieren kann:

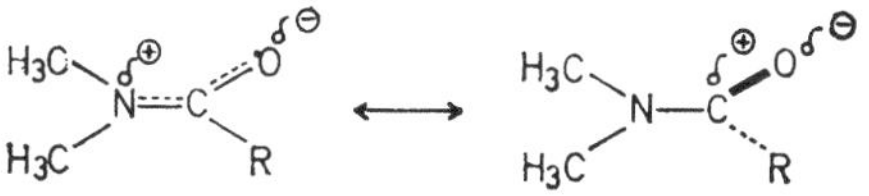

Abb. 139

Bei den Betrachtungen der dynamischen Prozesse kann davon ausgegangen werden, daß die elektronischen Effekte des Substituenten *R* im Übergangszustand größer sind als im Ausgangszustand, da die Carbonylgruppe in dem ersteren wesentlich elektrophiler als im zweiten Modell ist.

Andererseits kann man beweisen, daß die sterischen Raumanforderungen des Substituenten *R* den Grundzustand stärker destabilisieren als den Übergangszustand. Das gilt bis auf wenige Ausnahmen, in denen es umgekehrt ist.

Tabelle 17 gibt einen Überblick über eine Reihe von disubstituierten Amiden und deren Rotationsbarrieren.

Tabelle 17

Rotationsbarrieren in $RCON(CH_3)_2$-Strukturen

R	$\Delta G_c^{\neq}$ [kcal/Mol]	°K	Lösungsmittel	Literatur
H	20,9	392	ohne Lösungsmittel	[129]
CH_3	17,3	298	CCl_4	[130]
CH_3CH_2	17,4	331	CCl_4	[131]
$CH_3(CH_2)_2$	18	330	–	[152]
$(CH_3)_2CH$	16,2	299	$o\text{-}C_6H_4Cl_2$	[131]
$(CH_3)_3C$	11,9	298	$CHCl_3$	[133]
F_3C	18,6	298	–	[134]
$CH_2{=}CH$	16,7	298	$CHCl_3$	[135]
Phenyl	15,5	298	CH_3CN	[136]
F	18,1	298	CCl_4	[137]
Cl	16,5	298	CCl_4	[137]
SCN	18,4	298	$n\text{-}C_8H_{18}$	[137]
$(CH_3)_2C{=}N{-}O$	14,4	264	CS_2	[139]

Die Alkylierung des Carbonyl-Kohlenstoffatoms führt damit eindeutig zu einer Erniedrigung der Rotationsbarriere in der Reihe H-, Methyl-, Äthyl-, Isopropyl- und tert.-Butylgruppe. Der sterische Effekt dieser Gruppen ist wichtig bei der Destabilisierung des Grundzustandes, der mit dem elektronischen Effekt der Substituenten, die für eine Stabilisierung des Übergangszustandes sorgen, gekoppelt ist.

In der folgenden Tab. 18 ist die analoge Untersuchungsreihe bei den primären aliphatischen Amiden zusammengestellt.

Tabelle 18

Rotationsbarrieren in einigen primären aliphatischen Amiden ($RCONH_2$)

R	$\Delta G_c^{\ddagger}$ [kcal/Mol]	°K	Lösungsmittel	Literatur
H	17,8	298	2-Pentanon	[175]
CH_3	16,7	333	Aceton	[176]
$(CH_3)_2CH$	16,2	325	Aceton	[176]
$(CH_3)_3C$	15,7	313	Aceton	[176]
Phenyl	15,7	317	Aceton	[176]
CH_2F	16,4	298	DMF	[177]
CHF_2	17,4	298	DMF	[177]

Es wird deutlich, daß die größte Erniedrigung der Rotationsbarriere beim Übergang vom Formamid zum Acetamid auftritt, was sicherlich nicht auf rein sterische Gründe zurückgeführt werden kann. Im Gegensatz hierzu wird die Barriere beim Ersatz der Isopropylgruppe durch eine tert.-Butylgruppe nur um 0,5 kcal/Mol gesenkt.

Bei den primären Amiden sorgt die CH_2F-Gruppe für eine Erhöhung der Rotationsbarriere (im Vergleich zur CH_3-Gruppe), während die hier nicht aufgeführte Nitrilgruppe zu einem beträchtlichen Anstieg der Rotationsbarriere führt.

Substituenten, die direkt mit der Carbonylgruppe in Konjugation treten können, sind hervorragend geeignet, die Rotationsbarriere herabzusetzen. Das trifft z. B. für die Vinylgruppe oder für Substituenten in β-Position zu. Phenylsubstituenten führen ebenfalls zu einer Erniedrigung der Rotationsbarriere, was auf sterische Effekte im Grundzustand, sicherlich aber auch auf Konjugationseffekte, die den Übergangszustand stabilisieren, zurückzuführen ist.

Tabelle 19

Rotationsbarrieren um die Amidbindung in einigen substituierten Benzamiden [$RCON(CH_3)R'$]

R	R'	$\Delta G^{\neq}$ [kcal/Mol]	°K	Lösungsmittel	Literatur
o-$CH_3OC_6H_4$	CH_3	18,4	298	CH_3CN	[136]
p-$CH_3OC_6H_4$	CH_3	14,6	298	CH_3CN	[136]
o-$NO_2C_6H_4$	CH_3	18,5	298	CH_3CN	[136]
p-$NO_2C_6H_4$	CH_3	16,4	298	CH_3CN	[136]
o-$NH_2C_6H_4$	CH_3	14,2	298	CH_3CN	[136]
2,4,6-$(CH_3)_3C_6H_2$	Benzyl	22,6	311	CCl_4	[139]
2,4,6-(t-Butyl)$_3C_6H_2$	Benzyl	30,3	393	Chlor-naphthalin/ Benzotrichlorid	[141]

Im allgemeinen führt die Substitution in der ortho-Position von N,N-Dimethylbenzamiden zu einem Anstieg der Rotationsbarriere, wahrscheinlich bedingt durch eine sterische Behinderung der Mesomerie im Übergangszustand. Ein o-Amino-Substituent führt dagegen zu einer drastischen Senkung der Rotationsbarriere (Abb. 140), was vermutlich auf eine Wasserstoffbrückenbindung zurückzuführen ist, die die durch Konjugation bedingte Stabilisierung des Übergangszustandes erniedrigt.

Mit den letzten zwei Beispielen in der voranstehenden

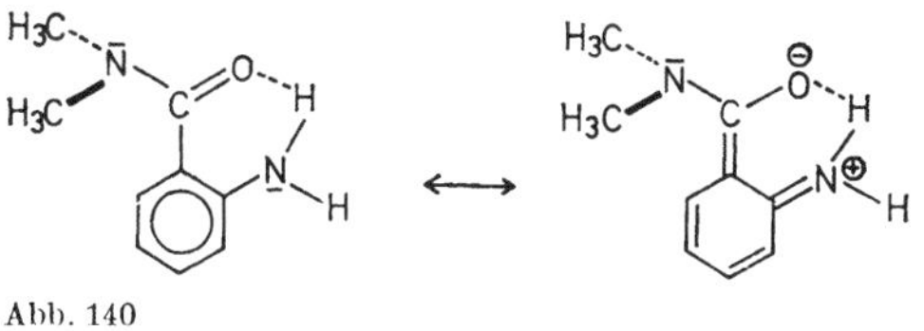

Abb. 140

Tabelle wird auf Moleküle verwiesen, in denen eher eine Stabilisierung des Übergangszustandes als des Grundzustandes zu verzeichnen ist. Als Resultat findet man hohe Rotationsbarrieren, die zu einer Trennung der Isomeren führen kann.

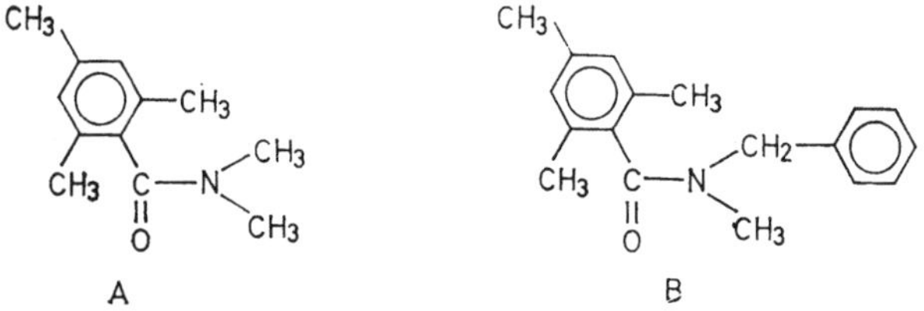

Abb. 141

Das ^{1}H-KMR-Spektrum der Verbindung *A* in Abb. 141 zeigt bei einer Aufnahmetemperatur von 39 °C in Hexachlorbutadien zwei N-Methylsignale bei $\tau = 7{,}00$ und $\tau = 7{,}34$, während man bei 180 °C keine Aufspaltung der Signale mehr findet. Aus der chemischen Verschiebung von 20 Hz und der Aufspaltungstemperatur von 160 °C errechnet sich somit ein $\Delta G_c^{\ddagger}$-Wert von 22,5 kcal/Mol [140].

Bei der Verbindung *B* findet man 2 min nach dem Auflösen (Abb. 142) der Kristalle in CCl_4 — außer der

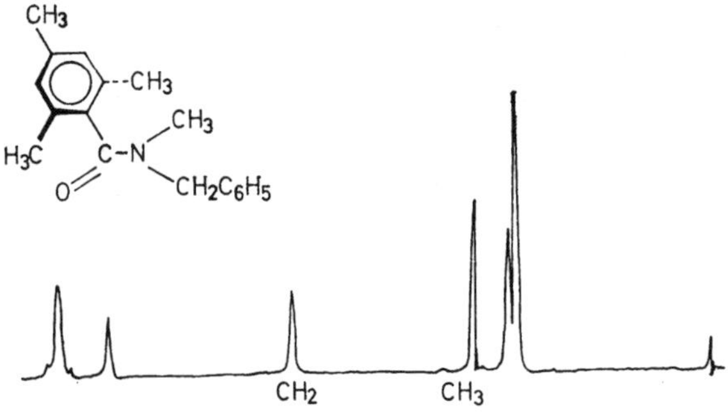

Abb. 142

Absorption der C-Methylgruppen und der aromatischen Protonen — zwei Signale bei $\tau = 5{,}33$ (2H) und $\tau = 7{,}43$ (3H) für die Methylen- und N-Methylprotonen. Diese Signale verlieren allmählich an Intensität (Abb. 143), dafür erscheinen zwei weitere Resonanzen bei $\tau = 5{,}80$

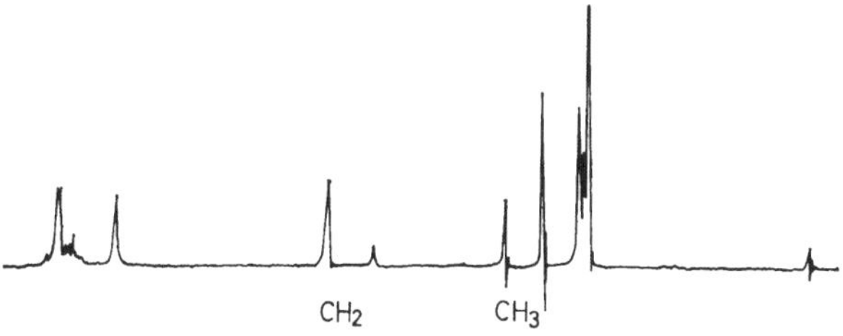

Abb. 143

und $\tau = 7{,}07$, deren Flächen sich ebenfalls wie 2 : 3 verhalten. Daraus ist abzuleiten, daß sich hier ein Gleichgewicht $C \rightleftharpoons D$ eingestellt hat, an dem ein neues Isomeres beteiligt ist. Die Strukturen der beiden Rotameren sind in Abb. 144 dargestellt. In beiden Formen ist der Mesityl-

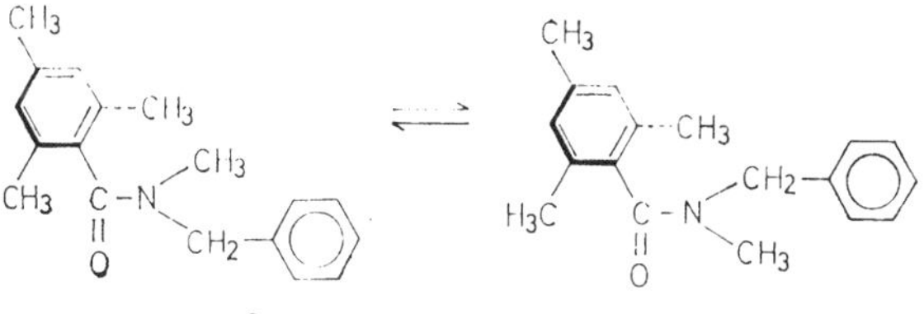

C D

Abb. 144

ring weitgehend aus der Amidebene herausgedreht. Die dem Mesitylrest benachbarten CH_3-Protonen in C bzw. CH_2-Protonen in D liegen dabei oberhalb der Mesitylringfläche in einem Bereich, in dem Wasserstoffatome zusätzlich abgeschirmt werden.

Aus den Spektren ist abzuleiten, daß bei 39 °C, etwa nach Einstellung des Gleichgewichtes, 25% der Form D

vorliegen. Erwärmt man die Lösung zum Sieden, schreckt dann auf $-50\,°C$ ab und impft mit kristallinem *B* an, so fällt dieses in reiner Form aus. Im Filtrat wird allerdings *D* auf 69% angereichert, da es sich bei $-50\,°C$ nur sehr langsam in die Form *C* umwandelt.

Als Beweis gilt, daß die unmittelbar nach Filtration aufgenommenen Spektren (Abb. 145) bei 39 °C bzw. $-50\,°C$ einen Gehalt von 67 bzw. 69% an *D*-Isomeren ausweisen.

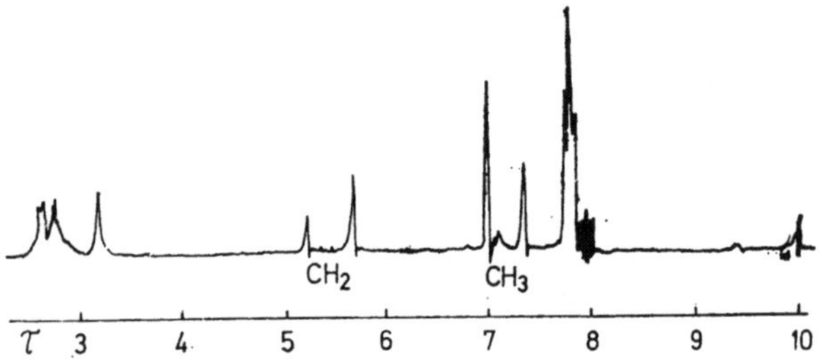

Abb. 145

Entfernt man das Lösungsmittel Aceton bei $-20\,°C$, so erhält man eine Mischung von Kristallen und Öl, deren Spektren bei 39 °C nur noch 45% *D* anzeigen und die innerhalb von 12 Stunden bei 25 °C vollständig unter Bildung von *C* kristallisiert. Das bedeutet, daß die unsymmetrischen Amide normalerweise in Form der reinen, kristallinen und damit stabilen Rotationsisomere *C* erhältlich sind, während sich bei tiefer Temperatur das Isomere *D* weitgehend anreichert.

Man kann also sagen, daß die im Kristall vorliegenden Isomere bei solchen unsymmetrischen Amiden sich nach dem Auflösen in einer Mischung

$$C \underset{k_1}{\overset{k_2}{\rightleftharpoons}} D$$

mit der Gleichgewichtskonstanten $K = [D]/[C]$ umwandeln. Für diesen Vorgang gilt die folgende Gleichung:

$$\lg\left(\frac{[C_t]}{[C_t]+[D_t]} - \frac{1}{K+1}\right) = \frac{k_1 + k_2}{2{,}303}\, t + \text{konst.},$$

wobei die Integrationsstufen der beiden CH_2-Signale als Maß für die jeweiligen Konzentrationen C_t und D_t dienen. Aus der graphischen Darstellung erhält man $k_1 + k_2$ und die Halbwertszeit $t_{0,5} = 5{,}6$ min, sowie mit $K = k_2/k_1 = 0{,}36$ die Geschwindigkeitskonstanten $k_1 = 15{,}2 \cdot 10^{-4}\ s^{-1}$ und $k_2 = 5{,}5 \cdot 10^{-4}\ s^{-1}$, die den Werten $\Delta G_D^{\neq} = 22{,}3$ kcal/Mol und $\Delta G_C^{\neq} = 22{,}9$ kcal/Mol entsprechen. Damit wäre die Form C um $\Delta G = -RT \ln K = 0{,}64$ kcal/Mol energieärmer als die Form D.

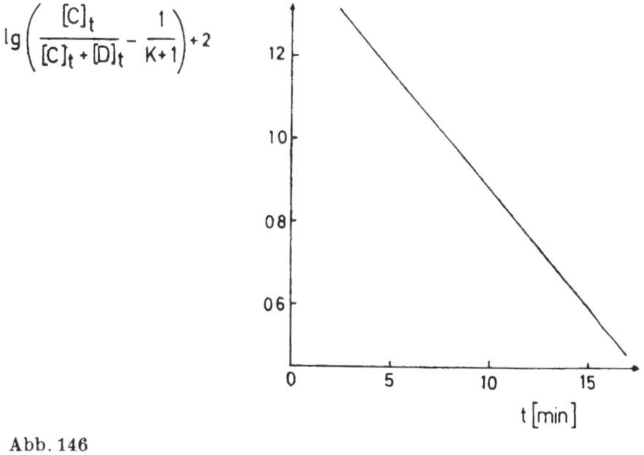

Abb. 146

Auf Grund dieser Ergebnisse konnte bei den sterisch stärker behinderten Amiden der 2,4,6-Tri-tert.-butylbenzoesäure eine für die präparative Isolierung beider Rotamere ausreichende Stabilität erwartet werden [140].

Führt man daher die Synthese des folgenden Amids (Abb. 147) durch, so erhält man eine Verbindung, die nach dem ^1H-KMR-Spektrum aus zwei Isomeren E/F im Verhältnis 6 : 5 besteht.

Im Rotameren *E* (Abb. 148) ist die Methylgruppe dem abschirmenden Einfluß des aromatischen Ringes ausgesetzt, im Rotameren *F* sind es die Methylenprotonen der N-Benzylgruppe, die aus dem gleichen Grund nach hoher Feldstärke verschoben sind. Dem Isomeren, bei dem die Protonen der N-Methylgruppe bei höherer

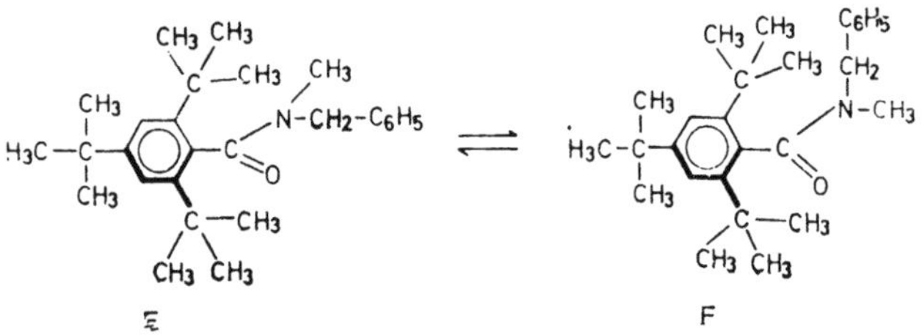

Abb. 147

Feldstärke, die Methylenprotonen bei niedriger Feldstärke absorbieren, als bei der zweiten Verbindung, wird daher die Struktur *E* zuzuordnen sein.

Die durch fraktionierte Kristallisation und präparative Schichtchromatographie erhältlichen Rotameren sind bei Raumtemperatur, auch in Lösung, völlig stabil. Sie haben die Schmelzpunkte 116 °C bzw. 152 °C.

Durch Erhitzen in Hexachlorbutadien auf 160 °C wird von beiden Isomeren aus ohne Nebenreaktion das Gleichgewicht erreicht, in dem nach den ¹H-KMR-Spektren das Isomere *E* weit überwiegt. Für eine 0,58 molare Lösung in 1-Chlor-naphthalin/Benzotrichlorid bei 120 °C wurde für $K = [E]/[F]$ der Wert 0,12 ermittelt. Daraus ergibt sich für die Isomerisierung $E \rightarrow F$ die Freie Reaktionsenthalpie $\Delta G_c^{\neq} = -1{,}66$ kcal/Mol. Die Halbwertszeit, mit der das Gleichgewicht erreicht wird, beträgt 97 min. Die Geschwindigkeitskonstanten für die beiden Reaktionsrichtungen betragen $k_E = 1{,}3 \cdot 10^{-5}\ s^{-1}$ und $k_F = 10{,}6 \cdot 10^{-5}\ s^{-1}$. Die Freie Enthalpie der Aktivierung kann schließlich zu $\Delta G_E^{+} = 32{,}0$ kcal/Mol und $\Delta G_F^{+} = 30{,}3$ kcal/Mol errechnet werden. Damit ist ersichtlich, daß im Vergleich zum vorangegangenen Beispiel der Ersatz der o-Methylgruppen durch die o-tert.-Butylgruppen eine Erhöhung der Rotationsbarriere um etwa 8 bis 9 kcal/Mol bewirkt.

Sterisch unterschiedliche Substituenten am Stickstoffatom wirken sich ebenfalls auf die Höhe der Rotationsbarriere aus. Mit zunehmender Größe des Substituenten

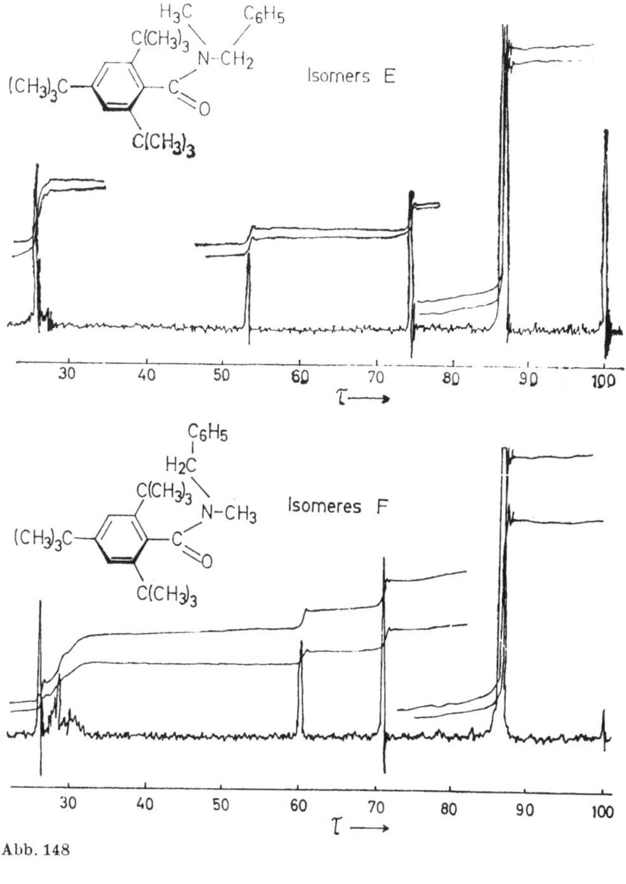

Abb. 148

erfolgt eine zunehmende Destabilisierung des Grundzustandes. Andererseits wird jeder Substituent, der in der Lage ist, das einsame Elektronenpaar am Stickstoff zu delokalisieren, den Übergangszustand stabilisieren. Einige Verbindungen, in denen diese Tendenz zu erkennen ist, sind in Tab. 20 zusammengetragen.

Tabelle 20

Rotationsbarrieren um die Amidbindung in verschiedenen Amiden

Verbindung	$\Delta G_c^{\neq}$ [kcal/Mol]	°K	Lösungsmittel	Literatur
H_2NCHO	17,8	298	2-Butanon	[141]
$(CH_3)_2NCHO$	20,9	392	ohne Lösungsmittel	[142]
$(CH_3CH_2)NHCO$	20,4	298	ohne Lösungsmittel	[143]
$(CH_3)_3CNHCHO$	19,0	298	Chlorbenzol	[144]
$CH_2{=}CHNCHOCH_3$	18,3	372	ohne Lösungsmittel	[145]
$(CH_3)_3SiNHCHO$	16,1	29,8	Chlorbenzol	[145]

In diesen Formamiden ist der rein sterische Effekt sicherlich gering. Der durch die Alkylierung zu erreichende Effekt muß auf eine induktive Stabilisierung des Grundzustandes zurückgeführt werden. Wird durch Substitution eine Konjugation erreicht, so wird eine wesentliche Erniedrigung der Rotationsbarriere durch die Stabilisierung des Übergangszustandes erlangt. Ein interessantes Beispiel ist das N-Trimethylsilylformamid, in dem eine $(p\text{-}d)\pi$-Bindung als Stabilisierungsfaktor für den Übergangszustand postuliert wird.

Ähnliche Tendenzen sind bei den Acetamiden zu erkennen, obgleich eine sterische Destabilisierung des Grundzustandes eindeutig vorherrscht. Auch hier wird durch Konjugation, z. B. mittels einer N-Vinyl- oder N-Aryl-Gruppe, die Rotationsbarriere gesenkt.

Die relativ geringe Rotationsbarriere in dem Pyrrol-Derivat ist nicht überraschend, da im Übergangszustand dieser Verbindung der Pyrrolring völlig freien Zugang zum einsamen Elektronenpaar am Stickstoff hat.

Tabelle 21

Rotationsbarrieren in Acetamiden

Verbindung	$\Delta G^{\ddagger}$ [kcal/Mol]	°K	Lösungsmittel	Literatur
CH_3CONH_2	16,7	298	Aceton	[146]
$CH_3CON(CH_3)_2$	17,3	298	CCl_4	[147]
$CH_3CON(CH_3CH_2)_2$	16,9	298	ohne Lösungsmittel	[148]
$CH_3CON((CH_3)_2(CH_2)_2)_2$	15,7	298	ohne Lösungsmittel	[148]
$CH_3CONCH_3CH_2{=}CH$	13,4	298	ohne Lösungsmittel	[148]
CH_3CON	12,1	298	CD_2Cl_2	[149]

Lösungsmittel üben keinen beträchtlichen Einfluß auf die Höhe der Rotationsbarriere aus.

Wie aus Tab. 22 ersichtlich, ist der Einfluß des Lösungsmittels bei diesen Amiden nicht sonderlich groß, abgesehen vom Wasser, in dem die Rotationsbarrieren um 3,0 kcal/Mol höher sein können als in unpolaren, aprotischen Lösungsmitteln. Dieser Effekt kann auf eine

Tabelle 22

Einfluß des Lösungsmittels auf die Rotationsbarriere

Lösungsmittel	$\Delta G^{\ddagger}$ [kcal/Mol]	$\Delta H^{\ddagger}$ [kcal/Mol]	$\Delta S^{\ddagger}$ [cal mol^{-1}]	Literatur
N,N-*Dimethylformamid*				
Ohne Lösungsmittel	20,9	20,5	−1,4	[146]
$CCl_2{=}CCl_2$	20,7	20,8	0,4	[146]
Decalin	20,3	19,6	−2,4	[146]
N,N-*Dimethylacetamid*				
Ohne Lösungsmittel	18,1	18,3	0,7	[146]
Aceton-d_6	18,0	19,0	3,1	[146]
Wasser	19,3	19,1	−0,8	[146]
N,N-*Dimethylbenzamid*				
C_6H_6	14,0	–	–	[138]
$CDCl_3$	15,7	16,8	3,7	[149]
Aceton	20,7	14,8	–	[138]
Wasser	18,1	18,4	4,0	[138]

Stabilisierung des Übergangszustandes durch Wasserstoffbrückenbindungen zurückgeführt werden. Chloroform dagegen kann Wasserstoffbrückenbindungen leicht zerstören, während Acetonitril den Grundzustand durch eine Dipol-Dipol-Wechselwirkung zu stabilisieren vermag. Benzol wirkt durch die „charge-transfer-Wechselwirkung" auf die Rotationsbarriere ein. Hieraus ist zugleich abzuleiten, daß die Situation in primären Amiden anders sein muß, da dort das Amidproton in die Wasserstoffbrückenbindung einbezogen werden kann.

Für die Rotationsbehinderung um die Amidbindung können daher folgende Schlußfolgerungen abgeleitet werden:

1. Die Rotation um die Amidbindung ist durch die Beteiligung der Grenzstruktur am Grundzustand erschwert.
2. Substituenten beeinflussen die Aktivierungsenergie elektronisch und sterisch.
3. Eine starke Beteiligung der Grenzstruktur an der Mesomerie senkt den Doppelbindungscharakter der Amidbindung und damit die Rotationsschwelle.
4. Große Substituenten am Stickstoff und im Acylrest erhöhen durch ihre sterische Wechselwirkung den Energiegehalt des nahezu planaren Grundzustandes, wodurch die Energiedifferenz zum Übergangszustand kleiner wird.
5. Durch große Substituenten im Phenylring von Benzamiden wird der Übergangszustand destabilisiert. Das führt zu stabilen, trennbaren Rotameren.
6. Ersetzt man den Sauerstoff der Amidgruppierung durch andere Elemente (S, O, NH_2), so kann man ableiten, daß in der Reihe der Substituenten folgende Abstufung gilt: $S > O > NH_2 > -CHNO_2 >$ N-Aryl $>$ N-Alkyl. In der gleichen Folge nimmt die Höhe der Rotationsbarriere und damit der Doppelbindungscharakter ab.
7. Elektronenziehende Substituenten erhöhen den $\Delta G_c^{\neq}$-Wert.
8. In N-monosubstituierten Amiden haben die Rotameren verschiedenen Energieinhalt und sind im thermischen Gleichgewicht in unterschiedlichen Mengen beteiligt.
9. In Formamiden sind stets beide Rotamere nachweisbar.
10. In höheren Amiden liegt zumeist nur die Form vor, in der die Reste *R* und *R'* trans-ständig zueinander angeordnet sind.

11. In den kernsubstituierten Acetaniliden sind die *E*- und *Z*-Form energetisch sehr ähnlich und daher beide Formen spektroskopisch nachweisbar.

4.3. Rotationsbehinderungen an Amidinen und Thioamiden

In Amidinen kann man zwei Rotationsbarrieren erwarten, da wir hier die Rotation um die a) formale Einfachbindung und b) formale Doppelbindung, in Betracht zu ziehen haben.

Allgemein sind die Rotationsbarrieren bei der Rotation um die C—N-Bindung in Amidinen (Tab. 23) niedriger als in den entsprechenden Amiden, was zweifellos auf die geringere Mesomeriestabilisierung des Grundzustandes zurückzuführen ist.

Tabelle 23

Rotationsbarrieren in Amidinen

Verbindung	$\Delta G^{\neq}$ [kcal/Mol]	°K	Lösungsmittel	Literatur
$A, R =$ t.-Butyl	11,9	298	Toluol-d_8	[151]
$A, R =$ p-$NO_2C_6H_4$	14,1	298	$CHCl_3$	[151]
$B, R = H$	12,6	250	$CDCl_3$	[152]
$B, R = NO_2$	13,9	283	$CDCl_3$	[152]
$C, R = H$	12,1	251	$CDCl_3$	[152]
$C, R = OCH_3$	11,7	243	$CDCl_3$	[152]
$D, R = NO_2$	13,1	267	$CDCl_3$	[152]
$D, R = OCH_3$	12,3	256	$CDCl_3$	[152]

Bei Untersuchungen an Verbindung *E* [153] (N,N,N',N'-Tetramethyl-guanidin) (Abb. 149) liegt ein System vor, in dem beide Dimethylaminogruppen für einen großen Elektronenschub sorgen. Wenn die Isomerisierung an der C=N-Doppelbindung durch Rotation auch hier möglich ist, sollten sie im Guanidinsystem besonders begünstigt sein. Das KMR-Spektrum bei Raumtemperatur (Abb. 150) zeigt für die Dimethylaminogruppen ein scharfes Singulett, dessen chemische Verschiebung von den elektronischen Eigenschaften des p-ständigen Substituenten abhängt. Beim Abkühlen spaltet dieses jedoch in zwei Banden gleicher Intensität auf. Das bedeutet, daß die Isomerisierung (Abb. 151) erschwert ist, die innermolekulare Bewegung nicht mehr (oder nur noch sehr

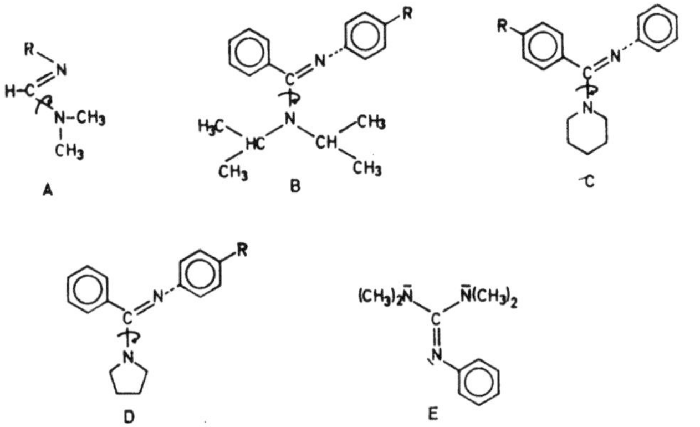

Abb. 149

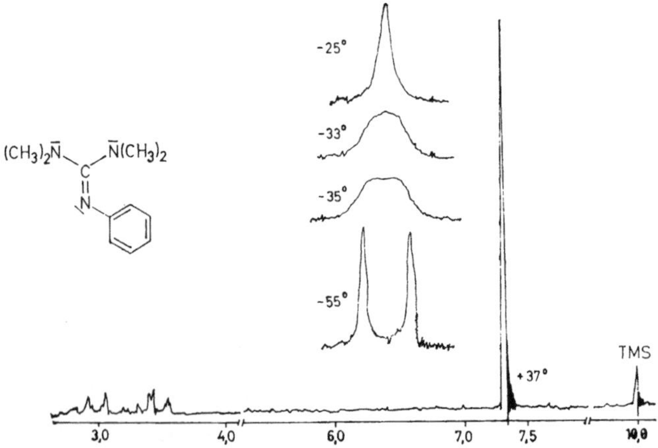

Abb. 150. ¹H-KMR-Spektrum von N,N,N',N'-Tetramethyl-guanidin

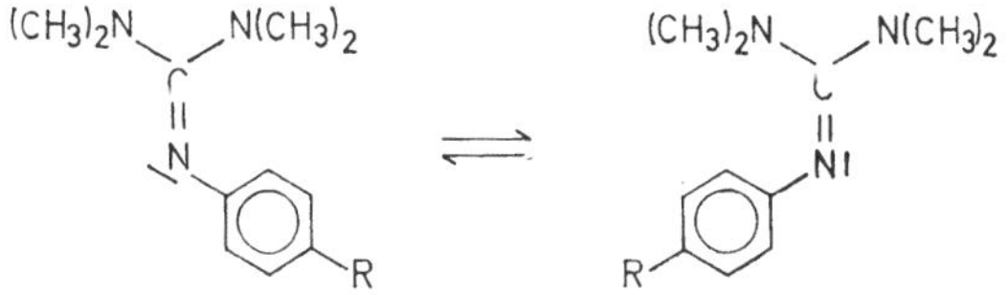

Abb. 151

selten im Sinne der KMR-Zeitskala) möglich ist. Aus der Koaleszenztemperatur von −35 °C und der Tieftemperaturaufspaltung ($\Delta\nu = 19{,}3$ Hz) errechnet sich eine Freie Aktivierungsenthalpie von $\Delta G_c^{\neq} = 12{,}1$ kcal/Mol. Dieser Wert hängt stark von den Substituenten im Phenylring ab.

Elektronenliefernde Substituenten erschweren, elektronenziehende erleichtern die Isomerisierung.

Die umfangreichen Untersuchungen von Kessler und Leibfritz [154] zeigen, daß die Inversion von Bedeutung ist und in zweifacher Weise durch große o-Substituenten erleichtert wird. Einerseits ist die sterische Hinderung im linearen Übergangszustand geringer als im Grundzustand, andererseits wird der Phenylring durch große o-Substituenten vollständig aus der C=N-Bindungsebene herausgedreht. Dadurch kann das freie Elektronenpaar mit dem π-System des Phenylringes überlappen. Die Enthalpieabnahme auf Grund des sterischen Effektes von der Verbindung *E* zu einem mit großen o-Substituenten versehenen Guanidinum-Salz mit 1,9 kcal/Mol beweist das Vorliegen eines Inversionsmechanismus in den Arylguanidinen. Ein solcher Inversionsmechanismus ist aber nicht mehr möglich, wenn das freie Elektronenpaar am Stickstoff durch Salzbildung blockiert wird (Abb. 152). Die Isomerisierung muß dann durch Rotation erfolgen.

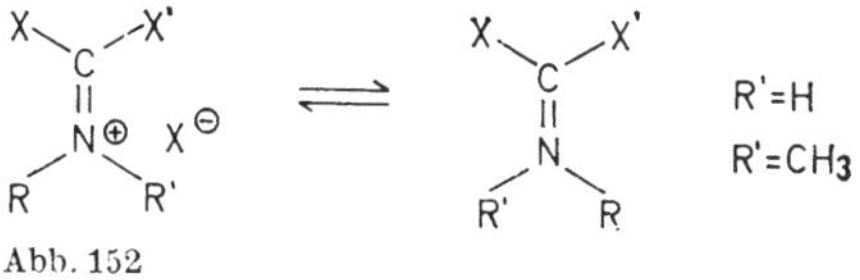

Abb. 152

Bei den Salzen $R'=H$ nimmt der ΔG_c^{+}-Wert mit zunehmender Größe der Substituenten im aromatischen Ringsystem zu. Ein möglicher Isomerisierungsmechanismus über die Stufen Deprotonierung-Inversion-Protonierung ist auf Grund der KMR-Untersuchungen in Trifluoressigsäure und dem errechneten Wert des unteren Grenzwertes der Freien Aktivierungsenthalpie für den Protonenaustausch auszuschließen. Die Isomerisierung erfolgt daher nur durch Rotation.

Für die folgende Verbindung (Abb. 153) ergab sich aus der Koaleszenztemperatur ($T_c = 34\,°C$) und der Signalaufspaltung von $\Delta\nu = 32$ Hz ein ΔG_c^{+}-Wert von 15,4 kcal/Mol.

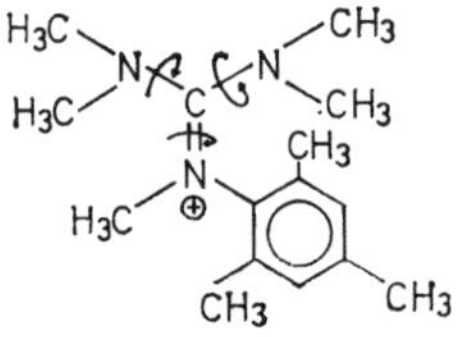

Abb. 153

Der sterische Einfluß von Substituenten im Phenylring auf die Rotation um die C=N-Doppelbindung ist eindeutig nachzuweisen. Neben der Isomerisierung beobachtet man in dieser Verbindung eine behinderte Rotation um die C=N-Bindungen beider Dimethylaminogruppen. Die ΔG_c^{+}-Werte dieser Rotation hängen von der Substitution im Phenylring ab.

In diesem Zusammenhang sind auch die entsprechenden Isomerisierungen in Thiuroniumsalzen [154] von großem Interesse (Abb. 154), denn hier ist ein Inversions- und Rotationsmechanismus denkbar. Die Rotation um die CS-Bindung sollte sogar leicht erfolgen, da der Schwefel eine geringe Neigung zur Ausbildung von Doppelbindungen hat.

In dem ^{1}H-KMR-Spektrum der nachstehenden Verbindung (Abb. 154) findet man in $CDCl_3$ bei 37 °C eine

Aufspaltung des Signals der Dimethylaminogruppen in vier Signale gleicher Intensität. Die Rotation um die beiden CN-Bindungen werden damit gleichzeitig mit der Isomerisierung an der CS-Bindung behindert, nur so sind alle vier Methylgruppen am Stickstoff magnetisch nicht mehr äquivalent (= anisochron).

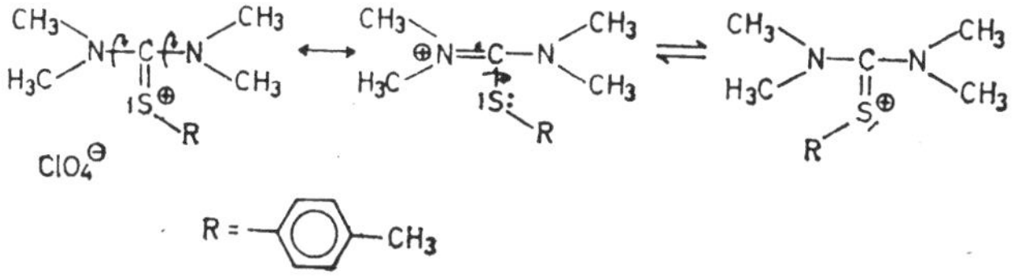

Abb. 154

Der Einfluß großer Substituenten am Schwefel auf die Isomerisierungsgeschwindigkeit in diesen Verbindungen ist damit dem in Guanidiniumsalzen vergleichbar. Da nach den bisherigen Untersuchungen große o-ständige Reste in S-Arylthiuroniumsalzen den Prozeß erschweren, ist auch hier auf eine Rotation zu schließen.

Auf ein interessantes Beispiel, das 2-Aryl-2-cyan-1,1-bis(dimethylamino)äthylen (Abb. 155) sei noch hingewiesen [155], da hier nebeneinander bis zu vier Rotationen nachweisbar sind, von denen jede einer anderen Koaleszenztemperatur entspricht.

Ersetzt man in den Amiden das Sauerstoffatom durch Schwefel, so kommt man zu den Thioamiden, in denen die Rotationsbarrieren besonders hoch liegen. Man kann diese Verbindungen zum Teil in rotationsisomere Formen

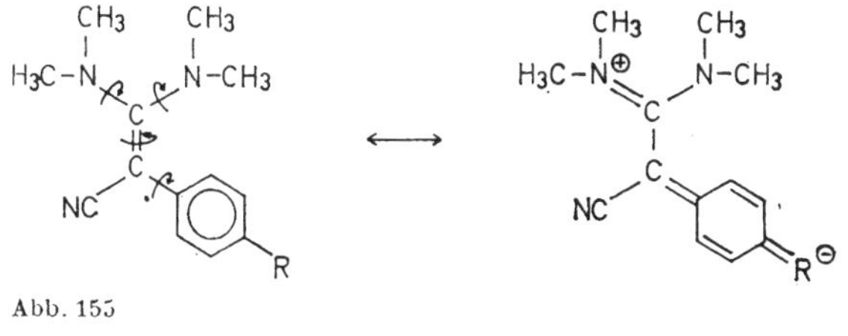

Abb. 155

trennen. Diese Möglichkeit ist auf die geringe Tendenz des Schwefels, Doppelbindungen zu bilden, zurückzuführen.

Stellt man die Amide den Thioamiden gegenüber, wird festgestellt, daß die Rotationsbarrieren um etwa 2 bis 5 kcal/Mol höher liegen. Die folgende Tab. 24 gibt einige Beispiele als Vergleich.

Tabelle 24

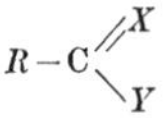

Y	*R*	*X*=O	*X*=S	$\Delta G^{\neq}$ [kcal/Mol]	Literatur
NH_2	H	17,8	> 20,5	> 2,7	[156]
NH_2	CH_3	16,4	20,2	3,8	[156]
NH_2	$CH(CH_3)_2$	16,1	19,7	3,6	[156]
NH_2	$CH(CH_3)_3$	15,7	18,6	2,9	[156]
NH_2	Phenyl	15,1	18,2	3,1	[156]
$N(CH_3)_2$	H	20,9	24,1	3,2	[157]
$N(CH_3)_2$	CH_3	17,3	21,8	4,5	[157]
$N(CH_3)_2$	$CH(CH_3)_2$	16,2	19,3	3,1	[131]
$N(CH_3)_2$	$C(CH_3)_2$	11,9	13,0	1,1	[133]
$N(CH_3)_2$	Phenyl	15,5	18,4	2,0	[158]

Die höheren Rotationsbarrieren in diesen Verbindungen sind aus der Destabilisierung des Übergangszustandes abzuleiten, da hier ja noch eine C=S-Doppelbindung vorliegen muß.

4.4. Rotationsbehinderungen an Enaminen

Bei Enaminen sind die Rotationsbarrieren sehr stark von den Substituenten an der Doppelbindung bzw. am aromatischen Ring abhängig. Normalerweise ist die Konjugation der Aminogruppierung mit einer unaktivierten Doppelbindung zu schwach, um meßbare Rotationsbarrieren um die C—N-Bindung zu liefern. Diese

Konjugation reicht auch nicht aus, um die Rotation um die S=C-Doppelbindung auf ein Maß zu reduzieren, daß sie mit der KMR-Methode erfaßbar wird. Wenn jedoch elektronenziehende Substituenten an der zur Aminogruppe β-ständigen Position vorhanden sind, macht sich die Mesomerie derart bemerkbar, daß dadurch entweder eine oder sogar beide Rotationsbarrieren in den Bereich von 10 bis 25 kcal/Mol fallen und damit die Rotation mit der KMR-Methode erfaßt werden kann. Rotationen können auch zwischen den Substituenten und der benachbarten Doppelbindung stattfinden, wodurch eine Vielzahl von Gleichgewichten und Rotationen nebeneinander auftreten.

Ein einfaches Beispiel (Abb. 156), wie das folgende vinyloge Amid, mag das verdeutlichen:

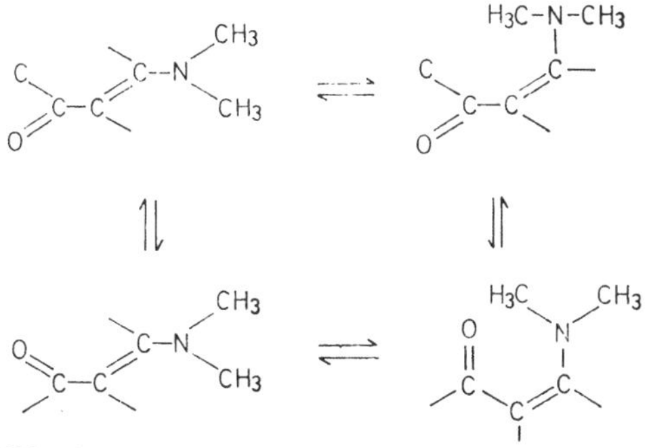

Abb. 156

Das Molekül kann im Prinzip in vier Isomeren vorkommen, von denen jedes Rotationen um die C—N-Bindung (in der KMR-Zeitskala) aufweisen kann.

Zwei Beispiele, in denen dieses komplexe Verhalten untersucht worden ist, sollen im Folgenden diskutiert werden.

Das erste Beispiel ist der Methyl-3-dimethylamino-2-cyan-crotonsäuremethylester [159], dessen temperaturabhängiges ^{1}H-KMR-Spektrum in Abb. 157 zu sehen ist.

Das Tieftemperaturspektrum zeigt bei —60 °C Signalpaare für jede äquivalente Protonengruppe, d. h. es müssen die folgenden zwei Rotamere (Abb. 158) vorliegen.

Es ist ferner zu bemerken, daß bereits bei dieser Temperatur die Rotation um die C—N-Bindung langsam (im Sinne der KMR-Zeitskala) abläuft und damit die beiden N-Methylgruppen nicht mehr äquivalent sind.

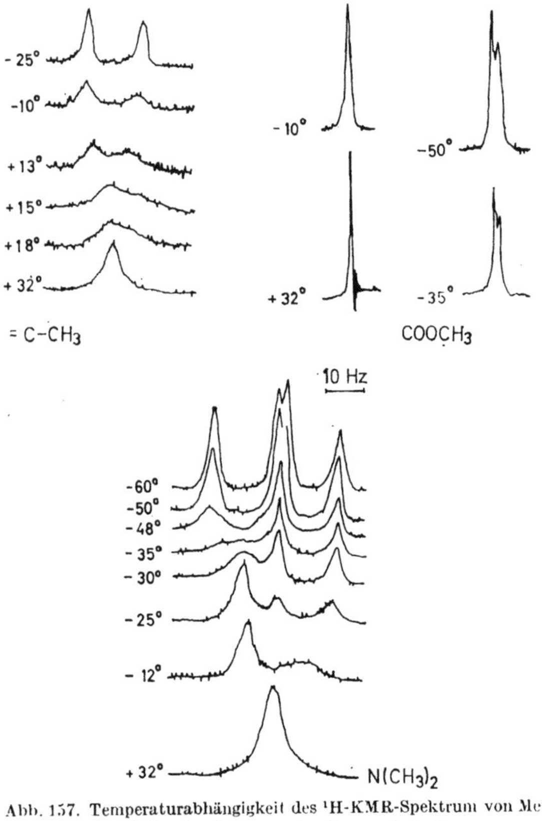

Abb. 157. Temperaturabhängigkeit des ^{1}H-KMR-Spektrum von Methyl 3-dimethylamino-2-cyan-crotonsäuremethylester

Die relative Menge der beiden Isomeren im Gemisch kann hier gut durch die Integration der aufgelösten C-Methylsignale erfolgen.

Bei Erhöhung der Temperatur sind drei unterschiedliche Koaleszenzen von den vier N-Methyl-Absorptionen zu beobachten, die drei unterschiedlichen kinetischen Prozessen zuzuordnen sind. Diese Prozesse, Rotation um die C—N-Bindung in beiden Rotameren und die Rotation

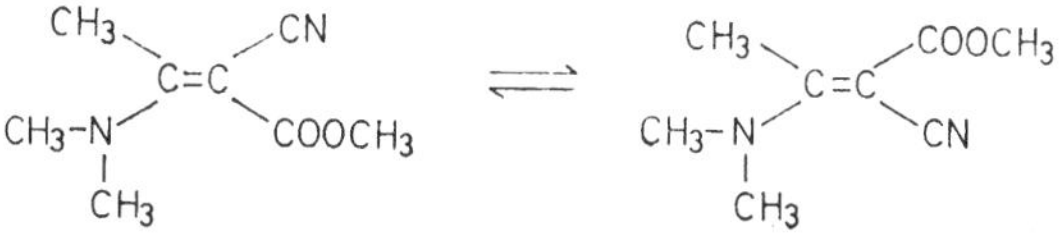

Abb. 158

um die C=C-Doppelbindung, sind deutlich unterscheidbar. Die Rotation um die Doppelbindung kann durch die Analyse der C-Methyl-Absorption berechnet werden und führt zu $\Delta G^{\neq}$-Werten von 14,8 und 14,9 kcal/Mol für k_a und k_b. Die Rotationsbarrieren um die C—N-Bindung

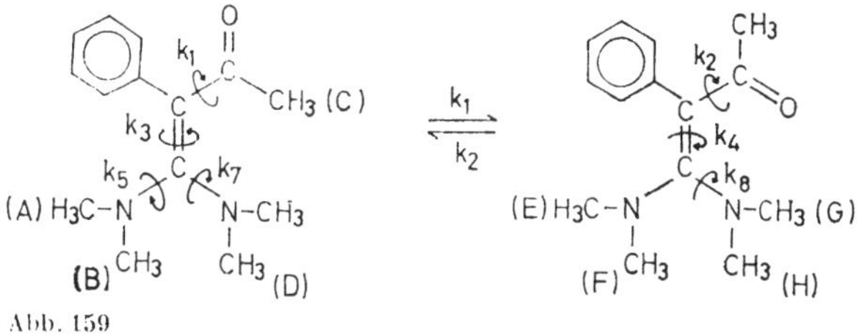

Abb. 159

haben $\Delta G^{\neq}$-Werte von 12,1 und 14,8 kcal/Mol für die beiden Rotamere.

Das zweite Beispiel (Abb. 159) zeigt diese komplexen innermolekularen Bewegungsformen noch deutlicher. Die Abbildung zeigt zwei Isomere mit je vier Rotationsmöglichkeiten [161].

Wie sich diese insgesamt acht Rotationsmöglichkeiten auf die Austauschbarkeit der vier N-Methylgruppen auswirkt und welche Formen möglich sind, zeigt das folgende Diagramm.

Das ^{1}H-KMR-Spektrum der Verbindung zeigt bei hohen Temperaturen eine einfache N-Methyl-Absorption. Wird die Probe jedoch auf −100 °C abgekühlt, so findet man drei starke und zwei schwache Signale, anstatt der zu erwartenden acht Signale.

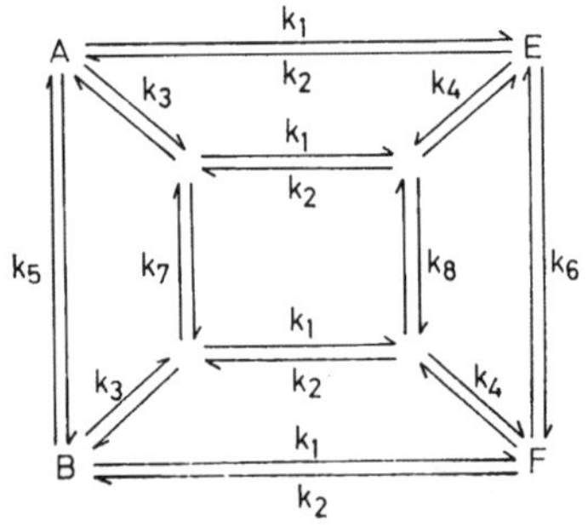

Abb. 160

Zum Vergleich sind in Tab. 25 noch einige Enamine und die dazugehörigen Rotationsbarrieren um die C—N- und C=C-Doppelbindung zusammengestellt. Wichtig an diesen Daten ist die Erkenntnis, daß es eigentlich nutzlos ist, die Delokalisierung des Grundzustandes als Leitpfosten für die Rotationsbarrieren in diesem System zu bestimmen. Solch ein Verhalten würde bedeuten, daß die Rotationsbarriere um die C—N-Bindung auf Kosten der Rotation um die C=C-Doppelbindung ansteigt, und das ist sicherlich nicht immer der Fall.

Ein Vergleich der Barrieren von $(CH_3)_2NCH=C(COOCH_3)_2$ und $(CH_3)_2N=CCH_3=C(COOCH_3)_2$ ist recht interessant. Die niedrigere Barriere im C-Methylderivat ist auf eine sterische Destabilisierung des koplanaren konjugierten Systems zurückzuführen, die zwangsläufig zu einer Verminderung der Konjugation führt. In diesem System ist aber auch die Barriere um die C=C-Doppelbindung relativ klein, da der Grundzustand stabiler ist.

Tabelle 25

Rotationsbarrieren in acyklischen N,N-Dimethyl-subst.-Enaminen

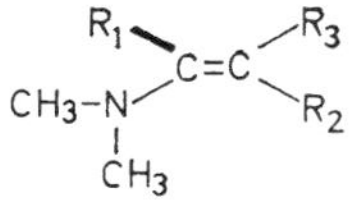

R_1	R_2	R_3	$\Delta G^{\neq}(C-N)$ [kcal/Mol]	°K	$\Delta G^{\neq}(C=C)$ [kcal/Mol]	°K	$\Delta G^{\neq}(C-R)$ [kcal/Mol]	°K	Lit-ratur
H	H	CHO	14,6	292	—	—	—	—	[162]
H	H	$COCH_3$	13,4	267	—		—	—	[162)
CH_3	H	CHO	12,2	241	—		—	—	[163]
H	$COOCH_3$	$COOCH_3$	13,3	264	15,6	292	—	—	[163]
CH_3	$COOCH_3$	$COOCH_3$	~ 9	187	< 9	178	—	—	[164]
CH_3	CN	$COOCH_3$	12,8	238	14,9	287	—	—	[164]
CH_3	$COOCH_3$	CN	12,1	261	14,8	287	—	—	[164
$N(CH_3)_2$	$COOCH_3$	$COOCH_3$	14,0	273	—	—	10,2	208	[165
$N(CH_3)_2$	$COOCH_3$	$COCH_3$	15,5	283	< 8	< 150	—	—	[165
$N(CH_3)_2$	$COCH_3$	$COCH_3$	15,0	279	< 8	< 150	8,1	157	[165
$N(CH_3)_2$	$COCH_3$	COPh	16,4	318	9,4	201	—	—	[165
$N(CH_3)_2$	$COCH_3$	Phen.	15,2	295	9,8	193	12,9	231	[165
$N(CH_3)_2$	CN	COPh.	13,7	253	14,7	253	13,6	266	[165]

Dieses Phänomen (Abb. 161) ist nur so erklärbar, daß der polare Übergangszustand für die Rotation um die C=C-Doppelbindung durch Konjugation gut stabilisiert ist, während sterische Effekte kaum Bedeutung haben.

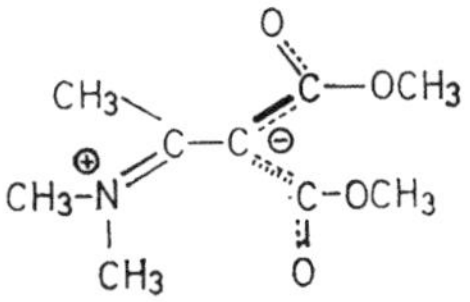

Abb. 161

5. Die Stickstoffinversion [178—229]

5.1. Allgemeines

Für die Geometrie dreifach koordinierter Stickstoffverbindungen gibt es zwei Konzeptionen:

1. Ein trigonales Stickstoffatom habe die drei Substituenten X in einer Ebene und das Orbital des freien Elektronenpaares senkrecht zu dieser Ebene. In diesem Fall hätte das freie Elektronenpaar reinen p-Charakter und die $N-X$-Bindungen wären sp^2-hybridisiert.
2. Es existiert ein tetraedrischer Stickstoff, in dem sowohl die drei $N-X$-Bindungen als auch das freie Elektronenpaar annähernd sp^3-hybridisiert sind.

Auf Grund von Dipolmessungen und theoretischen Überlegungen [178] wurde die pyramidale Geometrie für NX_3-Moleküle bevorzugt. Für Ammoniak konnte aus Mikrowellen-Spektren und durch Berechnungen die pyramidale Struktur sogar gesichert werden [179]. Ein $NXYZ$-Molekül kann in zwei enantiomeren pyramidalen Formen (Konfigurationen) A und B existieren (Abb. 162), die sich über einen planaren Übergangszustand ineinander überführen lassen. Das heißt, daß eine Inversion in diesem Fall immer zu einem Produkt entgegengesetzter Konfiguration führt. Die beiden Konformere bezeichnen wir als Invertomere.

Auf diesen pyramidalen Inversionsprozeß [180] wurde schon früher die Nichtspaltbarkeit tertiärer Amine zurückgeführt. In Abb. 163 ist das Energieprofil für die

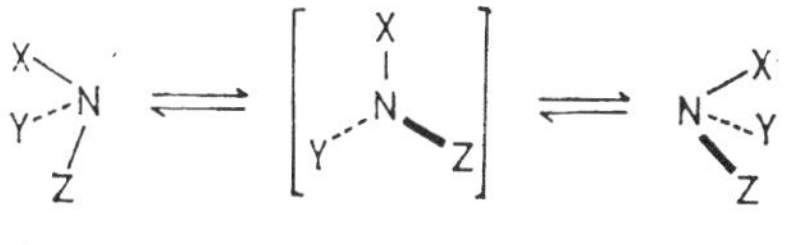

Abb. 162

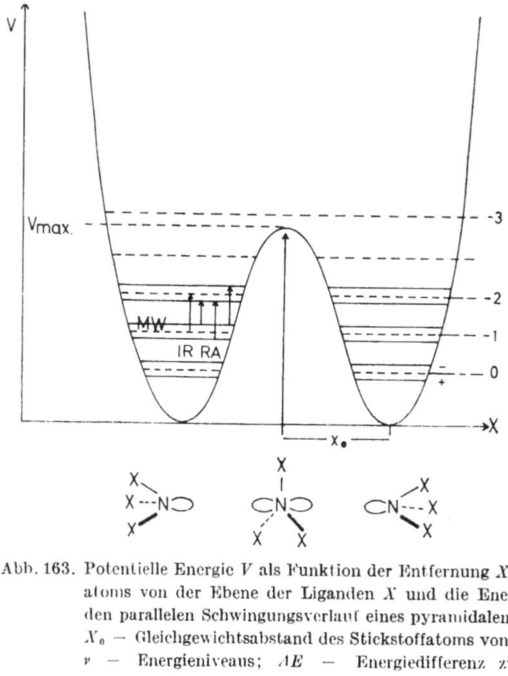

Abb. 163. Potentielle Energie V als Funktion der Entfernung X des Stickstoffatoms von der Ebene der Liganden X und die Energieniveaus für den parallelen Schwingungsverlauf eines pyramidalen Moleküls NX_3
X_0 — Gleichgewichtsabstand des Stickstoffatoms von der X_3-Ebene; ν — Energieniveaus; ΔE — Energiedifferenz zwischen einem symmetrischen und antisymmetrischen Niveau eines Terms; V_{max} — Höhe der Energiebarriere; MW, IR und RA stellen di Übergänge dar, die man mit der Mikrowellen-, Infrarot- und RAMAN-Spektroskopie nachweisen kann

Stickstoffinversion eines pyramidalen NX_3-Moleküls dargestellt. Der Kurvenverlauf weist zwei äquivalente Minima auf, die durch eine Energiebarriere der Höhe V_{max} voneinander getrennt sind [181].

Für die pyramidale Inversion gibt es zwei miteinander konkurrierende Möglichkeiten. Sie kann nach einem klassischen Inversionsmechanismus unter Zufuhr der nötigen Aktivierungsenergie über die Energiebarriere hinweg, oder über ein nur quantenmechanisch deutbares Tunneln durch die Inversionsbarriere hindurch erfolgen. Ein Molekül in der rechten bzw. in der linken Potentialmulde kann in die Wand der Mulde eindringen und hat bei einem „dünnen" Potentialwall eine endliche Wahrscheinlichkeit, sich auf der anderen Seite der Wand aufzuhalten; es ist sozusagen über die beiden Potentialmulden delokalisiert. Die Frequenz dieses Tunnelns ist von der reduzierten Masse des Moleküls, der Dicke und der Höhe der Barriere und von der Energie des Teilchens abhängig. Praktische Bedeutung hat der „Tunneleffekt" [182], der keine Aktivierungsenergie erfordert, nur für Ammoniak und für acyclische primäre und sekundäre Amine. Aus der Aufspaltung der Schwingungsniveaus im Mikrowellen-Spektrum des Ammoniaks, die eine Folge des Tunneleffektes und ein Maß für die Häufigkeit der Inversion durch Tunneln ist, errechnet sich die Inversionsbarriere für die Stickstoffinversion zu 6 kcal/Mol. Die Barriere im Ammoniak und in vielen Aminen ist damit so niedrig, daß sie KMR-spektroskopisch nicht erfaßbar sind. Aus der pH-Abhängigkeit der Spektren kann man aber in solchen Fällen noch die Inversionsgeschwindigkeit bestimmen [179].

Ersetzt man die Wasserstoffatome im Ammoniak durch größere Atome oder Gruppen, so wird der Tunneleffekt vernachlässigbar und der Inversionsprozeß erfolgt über die Schwelle hinweg. Bei geeigneter Substitution wird dann die pyramidale Anordnung soweit stabilisiert, daß sogar die Trennung von Invertomeren gelingt.

Für die Bestimmung der Inversionsbarriere wird die

dynamische ^{1}H-KMR-Spektroskopie genutzt. Zwei Verfahren werden dabei am häufigsten verwendet:

— die Analyse anhand der Koaleszenztemperatur und
— die Analyse der gesamten Signalform.

Um die Ursache der Inversionsbarriere zu finden, ist eine sorgfältige Bewertung äußerer Faktoren erforderlich, zu denen spezifische Lösungsmitteleffekte, Wechselwirkungen zwischen gelösten Teilchen (Dimerisierungen und Bildung größerer Assoziate), die konstitutionelle Unversehrtheit des Moleküls im gelösten Zustand und konkurrierende intramolekulare Konformationsänderungen gehören. Alle diese Faktoren können eine Temperaturabhängigkeit des gemessenen Spektrums verursachen, die mit der zu untersuchenden Inversionsbarriere in keinem Zusammenhang stehen. Die konkurrierenden Reaktionen sind besonders schwierig nachzuweisen, besonders wenn es sich hierbei um die intramolekulare Inversion einer Konfiguration und um die behinderte Rotation um eine oder mehrere Bindungen zwischen dem dreifach koordinierten Zentrum und seinen Liganden handelt.

Die Höhe der Inversionsbarriere ergibt sich aus einer Analyse der temperaturabhängigen spektralen Veränderungen, da sich die Umgebungen diastereotoper Gruppen im Molekül im zeitlichen Mittel gleichen.

Wenn aber sowohl die Inversion als auch die Rotation um eine oder alle von diesem Zentrum ausgehenden Bindungen im Zeitmaßstab der KMR-Spektroskopie rasch verlaufen müssen um die Gleichwertigkeit zwischen nicht-äquivalenten Gruppen zu erreichen, so müssen zwei Voraussetzungen erfüllt sein, damit sich der geschwindigkeitsbestimmende Vorgang identifizieren läßt:

1. Die Differenz der chemischen Verschiebungen muß genügend groß sein, so daß auch bei rascher Rotation und langsamer Inversion für diastereotope Gruppen noch ein Unterschied in den chemischen Verschiebungen besteht.
2. Die Potentialfläche des Rotations-Inversionsvorganges muß diskrete Übergangszustände für Rotation und Inversion

aufweisen, statt eines gemeinsamen Übergangszustandes für beide.

Sind diese Voraussetzungen erfüllt, so ist eine Aussage über die Ursache der Inversionsbarriere möglich, wenn man die Abhängigkeit der Barrierenhöhe von der Art der Substituenten untersucht. Das macht aber zur Voraussetzung, daß man von der Annahme ausgeht, daß voluminöse Gruppen die Inversion erleichtern und die Rotation erschweren.

Beobachtet man bei den Untersuchungen dynamischer Prozesse von Stickstoff-haltigen Verbindungen nur eine Koaleszenz, obgleich sowohl Inversion als auch Rotation nebeneinander ablaufen können, so kann das drei Gründe haben:

1. Die Inversion und Rotation können einen gemeinsamen Übergangszustand haben,
2. Es können für beide innermolekularen Bewegungsformen getrennte Übergangszustände existieren, aber nur für einen liegt der ΔG_c^{+}-Wert im Meßbereich,
3. Es können zwei Übergangszustände existieren und die Barrieren beider im Meßbereich liegen, aber bei rascher Inversion und langsamer Rotation kann der Unterschied zwischen den chemischen Verschiebungen diastereotoper Gruppen zu klein sein, um noch nachweisbar zu sein, so daß jede Koaleszenz der Rotation zugeschrieben werden würde. Umgekehrt wäre bei langsamer Inversion und rascher Rotation ebenfalls nur eine Koaleszenz zu beobachten, jetzt aber der Inversion zugeschrieben.

Bei der Interpretation ist darauf zu achten, daß eine Inversion erst dann als bewiesen anzusehen ist — immer unter der Voraussetzung, daß die Rotation als konkurrierende Reaktion ablaufen kann — wenn zwei voneinander getrennte Koaleszenzen beobachtet werden können.

Zumindest ist bis heute kein Fall gleichzeitiger Inversion und Rotation bekannt, bei dem Koaleszenzen für beide Vorgänge beobachtet werden konnten.

5.2. Struktureinflüsse auf die Inversionsbarriere. *Sterische Einflüsse der Substituenten*

Die Inversionsbarriere eines dreifach koordinierten Stickstoffatoms entspricht im wesentlichen einer $sp^n - p$-Promotionsenergie des freien Elektronenpaares am Stickstoff, die beim Übergang vom pyramidalen Grundzustand in den planaren Übergangszustand erforderlich ist [183]. Damit sollten Einflüsse, die den *s*-Charakter des Grundzustandes steigern (elektronegative Substituenten, Winkelspannungen), die Inversionsbarriere erhöhen und umgekehrt. Andererseits sollten Effekte, die den *p*-Charakter des Grundzustandes steigern, die Inversionsbarriere erniedrigen und umgekehrt.

In einer in diesem Zusammenhang durchgeführten Modellbetrachtung [180] sind zu unterscheiden:

1. σ-Effekte, die entlang den drei N-X-Bindungen wirken und vorrangig den Grundzustand beeinflussen und
2. π-Effekte, die hauptsächlich Einfluß auf den Übergangszustand haben. Das könnte z. B. eine Delokalisierung des einsamen Elektronenpaares durch Konjugation sein, da hierdurch die Elektronendichte verringert und dadurch die Barriere herabgesetzt wird, weil der Übergangszustand besser stabilisiert werden kann.

Abbildung 164 stellt den Einfluß dieser Effekte auf die Barriere der pyramidalen Inversion dar. Die Barriere der planaren Stickstoffinversion wird in gleicher Weise beeinflußt.

Bei der Abschätzung der Einflüsse einzelner Struktureffekte auf die Barrierenhöhe der Stickstoffinversion

Abb. 164

sollte man aber stets beachten, daß eine vollständige Separierung einzelner Effekte nur schwer möglich ist, da häufig eine Überlappung vorliegt.

Auf Grund der bisher vorliegenden Ergebnisse kann man feststellen, daß sich mit zunehmender Größe der Reste am Stickstoff die Inversionsbarriere erniedrigt. Dieser Effekt ist auf eine sterische Hinderung der Substituenten zurückzuführen, die im planaren Übergangszustand geringer ist als im pyramidalen Grundzustand. Die Abstoßung der Substituenten im Grundzustand, die zu einer Abflachung der Stickstoffpyramide führt, bewirkt somit eine Annäherung des Grundzustandes an den Übergangszustand. Im Hybridisierungsschema bewirkt eine Winkelspreizung eine Erhöhung des p-Charakters des nichtbindenden Stickstofforbitals und damit eine Erniedrigung der Promotionsenergie.

Der Ersatz einer Methylgruppe (Abb. 165) durch eine tert.-Butylgruppe führt bei den Aziridinen zu einer Verringerung der Inversionsbarriere um ca. 2,4 kcal/Mol [184, 185].

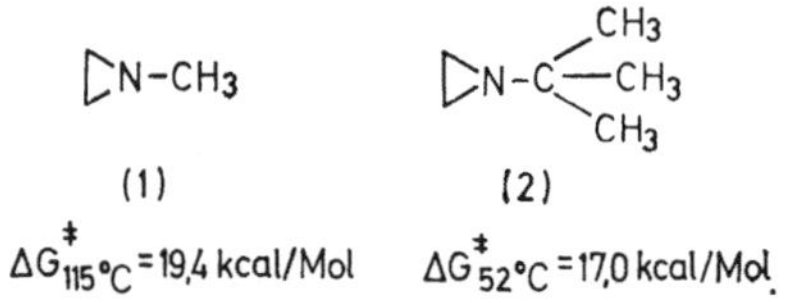

Abb. 165

Einfache N-Halogenaziridine sind bei Raumtemperatur konfigurativ stabil. Bedingt durch die ungünstigen sterischen Verhältnisse (Abb. 166) wandelt sich die Verbindung (3) dagegen relativ leicht aus der cis- in die trans-Form um [186].

Es ist besonders bemerkenswert, daß wir bei zwei Invertomeren, die sich in ihrem Energieinhalt voneinander unterscheiden, die geringere Inversionsbarriere bei dem Invertomeren finden, bei dem die größten Substituenten cis-ständig zueinander angeordnet sind.

Bei dem N-Chloraziridin (II) wurde eine um 3 kcal/Mol geringere Inversionsbarriere als bei dem N-Chloraziridin (I) gefunden, was auf eine stärkere sterische Wechselwirkung in dem ersten Beispiel schließen läßt [187].

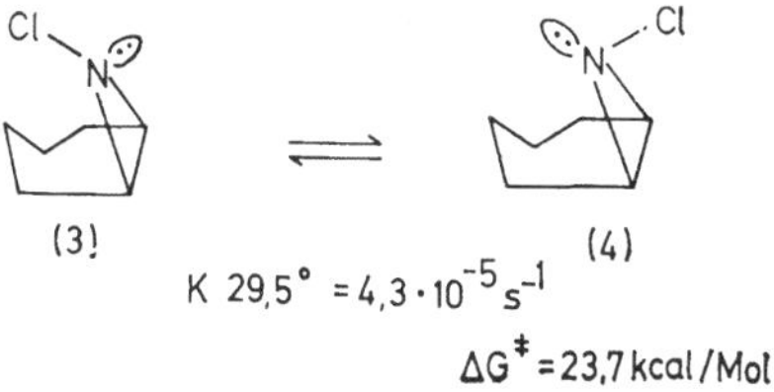

Abb. 166

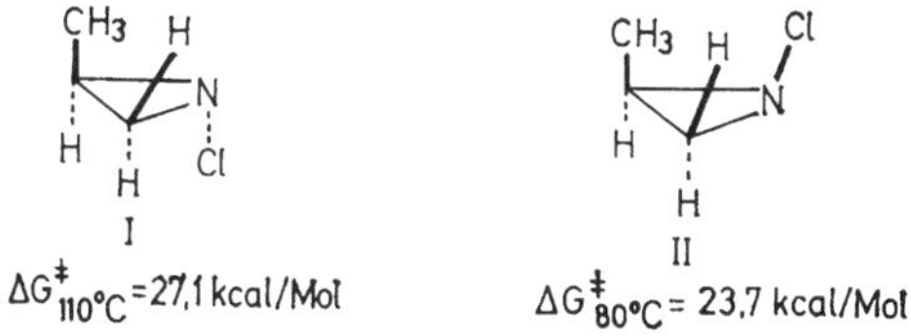

Abb. 167

5.3. *Der Einfluß der Ringspannung*

Der Übergang eines Ammoniakmoleküls vom pyramidalen Grundzustand mit Bindungswinkeln von 107° zum planaren Übergangszustand, in dem das Stickstoffatom sp^2-hybridisiert ist, erfordert eine Vergrößerung des Bindungswinkels auf 120°. Durch den Einbau von Stickstoff in einen kleinen Ring wird diese Winkelspreizung erschwert. In dem bereits erwähnten Aziridinsystem ist ein Winkel durch den Dreiring auf ungefähr 60° festgelegt. Die beiden restlichen Winkel müssen deshalb viel stärker verzerrt werden, um den Aminwasserstoff in die Ebene des Dreiringes zu bringen [188]. Die resultierende Winkelspannung im Übergangszustand ist deshalb in kleinen gespannten Ringen viel größer als in acyclischen Aminen und ungespannten Ringsystemen.

Im Hybridisierungsschema bewirkt eine erhöhte Winkelspannung einen größeren *s*-Charakter des freien Elektronenpaares am Stickstoff im Grundzustand im Vergleich zum Übergangszustand. Ein Vergleich der Barrieren (Abb. 168) des stark gespannten Dreiringes im Aziridin mit denen des weniger gespannten Vierringes und des fast spannungsfreien Fünfringes beweist diese Annahme:

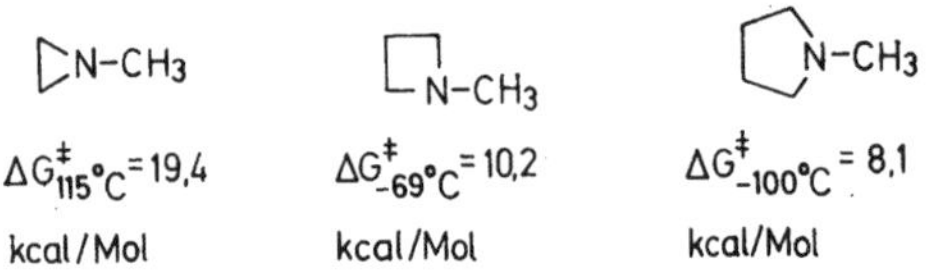

Abb. 168

5.4. *Elektronische Effekte*

5.4.1. *Konjugationseffekte*

Ein Vergleich von Alkylsubstituenten mit Substituenten, die mesomer elektronenziehende Eigenschaften besitzen, zeigt, daß diese die Inversionsbarriere stark herabsetzen, wie auch der Abb. 169 zu entnehmen ist.

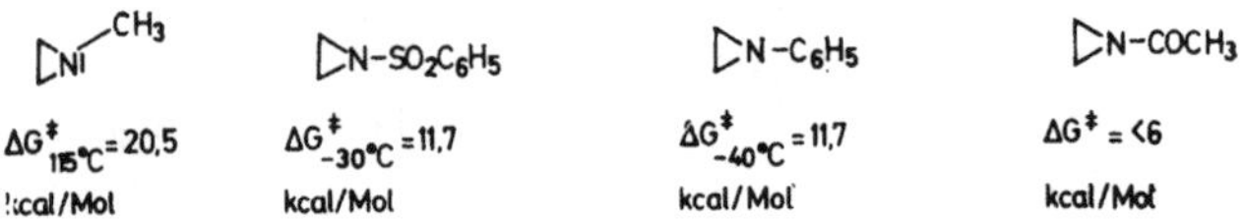

Abb. 169

Der Grund dafür liegt darin, daß eine Delokalisierung des freien Elektronenpaares am Stickstoff die Konjugation mit einem benachbarten π-System im Übergangszustand stärker erleichtert als im pyramidalen Grundzustand [191]. Das heißt mit anderen Worten, daß die Delokalisierung des einsamen Elektronenpaares innerhalb eines π-Systems zu einer Abflachung der Stickstoffpyramide führt und damit zur Erhöhung der Inversionsgeschwindigkeit beiträgt. Wird die Methylgruppe im Aziridin (Abb. 170) durch eine Phenylgruppe ersetzt, so sinkt die Inversionsbarriere um fast 8 kcal/Mol.

$\Delta G^{\ddagger}_{115°C} = 19{,}4$ kcal/Mol $\quad$ $\Delta G^{\ddagger}_{-40°C} = 11{,}7$ kcal/Mol

Abb. 170

Eine systematische Untersuchung dieses $(p\text{-}p)\pi$-Konjugationseffektes [192] in einer homologen Serie von Aziridinen führte zu dem Schluß, daß die Barriere in der Reihe

$$p{-}OCH_3 > {-}H > {-}Cl > m{-}CF_3 > p{-}CF_3 > p{-}NO_2$$

von 12,5 auf 8,2 kcal/Mol absinkt.

Dieser Konjugationseffekt ist auch die Ursache für die fast vollständige Einebnung des Stickstoffs in acyclischen Amiden. Die Stickstoffinversion ist daher in dieser Stoffklasse KMR-spektroskopisch nicht mehr erfaßbar. Die Größe der Barrierensenkung hängt sowohl von der Konjugationsfähigkeit als auch von der räumlichen Anordnung des Substituenten ab.

Als mögliche Erklärung für die Erniedrigung der Inversionsbarriere bei Systemen, in denen das Inversionszentrum direkt mit einem Element der 3. Periode verbunden ist, wie z. B. im 1-Sulfanylaziridin, wird eine $(p\text{-}d)\pi$-Konjugation des freien Elektronenpaares mit den leeren d-Orbitalen vorgeschlagen.

5.4.2. *Einfluß benachbarter Heteroatome*

Elektronegative Substituenten, die direkt mit dem Inversionszentrum verknüpft sind, bewirken durch Stabilisierung des pyramidalen Grundzustandes des Stickstoffatoms eine Erhöhung der Inversionsbarriere

[193]. Dieser sogenannte „Heteroeffekt" könnte vier Ursachen haben:

1. Der induktive Einfluß infolge der steigenden Elektronegativität des Substituenten erhöht den *s*-Charakter des freien Elektronenpaares am Stickstoff.
2. Die Abstoßung der freien Elektronenpaare des Stickstoffs und des Heteroatoms destabilisiert den Übergangszustand stärker als den Grundzustand.
3. Delokalisierung des einsamen Elektronenpaares am Inversionszentrum in *d*-Orbitale des Substituenten.
4. Delokalisierung einsamer Elektronenpaare der Substituenten in der *d*-Orbitale des Inversionszentrums.

Eine Abgrenzung der Effekte gegeneinander ist kaum möglich, da die meisten elektronegativen Substituenten auch freie Elektronenpaare besitzen, die zu einer Abstoßung beitragen können.

Weisen die Heteroatome leere *d*-Orbitale auf, so wird über eine $(p\text{-}d)\pi$-Konjugation eine Erniedrigung des Übergangszustandes erreicht. Allerdings ist dieser Konjugationseffekt für Chlor und Brom unbedeutend [184].

Benachbarte freie Elektronenpaare am Stickstoff und am Heteroatom führen zu einer destabilisierenden Wechselwirkung [194], die im planaren Übergangszustand der Inversion ihr Maximum erreicht. Das bedeutet, daß sich der Übergangszustand in bezug auf den Grundzustand destabilisiert und sich die Inversionsbarriere erhöht.

Wie aus einem Vergleich der Inversionsbarrieren der folgenden drei Verbindungen (Abb. 171) hervorgeht, ist der Einfluß eines Sauerstoffatoms bedeutend größer als der eines Stickstoffatoms.

Eine Erklärung für dieses Phänomen ist in der erhöhten Elektronegativität des Sauerstoffs gegenüber derjenigen des Stickstoffs zu finden. Für die Elektronegativitätswerte [197] des C wird 2,5, für N 3,0 und für O 3,5 angegeben. Außerdem ist die verkürzte Bindung zwischen einem Sauerstoff- und einem Stickstoffatom (N—N = 1,453 z. B. in Hydrazin [198] und N—0

= 1,41 z. B. in Hydroxylamin [199]) wichtig. Ferner sollte die destabilisierende Wechselwirkung mit einem Sauerstoffatom, das zwei Elektronenpaare aufweist, größer sein als mit einem Stickstoffatom.

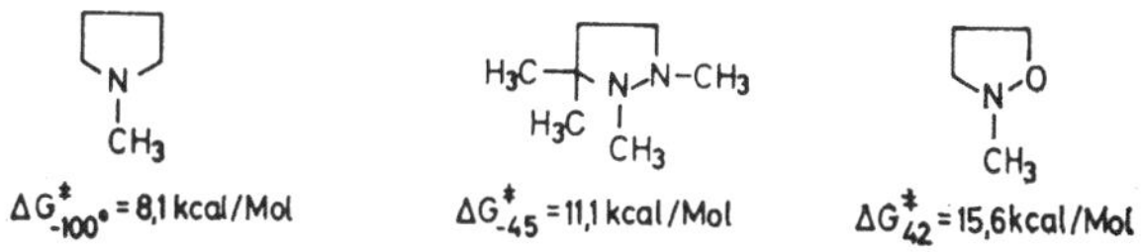

Abb. 171

Mit die höchsten Energieschwellen für die Inversion am dreibindigen Stickstoff wurden an Verbindungen gefunden, die sowohl infolge der Ringspannung als auch durch endocyclische Heterosubstitution eine hohe Inversionsbarriere erwarten lassen (Abb. 172). Für Oxaziridine [200] und Diaziridine [200] konnte diese Annahme mit Hilfe der ^{1}H-KMR-Spektroskopie bestätigt werden.

Abb. 172

Diaziridine mit unterschiedlichen *R'* und *R''* zeigen im ^{1}H-KMR-Spektrum zwei Absorptionen für die diastereotopen Reste *R* am Ring-Kohlenstoffatom. Durch schnelle Inversion würden die beiden Reste *R* zueinander enantiotop, also in achiralem Medium mit der KMR-Spektroskopie nicht mehr unterscheidbar. Da aber in keinem Fall eine Koaleszenz der beiden Signale für die diastereotopen Reste erreicht werden konnte, erfolgt die Inversion an einem der beiden Stickstoffatome verhältnismäßig langsam.

Die freie Aktivierungsenthalpie der Stickstoffinversion

liegt bei diesen Verbindungen im Bereich von 26 bis 32 kcal/Mol.

Sind in einer Verbindung zwei Inversionszentren unmittelbar benachbart, wie z. B. bei den Diaziridinen oder Hydrazinen, so verläuft die Inversion an den beiden Stickstoffatomen nacheinander (konsekutiver Inversionsverlauf), da der halbplanare Übergangszustand gegenüber dem biplanaren einer hypothetischen, simultanen Inversion begünstigt ist.

Einen Sonderfall der Stickstoffinversion stellt die TRÖGERsche Base dar (Abb. 173).

Die Stickstoffatome befinden sich in dieser Molekel an

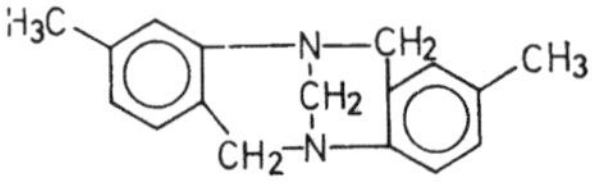

Abb. 173

Tabelle 26

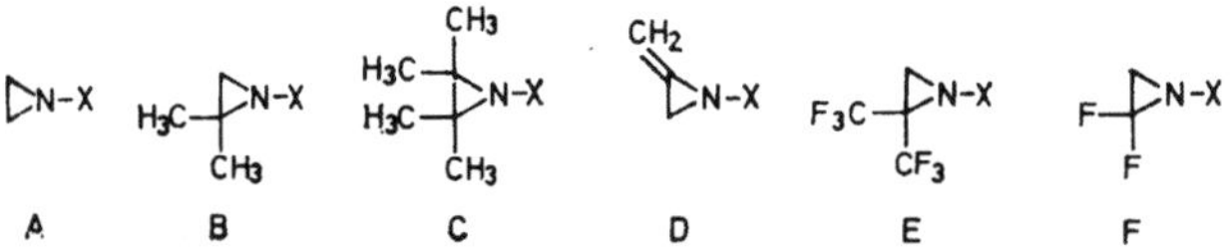

Typ	Substituent am Stickstoff	Lösungsmittel	T_c	$\Delta G_c^{\ddagger}$	Literatur
A	C_2H_5	D_2O	> 145	> 21,3	[202]
A	CH_2OCH_3	CCl_4	30°	16,0	[203]
A	C_6H_5	CS_2	−40	11,7	[204]
A	$COOCH_3$	Vinylchlor	−138	7,1	[204]
B	CH_3	$CDCl_3$	67,5	18,5	[205]
B	C_6H_5	CF_2Cl_2	−49	11,2	[206]
B	$COOCH_3$	$CHFCl_2$	< 140	< 7	[206]
C	H	CCl_4	52	17,0	[207]
C	D	CCl_4	68	17,9	[207]
D	CH_3	–	~ 50	10,1	[208]
D	C_2H_5	–	−25	12,3	[202]
E	CF_3	–	25	10,1	[209]

den Verzweigungsstellen des bicyclischen Systems. Die Inversion kann deshalb nur über einen Bindungsbruch erfolgen. Bereits vor mehreren Jahren gelang die Trennung der beiden optischen Antipoden durch chromatographische Adsorption an aktiviertem Milchzuckerhydrat und anschließender fraktionierter Kristallisation [201].

Die nachfolgende Übersicht (Tab. 26) enthält einige Verbindungen, an denen eine pyramidale Stickstoffinversion nachgewiesen werden konnte.

Beispiele für die pyramidale Stickstoffinversion von Aziridinen und Derivaten, bei denen ein Heteroatom direkt mit dem Stickstoff verknüpft ist, sind Abb. 174 zu entnehmen.

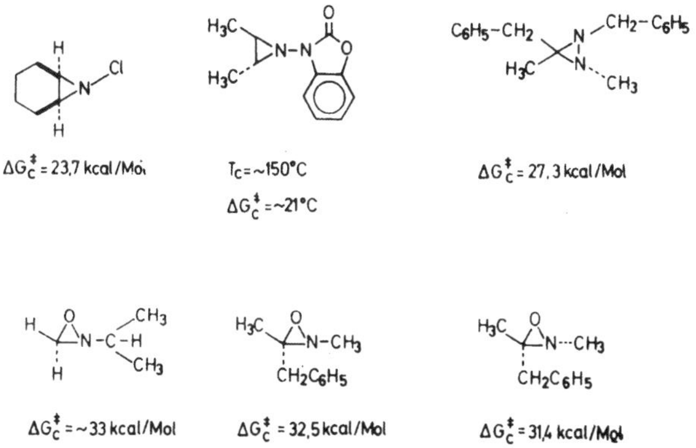

Abb. 174

Beispiele für die pyramidale Stickstoffinversion in cyclischen, bicyclischen und acyclischen Aminen sind in Abb. 175 zusammengestellt.

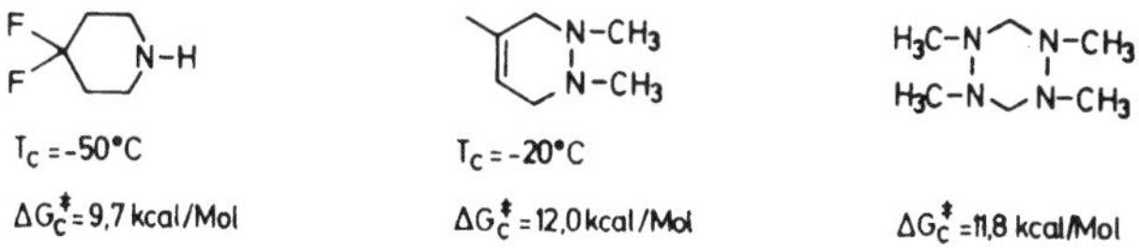

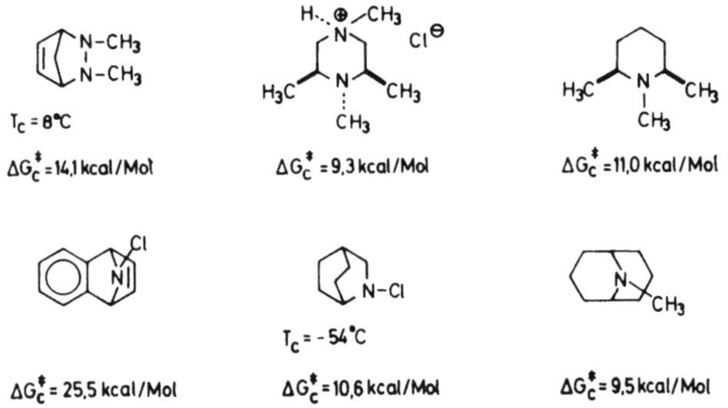

Abb. 175

5.5. *Die planare Stickstoffinversion*

Die planare Stickstoffinversion (Abb. 176) verläuft im allgemeinen über einen planaren Übergangszustand:

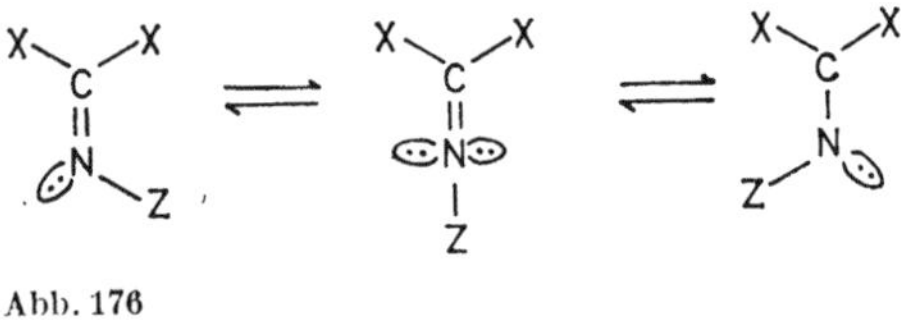

Abb. 176

Die N-Z-Bindung klappt in der Bindungsebene des planaren Systems um, wobei die C=N-Doppelbindung in erster Näherung unbeeinflußt bleibt, der Bindungswinkel C—N-Z sich aber im Übergangszustand auf 180° vergrößert.

Die planare Inversion einer NXY-Molekel (Abb. 177) dürfte — wie etwa in Iminen, Oximen und Diimiden — daher ebenfalls über einen linearen Übergangszustand verlaufen:

Abb. 177

Grundsätzlich ist hiervon die Rotation um eine nichtaktivierte C=N-Bindung zu unterscheiden. Diese Rotation benötigt Barrieren, die in der Größenordnung der Barrieren von Äthylenbindungen – also etwa bei 50 bis 60 kcal/Mol – liegen.

So gesehen zeigen also alkyl- und wahrscheinlich auch arylsubstituierte Imine, die eine Barriere von < 30 kcal/Mol besitzen, sicherlich Inversionsprozesse an.

Die Situation ist nicht ganz so übersichtlich, wenn Heteroatome vorhanden sind, die den Charakter der C=N-Bindung beträchtlich beeinflussen und dadurch die Rotationsbarrieren fast auf die Größe der Inversionsbarrieren herabsenken.

Um dennoch zwischen Rotation und Inversion unterscheiden zu können, sind meistens große Reihenuntersuchungen erforderlich, die die Struktureinflüsse auf die Barrierenhöhe beweisen und so durch Vergleich mit analogen Untersuchungen aus der Reihe der pyramidalen Inversion schlüssige Interpretationen zulassen. Prinzipiell sind wieder zwei wesentliche Einflüsse erkennbar.

5.5.1. Die sterischen Effekte auf die planare Inversion

Die sterischen Effekte oder die sterische Größe manifestiert sich infolge des PAULI-Prinzips als elektronische Abstoßung zwischen nicht direkt miteinander verbundenen Gruppen. Je größer die sterischen Ansprüche eines Substituenten sind, um so weniger stabil ist der Grundzustand zum räumlich günstigeren Übergangszustand. Das ergibt eine niedrigere Inversionsbarriere.

Die sterischen Einflüsse sollten also im Grundzustand bedeutender sein, als im linearen Übergangszustand und somit zu einer Erniedrigung der Inversionsbarriere führen. Es wurde demgemäß auch eine Senkung der Inversionsbarriere bei o,o'-disubstituierten Aceton-Anilen [221] gefunden, wenn die Substituenten an Größe zunahmen. Ähnlich ist auch die Erniedrigung der Inversionsbarriere bei o,o-disubstituierten N-Aryl-guanidinen zu verstehen. Auch hier wird die Barrierenhöhe niedriger, wenn die Größe der Substituenten zunimmt.

5.5.2. *Die elektronischen Effekte auf die planare Inversion*

In N-Aryl-Verbindungen (Abb. 178), wie etwa bei den nachstehend abgebildeten, trägt der Imino-Kohlenstoff zwei Substituenten *Y* und *Z*, wodurch die Ebene der

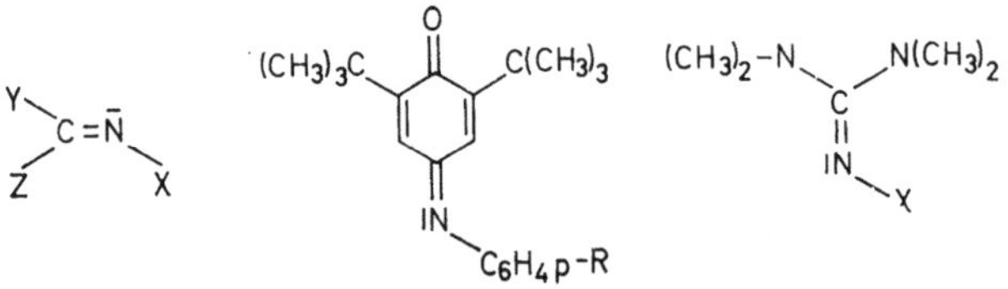

Abb. 178

Arylgruppierung gegen die C=N-*X*-Ebene verdreht wird. Damit erlauben aber solche Konformationen eine $(p\text{-}p)\pi$-Konjugation des freien Elektronenpaares am Stickstoff mit dem π-System des Aromaten.

Ersetzt man andererseits (Abb. 179) ein N—C(sp^3) durch ein N—C(Aryl), so führt diese Substitution zu einer Erniedrigung der Energiebarriere von 5 kcal/Mol [224].

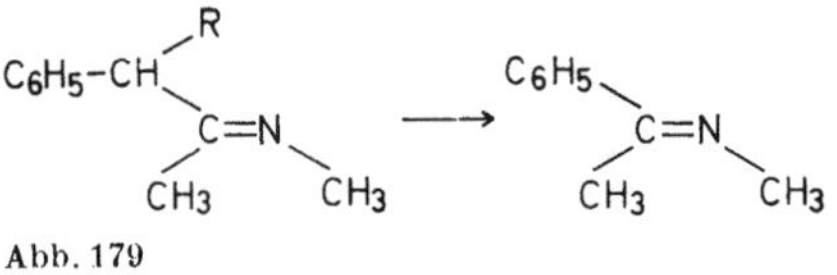

Abb. 179

Schließlich wurde vor allem der Einfluß p-ständiger Substituenten im Arylrest auf die Freie Aktivierungsenthalpie [224], besonders die Chinonanile und die Guanidine untersucht [225], da in den Phenylguanidinen (Abb. 180) der nachstehenden Struktur der Isomerisierungsprozeß KMR-spektrometrisch sehr gut verfolgt werden kann. Die Signale der Methylgruppen am Stickstoff zeigen dabei das übliche temperaturabhängige Verhalten zweier Signale beim chemischen Austausch. Die aus der Tieftemperaturaufspaltung $\Delta\nu$ und den

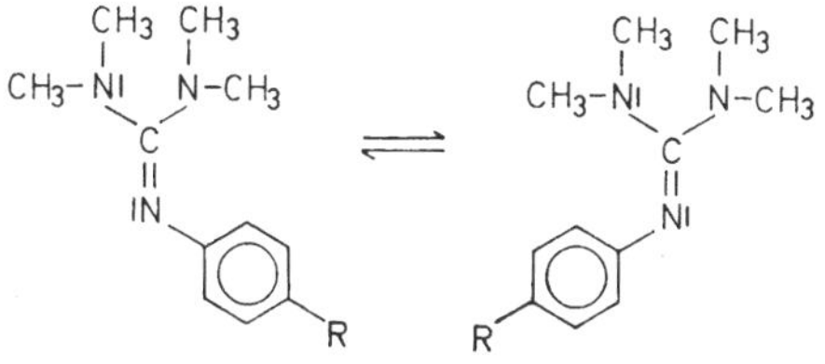

Abb. 180

Koaleszenztemperaturen T_c berechneten Freien Aktivierungsenthalpien $\Delta G_c^{\ddagger}$ sind in der folgenden Übersicht (Tab. 27) zusammengestellt und zeigen eindeutig die Abhängigkeit vom Substituenten *R*.

Tabelle 27

Substituent *R*	$\Delta\nu$ [Hz]	$\Delta G_c^{\ddagger}$ [kcal/Mol]	T_c [°C]
$N(CH_3)_2$	18,0	13,7	−5
OCH_3	18,4	13,5	−8
CH_3	18,8	12,6	−24
H	19,3	12,1	−35
F	18,0	12,6	−26
Cl	17,4	11,8	−41
$COOCH_3$	20,5	9,9	−75
$COCH_3$	19,1	9,4	−85
NO_2	18	9,4	−85

Auf Grund des bei den Chinonanilen nachgewiesenen Inversionsmechanismus (Abb. 181) kann man durch Vergleich mit den Phenylguanidinen auch hier einen Inversionsmechanismus ableiten. Ein Inversionsmechanismus für Phenylguanidine ist deshalb besonders bemerkenswert, weil gerade ein mesomer elektronenschiebender Substituent wie die Dimethylaminogruppe am Anil-Kohlenstoff einen Rotationsmechanismus begünstigen sollte.

In dieselbe Richtung weist auch der geringe Einfluß der Polarität des Lösungsmittels auf die Isomerisierungsgeschwindigkeit. Bei der Rotation sollte ein polares Lösungsmittel die Isomerisierung erleichtern.

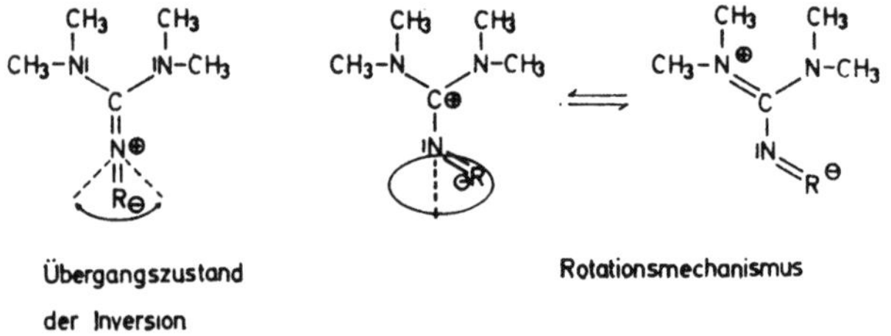

Abb. 181

Die Frage nach dem Mechanismus einer solchen Isomerisierung wird dann interessant, wenn in Strukturen wie der nachstehenden (Abb. 182) das freie Elektronenpaar durch Salzbildung blockiert wird und damit kein

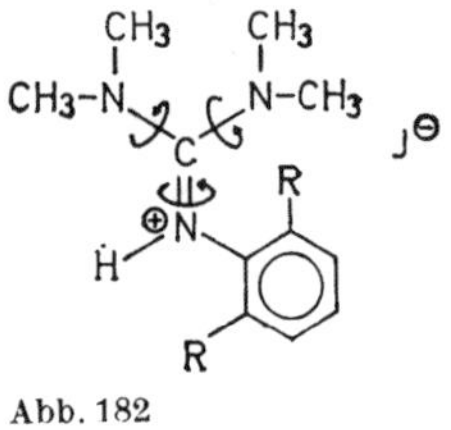

Abb. 182

linearer Übergangszustand mehr gebildet werden kann [226]. Aus den Spektren sowie den daraus errechenbaren ΔG_c^{+}-Werten konnte eindeutig geschlossen werden, daß es sich um eine Rotation um die C=N-Doppelbindung handelt.

Eine ähnliche Frage ergibt sich auch bei der Untersuchung der innermolekularen Bewegungsformen der

Thiuroniumsalze [226] (Abb. 183). In diesen Verbindungen ist ein Inversions- und ein Rotationsmechanismus denkbar. Die Rotation um die CS-Bindung sollte relativ leicht erfolgen können, da der Schwefel eine geringe Neigung zur Ausbildung von Doppelbindungen hat.

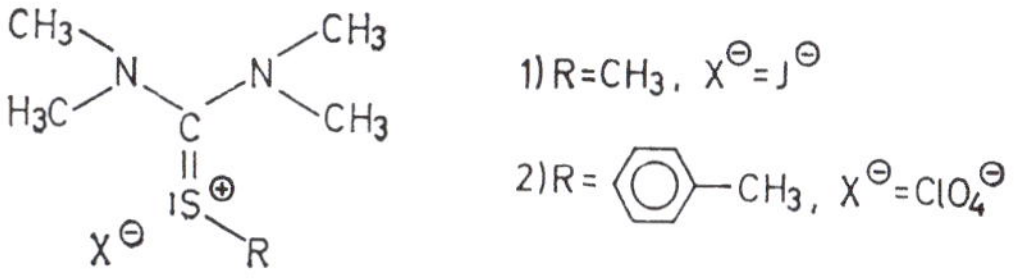

Abb. 183

In der ersten Verbindung spaltet das Singulett der Dimethylaminogruppen unterhalb $-79\,°C$ in ein Dublett auf, dessen Hochfeldsignal sich bei weiterem Abkühlen noch einmal verdoppelt.

Bei der zweiten Verbindung beobachtet man für die Dimethylaminogruppen eine Aufspaltung in vier Signale gleicher Intensität. Die Rotation um die beiden CN-Bindungen werden also gleichzeitig mit der Isomerisierung an der CS-Bindung eingefroren, denn nur dann sind alle vier Methylgruppen am Stickstoff magnetisch nicht mehr äquivalent.

Aus den spektralen Ergebnissen wurde schließlich auf einen Rotationsmechanismus am doppelt gebundenen Schwefel geschlossen. Es konnte ferner gezeigt werden, daß die Isomerisierungsgeschwindigkeit in C-Aryl-N-Aryl-Iminen wesentlich stärker vom p-Substituenten am N-Aryl abhängt als vom p-Substituenten im C-Aryl-Rest und damit ebenfalls in dieser Verbindungsklasse die Stickstoffinversion bevorzugt abläuft.

Elektronegative Heterosubstituenten, die direkt am Stickstoff haften, führen zu einem beträchtlichen Ansteigen der Inversionsbarriere, z. B. in Halogeniminen und Oximen.

Tabelle 28 zeigt einige Beispiele für die planare Stickstoffinversion.

Tabelle 28

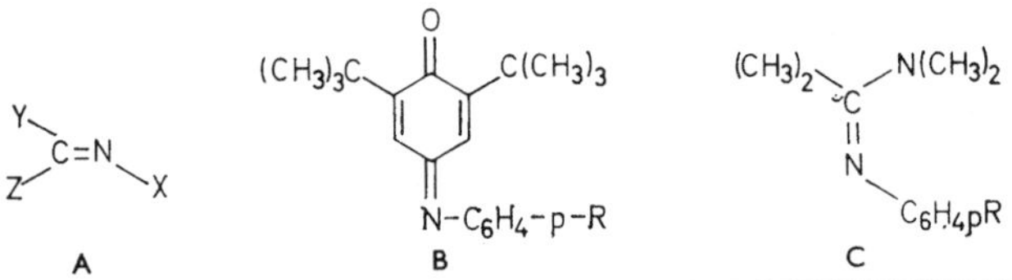

Typ	Substituent	T_c [°C]	ΔG_c [kcal/Mol]	Literatur
A	$X = -CHRAr$ $Y = Z = CH_3$	180	23	[221]
A	$X = -C_6H_5$ $Y = Z = CH_3$	126	20,3	[221]
A	$X = -CN$ $Y = Z = -CH_3$	85	18,9	[227]
B	$R = -N(CH_3)_2$	144	22,8	[222]
B	$R = -OCH_3$	152	22,9	[222]
B	$R = -H$	140	22,0	[222]
C	$R = -N(CH_3)_2$	−2	13,7	[223]
C	$R = -OCH_3$	0	13,8	[223]
C	$R = CH_3$	−12	13,1	[223]

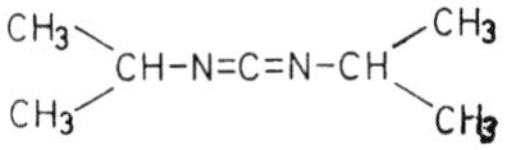

$T_C = -140\,°C$

$\Delta G_C^{\ddagger} = 6{,}7$ kcal/Mol

Von besonderem Interesse ist daher die Verbindung in Abb. 184: neben der Rotationsbehinderung um die Bindung *b* kann noch die Behinderung um die Bindung *a*

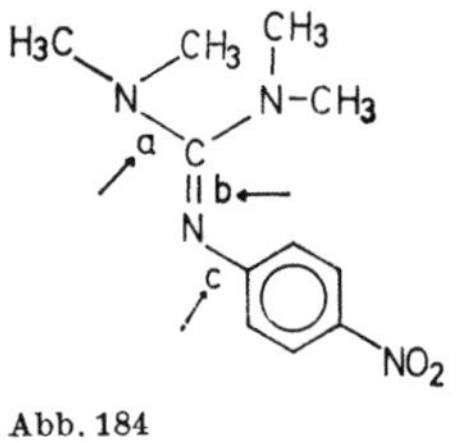

Abb. 184

durch die weitere Verdopplung einer Dimethylaminogruppe ($\Delta\nu = 35$ Hz, $T_c = -102\,°C$, $\Delta G_c^{\neq} = 8{,}4$ kcal/Mol) und bei tiefen Temperaturen auch diejenige um die Bindung *c* durch die Verdopplung der aromatischen Protonen in ortho-Stellung zum Anilstickstoff ($\Delta\nu = 24$ Hz, $T_c = -105\,°C$, $\Delta G_c^{\neq} = 8{,}3$ kcal/Mol) nachgewiesen werden.

Damit sind in dieser Verbindung gleich drei Energiebarrieren bestimmbar.

5.6. *Prochirale Gruppen und Inversion*

Der Einsatz prochiraler Gruppen hat bei der Untersuchung von Inversionsprozessen von trivalenten acyclischen Verbindungen oft zu wichtigen Erkenntnissen geführt [180, 229]. So sind z. B. die geminalen Methylenprotonen der prochiralen Benzylgruppe in der folgenden Struktur diastereotop, vorausgesetzt, daß *R* nicht

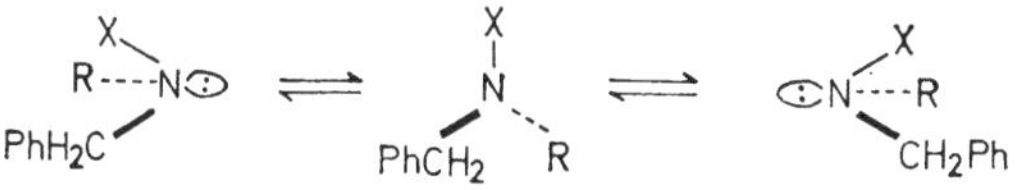

Abb. 185

identisch mit *X* ist. Diese Feststellung resultiert aus der Tatsache, daß in dem Molekül keine σ-Ebene, die durch das Methylen-Zentrum verläuft, vorhanden ist. Die schnelle Inversion sorgt dafür, daß die Methylenprotonen enantiotop und damit isochron in achiralen Lösungsmitteln werden. Man nimmt an, daß im Übergangszustand der Inversion eine σ-Ebene durch das prochirale Methylen-Zentrum verläuft. Dieser Inversionsprozeß entspricht damit einer „degenerierten Racemisierung", wenn $R \neq X \neq CH_2Ph$ ist.

Eine andere Methode zur Unterscheidung von schnellen und langsamen Inversionen beruht auf der Untersuchung der ^{1}H-KMR-Spektren chiraler Verbindungen, die ein prochirales Element der V. Hauptgruppe enthalten. In Verbindungen des folgenden Typs (Abb. 186) bildet der Stickstoff nur dann eine stabile prochirale Gruppierung, wenn die Inversion am Zentrum langsam im Sinne der KMR-Zeitskala verläuft. In diesem Fall

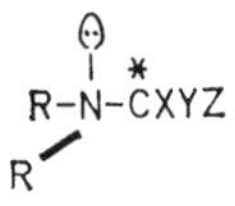

Abb. 186

werden die geminalen *R*-Substituenten diastereotop und potentiell anisochron, da das Molekül keine σ-Ebene besitzt, die durch das prochirale Stickstoffzentrum verläuft.

Die schnelle Stickstoffinversion invertiert die prochirale Anordnung und sorgt dadurch dafür, daß die beiden geminalen *R*-Substituenten homotop und isochron werden.

6. Konformative Prozesse in Ringsystemen [230–297]

6.1. Allgemeines

Umfangreiche neue Kenntnisse über innermolekulare Bewegungen in Ringsystemen sind besonders in den letzten 15 Jahren gesammelt worden. Auch die theoretischen Grundlagen für die Interpretation der experimentell erhaltenen Daten haben große Fortschritte gemacht. In vielen Fällen brachte auch hier die Anwendung der dynamischen ^{1}H-KMR-Spektroskopie sowie die Tieftemperatur-Spektroskopie wesentliche neue Erkenntnisse.

Die kleinen Ringsysteme — wie die Vier- und Fünfringe — besitzen leider eine sehr geringe Inversionsbarriere und sind deshalb mit der KMR-Methode nicht erfaßbar. Aus diesem Grunde werden im folgenden Kapitel hauptsächlich Cycloalkane, deren Derivate und die heterocyclischen Analoga, die Konformationsbarrieren von > 3,5 kcal/Mol besitzen, behandelt. Auf Grund der umfangreichen Literatur auf diesem Gebiet, kann das folgende Kapitel nur einige repräsentative Beispiele behandeln, die die Gesamttendenz erkennen lassen.

Was verstehen wir nun unter „konformativen Prozessen" in cyclischen Systemen?

Konformationsprozesse können in Ringsystemen analog, wie behinderte Rotationen um Einfachbindungen, definiert werden [230]. Der jeweilige Zustand bei der Rotation um eine besondere Bindung in einem cyclischen System kann durch die Angabe des Torsions-(Dieder-) Winkels angegeben werden [231]. Trägt man z. B. in einem Diagramm die potentielle Energie einer Cyclohexanmolekel als Funktion der Winkel zwischen einigen bestimmten Bindungsrichtungen auf (s. a. Diagramm des Äthans, S. 12), so erhält man die folgende Abbildung:

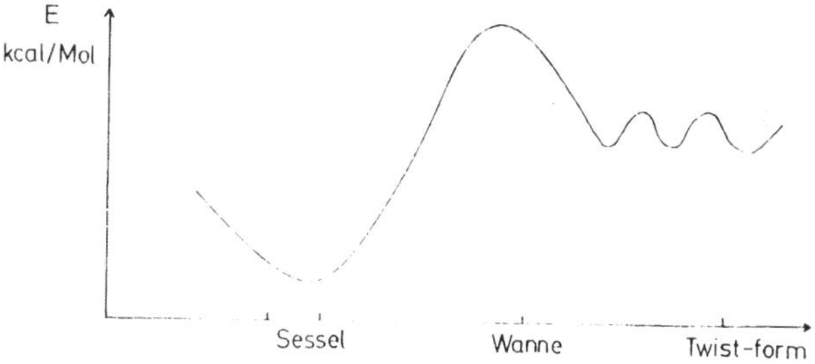

Abb. 187

Bei der Sesselform tritt weder eine Spannung durch Deformation der Valenzwinkel, noch eine solche durch das Vorliegen von *syn-periplanaren* Konformationen auf.

Die Folge ist, daß an diesem Punkt ein Minimum der potentiellen Energie auftritt. Wird nun eine Umwandlung in die Wannenform vorgenommen, z. B. durch Zurückbiegen der einen Lehne des Sessels, so ist diese Transformation nur über die Veränderung der Dieder-Winkel möglich. Damit verläuft die Umwandlung unter anderen Bedingungen als die Umwandlung des Äthans, da die innere Rotation um verschiedene Bindungsrichtungen in einer cyclischen Molekel miteinander gekoppelt sind.

Für die Betrachtung von konformativen Ringprozessen ist es daher gut, davon auszugehen, daß wir ein System, in dem wir einen Torsionswinkel, der durch die Ebene 1,2,3 bzw. 2,3,4 gebildet (Abb. 188) wird, als Untersuchungsgegenstand vor uns haben. Dieser Winkel wird dann als der Torsionswinkel der 2,3-Bindung betrachtet und erhält das Symbol ω_{1234}.

Abb. 188

Jeder konformative Prozeß schließt also einen Wechsel in der Größe des Torsionswinkels ein und kann damit durch die Angabe in Winkelgraden gut definiert werden. Änderungen des Valenzwinkels und der Bindungslängen können synchron einhergehen. Auch Änderungen der Valenzwinkel und der Bindungslängen und -winkel zu den vorhandenen Substituenten müssen mit in Betracht gezogen werden.

Damit verstehen wir unter konformativen Prozessen bei Ringsystemen grundsätzlich solche Reaktionen, bei denen kein Bindungsbruch mit anschließender Bindungsneubildung stattfindet.

Für die praktische Nutzung und Deutung von konformativen Prozessen ist es wichtig, sich daran zu erinnern, daß in Ringsystemen, in denen ein ständiger Wechsel abläuft, oder in solchen Systemen, in denen zusätzlich ein stereochemisch bewegliches Atom z. B. Stickstoff vorhanden ist, wie z. B. in cyclischen Aminen, überlappende KMR-Effekte beider dynamischer Systeme beobachtet werden können und damit die Interpretation erschweren. Das gleiche gilt auch für Alkohole, da hier häufig ein intermolekularer Protonenaustausch abläuft.

Nach den bisherigen Ausführungen muß nun zunächst der Versuch unternommen werden, den Begriff der Ringinversion genauer zu definieren.

6.2. Ringinversion

Wie bereits erwähnt, wurde der Begriff der „Ringinversion" z. B. für die Umwandlung der einen Sesselform des Cyclohexans in die andere Sesselform benutzt. Das gleiche gilt auch für andere Ringsysteme. Aus diesem Grunde wurde vorgeschlagen, den Begriff „reversal" zur Beschreibung von „Ringinversionen" zu verwenden [232] und die Formulierung „Inversion" allein für atomare Inversionen z. B. am Stickstoff zu verwenden. Dieser Vorschlag hat sich nicht durchgesetzt. So findet man leider weiter beide Bezeichnungen für unterschiedliche Bewegungsformen in organischen Molekülen.

Am Beispiel des Cyclohexans wird verdeutlicht, wie dieser Begriff zu verwenden ist. Der konformative Prozeß ist dann eine Ringinversion, wenn alle (Dieder-) Torsionswinkel im Molekül ihren Richtungssinn ändern, aber ihr *absoluter* Wert erhalten bleibt. Die Bindungslängen und Valenzwinkel ändern sich durch einen Ringinversionsprozeß allgemein nicht! [233]

Diese Definition sagt nichts über die einzelnen Schritte und den möglichen Mechanismus aus. Sicherlich ist die voranstehende Definition auch nicht überall anwendbar, denn wenn z. B. eine Ringinversion am axialen Methylcyclohexan zum äquatorialen Methylcyclohexan stattfindet, bleibt der absolute Wert des Torsionswinkels nicht in konstanter Höhe erhalten, obgleich sich der Vorzeichensinn ändert. Da aber diese Vorstellung von der Ringinversion weit verbreitet ist und sicherlich auch ihre Vorteile hat, wurde von ANET die ursprüngliche Definition etwas ausgedehnt und er kommt zu dem Schluß [233], daß eine Ringinversion die Änderung des

Vorzeichens der Torsionswinkel bewirkt (ausgenommen die Torsionswinkel, die nahe 0° bzw. nahe 180° sind), daß aber der absolute Wert dieser Winkel sich nicht oder nur sehr unwesentlich ändert.

Die Abb. 189 und 190 zeigen einige typische Beispiele, die das veranschaulichen sollen:

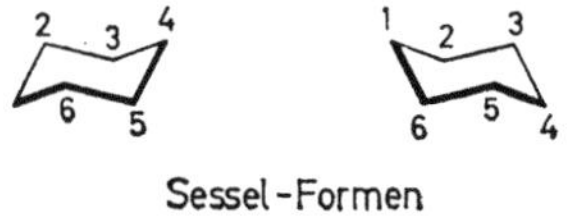

Abb. 189

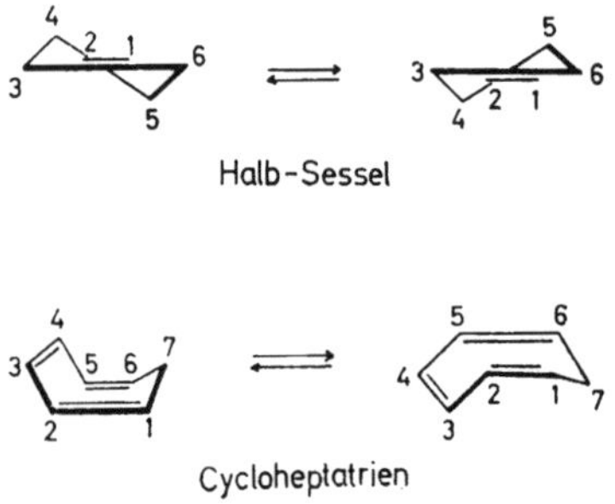

Abb. 190

6.3. Lokale Ringinversionen

Sie sind eine weitere Form der konformativen Prozesse in cyclischen Systemen. Als Beispiel dafür kann die Umwandlung eines Cyclohexan-Sessels in die Wannenform angesehen werden. Bei dieser Umwandlung werden die Vorzeichen von zwei Torsionswinkeln verändert, während zwei andere nahezu unverändert bleiben. Sicherlich wird der Betrag der beiden verbleibenden Torsionswinkel verändert, aber der erreichte Wert entspricht noch keiner Vorzeichenumkehr, wie für eine Inversion gefordert. In einem solchen Fall spricht man von einer „lokalen Ringinversion“, die in dem Teil des Moleküls stattfindet, in dem die Torsionswinkel ihre Vorzeichen umkehren.

Die Abb. 191 und 192 zeigen einige typische Beispiele:

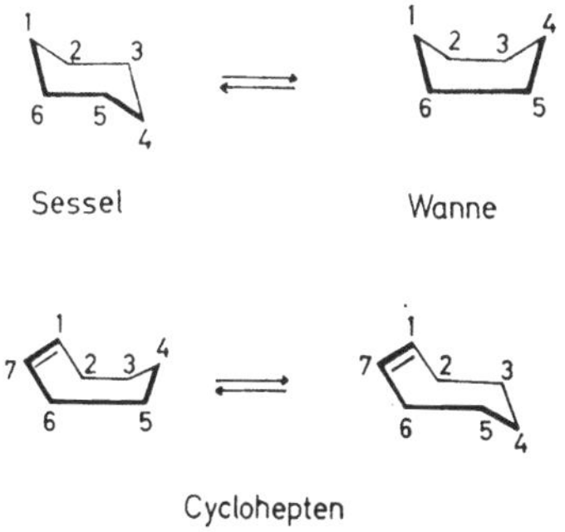

Abb. 191

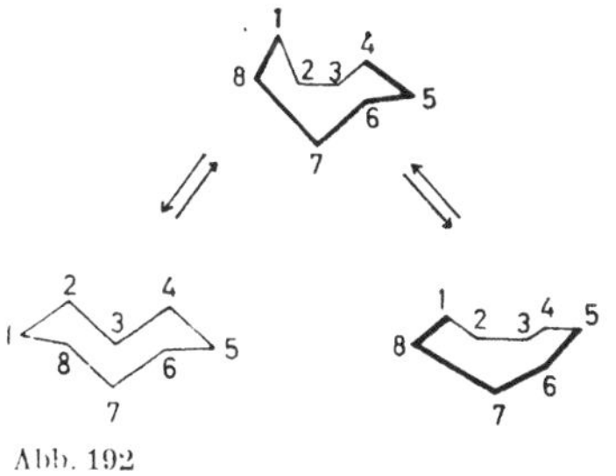

Abb. 192

6.4. *Ring-Pseudo-Rotationen*

Diese Bezeichnungsweise wurde zuerst beim Cyclopentan verwendet [232], um das dynamische, konformative Verhalten dieses Moleküls zu beschreiben. Der Ausdruck „Pseudo-Rotation“ bezeichnet eigentlich eine „falsche Rotation“ und ist damit auf solche konformativen Prozesse anwendbar, bei denen eine Konformation entsteht, die sich mit dem Ausgangsprodukt deckt, die sich aber von dem Ausgangsprodukt letztlich dadurch unterscheidet, daß eine Rotation um eine oder auch mehrere Achsen stattgefunden hat [233]. Die Pseudo-Rotation kann, wie die echten Molekül- und inneren Rotationen frei sein, wie im Cyclopentan, oder aber auch mehr oder weniger behindert sein, wie in Cycloheptan und höheren Cycloalkanen. In mäßig bis stark behinderten Pseudo-Rotationen sind unterschiedlich stabile Konformationen als Pseudo-Rotationspartner denkbar, die dann mit Hilfe der dynamischen ^{1}H-KMR-Spektroskopie untersucht werden können.

Wenn die Barriere der Pseudo-Rotation dagegen sehr gering ist, oder gerade an der Grenze liegt, bei der die Pseudo-Rotation frei wird, ist sicherlich keine Möglichkeit vorhanden, unterschiedliche Konformere mit der KMR-Spektroskopie nachzuweisen, da in diesem Bereich nur ein stabiles Konformer vorliegen dürfte.

Ringinversionen von achiralen Verbindungen sind in Wirklichkeit eine besondere Form der Pseudo-Rotation. Die Ringinversion eines Cyclohexan-Sessels durch einen Weg, der das Molekül zunächst verflacht, erhält die D_{3d}-Symmetrie, erlaubt dem Molekül aber eine Rotation von 60° um die C_3-Achse. Deshalb sollten bei der Definition der Pseudo-Rotation alle Prozesse ausgeschlossen werden, die durch die Ringinversion klar definiert sind.

Wie bei der Ringinversion, so ist es auch hier notwendig und wünschenswert die voranstehende Definition der Pseudo-Rotation noch zu erweitern, um sie universeller verwendbar zu machen [233]. Es ist erforderlich, einen etwas abstrakten Begriff einzuführen, den man als „Grundgerüst der Konformation" bezeichnen könnte. Hierunter ist die geometrische Figur der Konformation zu verstehen, die Ringbindungen und Atomkerne, die als der Scheitelpunkt der geometrischen Figur zu betrachten sind, enthält.

Unter Berücksichtigung dieser Annahme ist eine Pseudo-Rotation ein Prozeß, der eine Rotation des „Grundgerüstes der Konformation" zur Folge hat, der von geringfügigen Veränderungen des Gerüstes, die aber fast vernachlässigt werden können, begleitet werden kann.

Diese Definition erlaubt auch die Anwendung des Begriffes der Pseudo-Rotation auf chirale Verbindungen, da der Vergleich entweder mit der ursprünglichen Konformation oder seinem Spiegelbild vorgenommen werden kann.

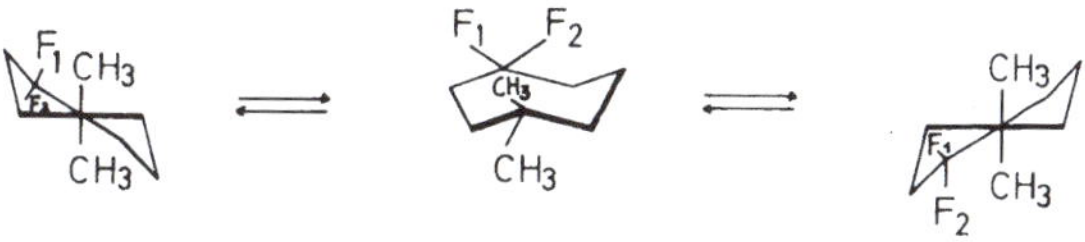

4.4-Difluor-1,1-dimethylcycloheptan

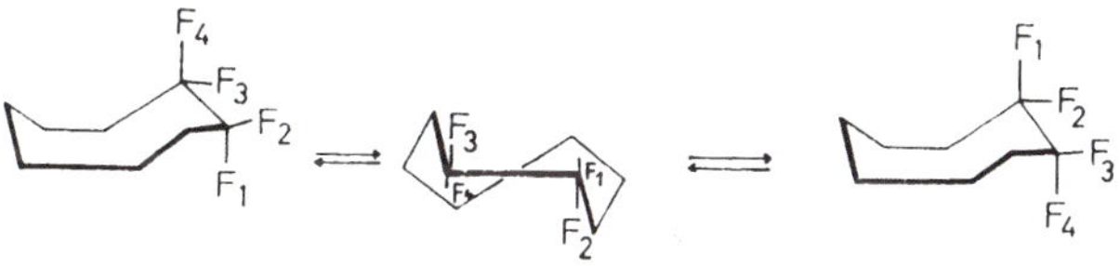

1,1,2,2-Tetrafluorcyclooctan

Abb. 193. Beispiele für Pseudo-Rotation

Diese Definition gestattet jedoch keinerlei Auskünfte oder Hinweise auf den möglichen Mechanismus.

Einige typische Beispiele für die Pseudo-Rotation sind in Abb. 193 zusammengestellt.

Bei den experimentellen Untersuchungen zur Ringinversion kann man davon ausgehen, daß konformative Prozesse in cyclischen Systemen in kinetischer Hinsicht nach den Gesetzen erster Ordnung ablaufen und damit relativ einfach zu berechnen sind. Die ^{1}H-KMR-Spektren von cyclischen Verbindungen sind aber außerordentlich komplex. Cyclohexan zeigt z. B. bei -100 °C zwei Signale, da die Inversion unter diesen Bedingungen sehr langsam verläuft. Das Spektrum ist insgesamt derart kompliziert, daß eine komplette Analyse fast unmöglich ist, vorausgesetzt man nutzt nicht einige Verfahren, um die Kopplungen der zwölf Protonen zu vereinfachen. Dies kann durch Deuterierungen geschehen. Auch durch Fluorierungen kann man zu aussagekräftigen Spektren kommen.

6.5. Untersuchungen an sechsgliedrigen Ringsystemen

Ringinversionen in Cyclohexan und Cyclohexan-d_{11} sind verständlicherweise sehr intensiv untersucht worden. Die am häufigsten angewandten Methoden sind:

1. die Analyse der Signalformen im Spektrum,
2. einfache Spin-Echo (T_2)-Messungen und
3. die Doppelresonanzuntersuchungen.

Die nachfolgende Tabelle vermittelt einen Überblick über die bisherigen Untersuchungen beim Übergang Sessel → Twist—wanne:

Tabelle 29

Temperaturbereich [°K]		$\Delta G^{\neq}$ [kcal/Mol] (−50 – 60°)	$\Delta H^{\neq}$ [kcal/Mol]	$\Delta S^{\neq}$ [eu]	Literatur
203 – 253	Linienanalyse	10,3	10,3	−0,2	[235]
213 – 248	Spin-Echo	10,7	11,5	4,9	[236]
223 – 226	Spin-Echo	10,3	–	−3,6	[237]
Cyclohexan-d_{11}					
179 – 241	Linienform	10,3	10,9	2,9	[238]
198 – 226	Linienform	10,2	10,5	1,4	[239]
175 – 298	Spin-Echo	10,3	9,1	−5,8	[240]
156 – 246	Linienform	10,22	10,8	2,8	[241]

Das jeweils verwendete Lösungsmittel wurde nicht angegeben, da die konformativen Energiebarrieren in Ringsystemen im allgemeinen von der Polarität des Lösungsmittels unabhängig sind.

Als klassische Arbeit auf diesem Gebiet ist die kombinierte Linienform- und Doppelresonanz-Untersuchung von Anet u. Mitarb. [296] an Cyclohexan-d_{11} (Abb. 194) anzusehen. Bei diesem Molekül hat das verbleibende

Proton mit gleicher Wahrscheinlichkeit eine äquatoriale oder axiale Position. Daher wird bei langsamer Ringinversion ein Dublett und bei schnellem Austausch von axialen und äquatorialen Protonen ein Singulett beobachtet. Die von verschiedenen Autoren gemachten Angaben für die „Sessel-Wannen-Inversion" des Cyclohexans scheinen auf einen ΔH^{+}-Wert von etwa 10,8 kcal/Mol und einem ΔS^{+}-Wert um 3 cal/Mol Grad hin zu konvergieren, was mit den statistischen Überlegungen übereinstimmt.

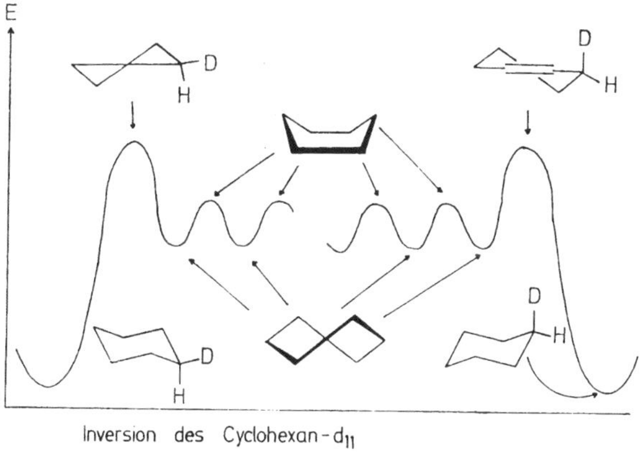

Abb. 194. Inversion des Cyclohexan-d_{11}

Die Energiebarriere, die das Cyclohexan-Molekül zu überwinden hat, wenn aus der relativ spannungsfreien Sesselform der Halbsessel-Übergangszustand eintritt, setzt sich aus Beiträgen zusammen, die von Widerständen gegen Drehungen um einzelne Bindungen, von der Abstoßung zwischen untereinander nicht gebundenen Atomen sowie von den Energien kommen, die erforderlich sind, um Bindungswinkel gegenüber den Normalwerten zu verdrehen. Berechnungen der Molekülmechanik haben unter Verwendung von Näherungsgleichungen für die verschiedenen Energiebeiträge erstaunlich gute

Ergebnisse für die Energien der verschiedenen Stellungsformen geliefert und die Barrieren für Cyclohexan und dessen Analoga gut vorhergesagt.

Auf diese Weise erhielt man ein recht genaues Bild des Übergangs von einer Sesselform zur anderen.

Wird in das Cyclohexan-System ein Substituent eingeführt, so wirkt sich das nur sehr geringfügig auf die Höhe der Barriere der Ringinversion aus. Sind dagegen mehrere Substituenten vorhanden, so kann das zu einem mäßigen Anstieg der Inversionsbarriere führen, unter der Voraussetzung, daß der Grundzustand durch Substituenten u. ä. nicht allzu gespannt ist. In Verbindungen, in denen der Grundzustand einer starken Spannung unterliegt, ist mit einer signifikanten Erniedrigung der Ringinversionsbarriere zu rechnen.

Durch mehrere Untersuchungen konnte nachgewiesen werden [242], daß ein *cis*-1,2-disubstituiertes Cyclohexan einer Ringinversion unter der Voraussetzung unterliegt, daß die beiden Substituenten keine *syn-periplanare* Konformation in der Halbsesselform, die als Übergangszustand zu betrachten ist, einnehmen.

Die Bildung der *syn-periplanaren* Anordnung der Substituenten, die in einigen Stationen der Ringinversion sicherlich vorliegt, kann sich in der Phase der Pseudo-Rotation der Wannenform ereignen. Damit liegen die Barrieren der Ringinversion in *cis*-1,2-disubstituierten Cyclohexan-Derivaten in der Größenordnung derjenigen des Cyclohexans, vorausgesetzt, die Substituenten sind nicht sehr groß. Liegt ein derartiges System wie z. B. im *cis*-1,2-Di-tert.-butylcyclohexan vor, so reicht die durch die *syn-periplanare* Anordnung der Substituenten hervorgerufene Spannung bereits aus, um die Energiedifferenz zwischen der Halbsesselform und der Wannenform auszugleichen.

Würde man diese Inversion als Diagramm auftragen, so erhält man das folgende Bild (Abb. 195 und 196), das als Vergleich die Ringinversion des Cyclohexans zeigt.

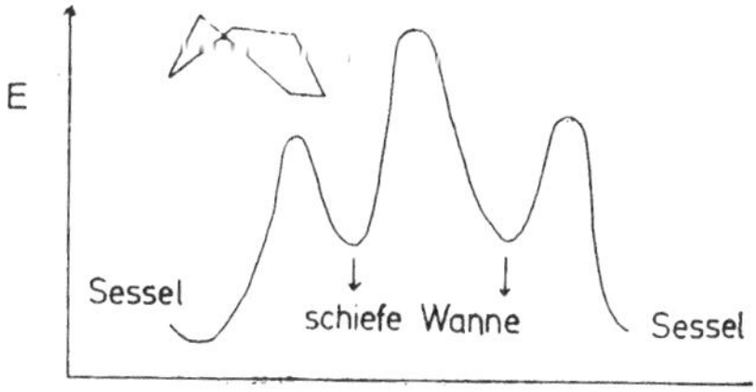

Abb. 195. Ringinversionsprozeß eines einfachen Cyclohexans

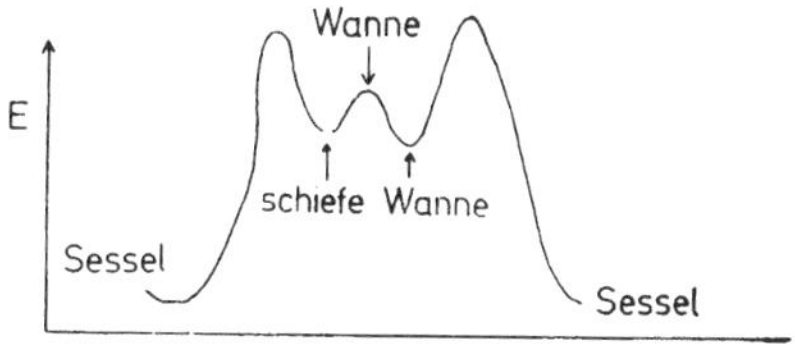

Abb. 196. Ringinversionsprozeß eines 1,2-disubstituierten Cyclohexans mit großen Substituenten

Tabelle 30 vermittelt einen Überblick der kinetischen Parameter der Ringinversion in sechsgliedrigen, gesättigten Systemen.

Tabelle 30

Kinetische Parameter der Ringinversion in sechsgliedrigen, gesättigten Systemen

Verbindung	$\Delta G^{\neq}$ [kcal/Mol]	$\Delta H^{\neq}$ [kcal/Mol]	Literatur
Fluorcyclohexan	10,14	9,87	[243]
Chlorcyclohexan	10,9	11,6	[244]
1,1-Difluorcyclohexan	9,71	10,43	[245]
1,1-Dimethylcyclohexan	10,5	11,3	[246]
cis-1,2-Dimethylcyclohexan	10,6	9,3	[246]
trans-1,3-Dimethylcyclohexan	10,1	11,1	[246]
cis-1,4-Dimethylcyclohexan	10,1	11,0	[246]
cis-1,2-Di-tert.-Butylcyclohexan	16,3	15,4	[247]
1,1-Dimethoxycyclohexan	10,8	–	[248]
1,1,3,3,-Tetramethylcyclohexan	9,6	–	[248]
1,1,4,4-Tetramethylcyclohexan	11,7	–	[248]
1,1-Dimethyl-4,4-dimethoxycyclohexan	11,3	–	[248]
1,1,4,4-Tetramethoxycyclohexan	10,7	–	[248]
γ-Hexachlorcyclohexan	13,0	–	[249]

6.6. *Das Decalin-System*

Die Barriere der Ringinversion in *cis*-Decalin ist deutlich höher als die im Cyclohexan, weil der voranstehend angegebene Mechanismus für die Inversion des *cis*-1,2-disubstituierten Derivates des Cyclohexans auf das *cis*-Decalin nicht anwendbar ist. Die Zwei-Sessel-Konformation kann durch eine lokale Inversion in die Wanne-Sessel-Konformation übergehen. Hierbei wäre die Barrierenhöhe mit derjenigen des Cyclohexans ver-

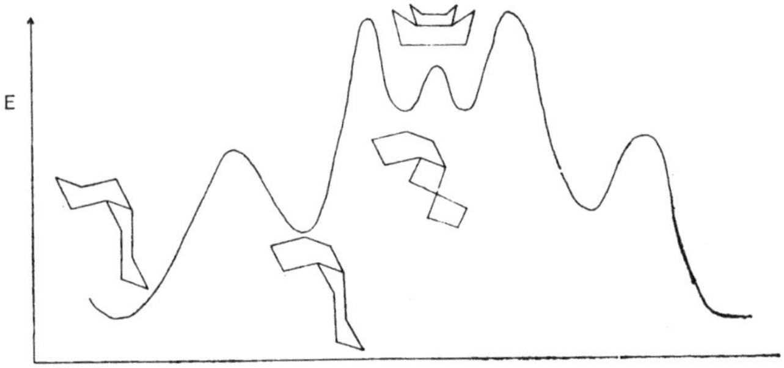

Abb. 197. Ringinversionsprozeß von *cis*-Decalin

gleichbar. Die Wannen-Sesselform des *cis*-Decalins kann auf Grund des starren und stabilen Sesselanteils keiner leichten Pseudo-Rotation unterliegen. Es ist daher für die Wanne-Sesselform notwendig, daß eine zweite lokale Inversion zur Wanne-Wanne-Konformation stattfindet, bevor die Pseudo-Rotation ablaufen kann. Die Barriere für die zweite lokale Inversion liegt in der gleichen Größenordnung wie die der ersten, aber die Ausgangsform ist die Wanne-Sessel-Konformation, die etwa im Energiebetrag um 5 kcal/Mol höher liegt als die Sessel-Sesselform. Abbildung 197 zeigt diese Inversion als Diagramm.

Die Barrieren der Ringinversion in *ungesättigten* carbocyclischen *Sechsringsystemen* liegen im allgemeinen unterhalb derjenigen des Cyclohexans und seiner Derivate. Diese geringere Barriere ist erklärbar, da die Konformation des Grundzustandes die Halbsesselform ist und der Wechsel zur „schiefen Wannenform“ (= Twist-wanne), der als Übergangszustand anzusehen ist, Veränderungen der Torsionswinkel hervorruft, aber nur sehr geringe Winkelspannungen parallel einhergehen.

Tabelle 31

Kinetische Parameter der Ringinversion in einigen ungesättigten Sechsringsystemen

Verbindung	$\Delta G^{\neq}$ [kcal/Mol]	$\Delta H^{\neq}$ [kcal/Mol]	Literatur
Cyclohexan-d_6	5,4	–	[250]
Cyclohexen-d_8	5,37	5,5	[251]
4-Bromcyclohexen	6,2	–	[252]
3,3-Dimethylcyclohexen	6,3	–	[253]
4,4-Dimethylcyclohexen	6,1	–	[253]
3,3,6,6-Tetramethylcyclohexen	8,4	–	[253]
Methylencyclohexen	7,9	–	[254]
Cyclohexanon-oxim-methyläther	5,7	–	[254]

6.7. *Heterocyclische Sechsringsysteme*

Sie sind in einer relativ großen Breite untersucht worden. Die gefundenen Inversionsbarrieren entsprechen überwiegend denen der analogen carbocyclischen Derivate. Sauerstoffhaltige Heterocyclen besitzen allgemein eine etwas niedrigere und stickstoffhaltige Heterocyclen eine etwas höhere Barriere als die entsprechenden Carbocyclen. Die Stickstoffheterocyclen zeigen aber in vielen Fällen in den KMR-Spektren den Ablauf einer Stickstoffinversion, so daß die Interpretation nicht immer einfach ist [255].

Verbindungen mit zwei benachbarten Heteroatomen weisen eine vergleichsweise höhere Inversionsbarriere auf.

Wohl eines der eindrucksvollsten Beispiele (Abb. 198)

Tabelle 32

Kinetische Parameter für die Ringinversion in Heterocyclen

Verbindung	$\Delta G^{\neq}$ [kcal/Mol]	$\Delta H^{\neq}$ [kcal/Mol]	Literatur
Tetrahydropyran	10,3	–	[256]
Piperidin	10,4	14,1	[257]
N-Methylpiperidin	12,2	14,0	[258]
3,3-Dimethylpiperidin	10,5	11,7	[259]
1,3,3-Trimethylpiperidin	13,1	10,3	[259]
1,4,4-Trimethylpiperidin	12,7	10,6	[259]
4,4,-Difluorpiperidin	10,0	–	[260]
Δ2,3-Dihydropyran	6,6	–	[261]
1,2-Dicarbäthoxy-1,2,3,6-Tetrahydro-pyridazin	20,5	20,7	[262]
1,3-Dioxan	9,7	–	[263]
5,5-Dimethyl-1,3-dioxan	10,8	12,7	[264]
5,5-Dimethylen-1,3-dioxan	9,3	–	[264]
N.N'-Dimethylhexahydropyrimidin	11,6	–	[265]
1,4-Dioxan-d_6	9,7	–	[266]
1,4-Dioxan-d_7	10,0	–	[267]
N.N-Dimethylpiperazin	12,6	–	[268]

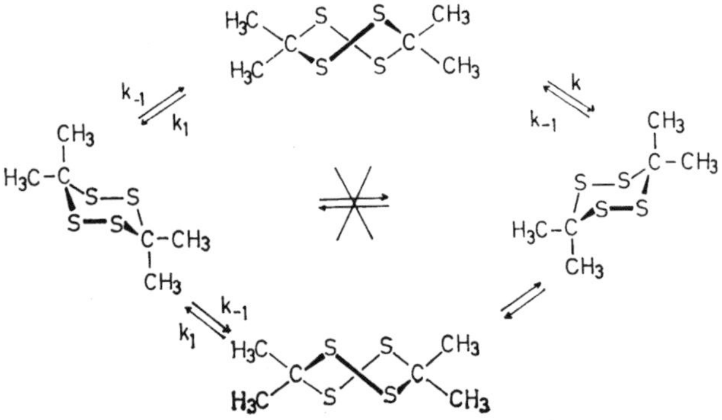

Abb. 198

der dynamischen Prozesse in heterocyclischen Systemen ist das Tetramethyl-s-tetrathian [269], dessen temperaturabhängiges 60 MHz KMR-Spektrum im Bereich von −20 bis −80 °C Hinweise auf Austauschprozesse (in der

KMR Zeitskala) lieferte. Die Spektren erbrachten den Beweis, daß im Gleichgewichtssystem die „Twistwannen"-Konformation überwiegt. Damit muß aber die Signalform der Spektren weitgehend eine Funktion der Geschwindigkeit der Umwandlung Sessel/„Twist-wanne" sein. Um diese Frage zu beantworten, wurden die Computer-simulierten Spektren mit den experimentell erhaltenen Spektren verglichen und dabei die Geschwindigkeitskonstanten der Prozesse Sesselform → „Twist-wannen"form und „Twist-wannen"form → Sesselform erhalten.

Tabelle 33

Temperatur [°K]	k_1 [s^{-1}]	k_{-1} [s^{-1}]
302	43,5	22,5
293	16,0	8,2
287	9,0	4,4
283	5,0	2,3
279	4,5	2,2
252	0,2	0,08

k_1 – Geschwindigkeitskonstante der Reaktion Sessel → Twistwanne
k_{-1} – Geschwindigkeitskonstante der Reaktion Twistwanne → Sessel

Abbildung 199 zeigt den Vergleich der theoretischen und experimentell erhaltenen Spektren bei verschiedenen Temperaturen.

Das für die Interpretation der Spektren genutzte Modell geht davon aus, daß es keine direkte Umwandlung der beiden Sesselformen ineinander gibt.

Isoliert man die reine „Twistwannen"-Konformation und mißt dann bei tiefen Temperaturen die Umwandlungsgeschwindigkeit Sessel → Twistwanne, so erhält man bei −61 °C folgende Spektren (s. Abb. 200).

Die kinetische Behandlung dieser Umwandlung geht von folgenden Überlegungen aus:

$$\text{Sessel} \underset{k_{-1}}{\overset{k_1}{\rightleftharpoons}} \text{Twistwanne}$$

$$\frac{-d[\text{twist}]}{dt} = k_{-1}[\text{twist}] - k_1[\text{Sessel}]$$

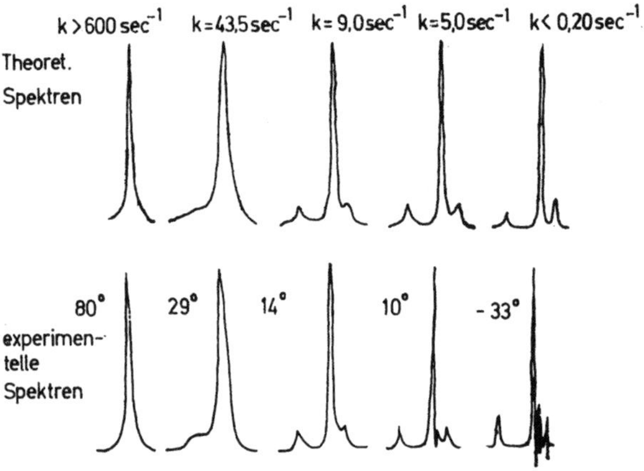

Abb. 199. Vergleich theoretisch und experimentell erhaltener Spektren

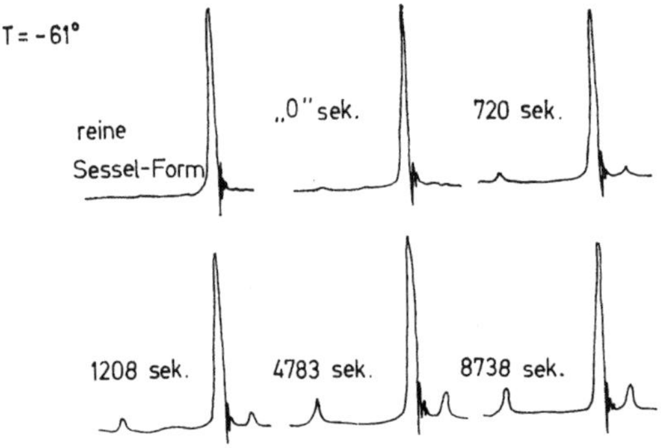

Abb. 200

Ist nur die Twist-Form vorhanden, dann gilt:

$$[\text{twist}]_0 - [\text{twist}] = [\text{Sessel}]$$

$$\frac{-d[\text{twist}]}{dt} = (k_1 + k_{-1})\,[\text{twist}] - k_1[\text{twist}]_0$$

Die Integration und Einführung der Gleichgewichtskonzentration der Twist-Form ($twist_e$) ergibt dann

$$\ln \frac{[\text{twist}]_0 - [\text{twist}]_e}{[\text{twist}] - [\text{twist}]_e} = (k_1 + k_{-1})t$$

Das bedeutet, der Umwandlungsprozeß der Twist-Form ist eine Reaktion erster Ordnung.

Die aus dem KMR-Spektrum zu entnehmenden Geschwindigkeitskonstanten der Umwandlung der Twist-Form in die Sesselform sind in Tab. 34 angegeben:

Tabelle 34

Geschwindigkeitskonstanten der Umwandlung Twist-Form → Sesselform

Temperatur [°K]	k_1 [s^{-1}]	k_{-1} [s^{-1}]
218	$9{,}3 \times 10^{-1}$	$1{,}9 \times 10^{-4}$
212	$4{,}3 \times 10^{-4}$	$0{,}88 \times 10^{-4}$
209	$1{,}9 \times 10^{-4}$	$0{,}34 \times 10^{-4}$
204	$0{,}79 \times 10^{-4}$	$0{,}12 \times 10^{-4}$

Damit ergeben sich nunmehr unter Kombination der graphischen Darstellung der Umwandlung der Sessel in die Twist-Form (und umgekehrt) sowie der KMR-Spektren die folgenden Aktivierungsparameter (s. Tab. 35).

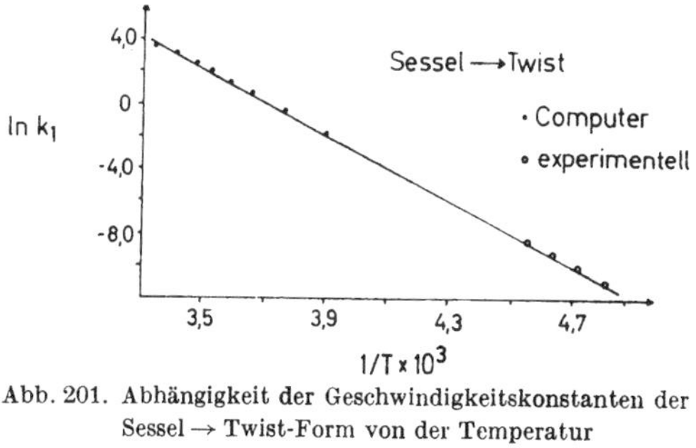

Abb. 201. Abhängigkeit der Geschwindigkeitskonstanten der Umwandlung der Sessel → Twist-Form von der Temperatur

Diese Untersuchungen bestätigen eindeutig, daß die Twist-Form nicht leicht durch eine Pseudo-Rotation

Tabelle 35

Prozeß	ΔE_a [kcal/Mol]	$\Delta H^{\neq}$ [kcal/Mol]	$\Delta G^{\neq}$ [kcal/Mol]	$\Delta S^{\neq}$ [eu]
Sessel → Twist-Form	16,5	15,9	15,6	+1,2
Twist-Form → Sessel	17,4	16,5	16,0	+2,8

umgewandelt werden kann, da die zwischendurch auftretende symmetrische Wannenform einen wesentlich höheren Energieinhalt besitzt.

6.8. *Siebengliedrige Ringsysteme*

Für das Cycloheptan ergaben Berechnungen zwei bevorzugte Konformationen (Abb. 202): die Twistsesselform und die etwas ungünstigere Twist-wannenform mit C_2-Symmetrie [270].

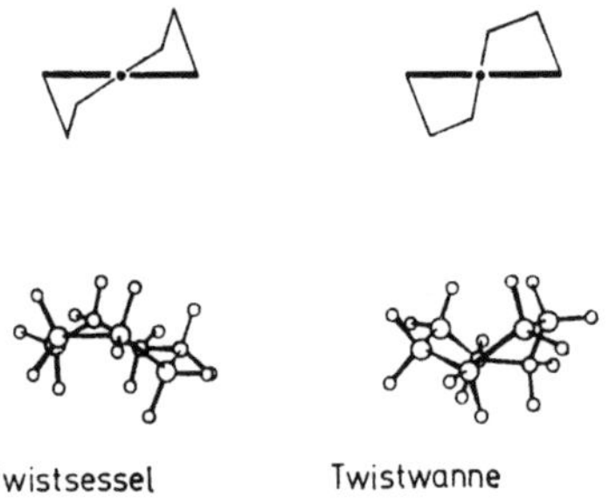

Abb. 202

Im Gegensatz zur Sesselform des Cyclohexans sind hier jedoch beide Formen flexibel; der Übergang von Substituenten aus der axialen in die äquatoriale Position in der Twistsesselform kann durch Pseudo-Rotation ohne merkliche Winkeldeformationen sehr schnell erfolgen.

Dieser Prozeß benötigt im allgemeinen sehr wenig Energie und kann daher mit der ^{1}H-KMR-Methode oft nicht mehr erfaßt werden. Es ist daher nicht überraschend, daß weder die Twist-sesselform des Cycloheptans noch die Twist-wannenform des Cycloheptans und auch das 1,1,3,3,-Tetrafluorcycloheptan im KMR-Spektrum keine Besonderheiten erkennen lassen.

^{19}F-KMR-Untersuchungen am 1,1-Difluorcycloheptan (Abb. 203) ergaben, daß bis zu −180 °C keine Nicht-

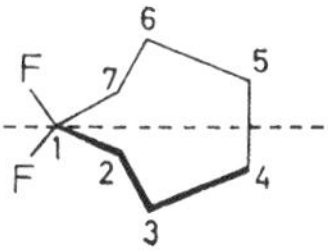

Abb. 203

äquivalenz der beiden Fluoratome beobachtet werden konnte [271]. Dies kann einerseits so erklärt werden, daß selbst bei diesen tiefen Temperaturen noch alle intramolekularen Bewegungsformen sehr schnell verlaufen; andererseits ist es auch möglich, daß die Fluoratome sich in der 1-Position der Twist-sesselform befinden. Dann sind aus Symmetriegründen die Fluorsubstituenten äquivalent, es kann keine unterschiedliche chemische Verschiebung beobachtet werden.

Für alle anderen Positionen ergeben sich jedoch verschiedene Lagen der Substituenten.

Beim Cycloheptan gibt es zwei Möglichkeiten wie nicht äquivalente Substituenten ihre Position vertauschen können:

1. Der Übergang von der Twist-sesselform in eine Twist-wannenform, die dann schließlich wieder in die Twist-sesselform übergeht und als „lokale Ringinversion" bezeichnet wird.
2. Die Pseudo-Rotation mit einer Twist-sessel—Sessel—Twist-sessel-Umwandlung.

Der Austausch äquatorialer und axialer Substituenten erfolgt, wenn ein substituiertes C-Atom die mit 1 bezeichnete Position (Abb. 203) der Twist-sesselform durchläuft.

Nach neueren Untersuchungen [272] können die zum Umklappen eines monosubstituierten Cycloheptans notwendigen Pseudo-Rotationsschritte (Abb. 204) bei denen *R* um den Ring herumwandert, für die Sesselformen folgendermaßen dargestellt werden:

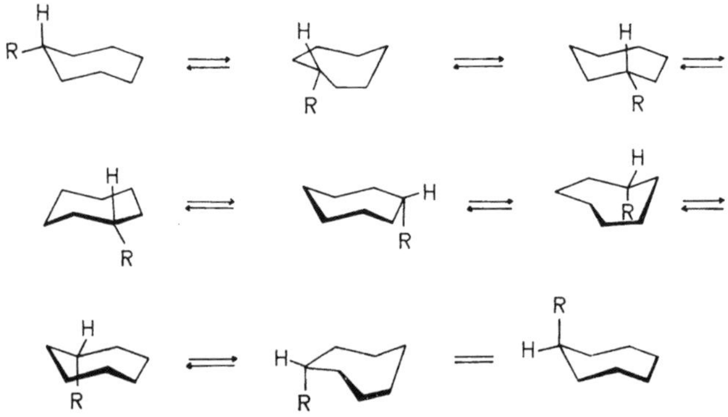

Abb. 204

Die Pseudo-Rotation des Cycloheptans erfordert nur Aktivierungsenergien von etwa 2 kcal/Mol [270].

Analysiert man das vorliegende Material, so wird deutlich, daß die Umwandlung zweier Sessel (oder auch „Twist-sessel")-Konformationen ineinander zwei Vorgänge umfaßt [272, 273]:

1. einen Pseudo-Rotationsvorgang und
2. einen lokalen Ringinversionsvorgang.

Damit ergeben sich für die symmetrieausgezeichneten Konformationen des gesättigten Siebenringes folgende Möglichkeiten der gegenseitigen Überführung:

1. Die Pseudorotation (z. B. Sessel $\rightleftharpoons$ Twist-sessel $\rightleftharpoons$ Sessel $\rightleftharpoons$ Twist-sessel) in der bei jedem Vorgang das Symmetrieelement um eine halbe Bindungslänge wandert, wobei sich die Symmetrie der Molekel ändert. Der Übergang Sessel $\rightarrow$ Twist-sessel bedingt einen Übergang $C_s \rightarrow C_2$.

Nach insgesamt 14 Pseudo-Rotationsschritten ist das Symmetrieelement 7 Ringatome gewandert und befindet sich wieder in der ursprünglichen Position. Das Molekül besitzt dann die gleiche Symmetrie wie am Anfang, aber alle ehemals axialen Substituenten befinden sich jetzt in äquatorialer Lage und umgekehrt. Damit hat eine Ringinversion stattgefunden.

2. Die lokale Ringinversion mit Übergängen wie etwa Sessel $\rightleftharpoons$ Wanne, Sessel $\rightleftharpoons$ Twist-wanne, Twist-sessel $\rightleftharpoons$ Wanne, die einen Übergang zur ersten Reihe darstellt.

Während beim Cycloheptan das Umklappen des Siebenringes ausschließlich durch Pseudo-Rotation erfolgen sollte, sind für substituierte und heterocyclische Derivate oft beide Möglichkeiten zu berücksichtigen, da dort einzelne Pseudo-Rotationsschritte stark erschwert sein können.

Versuche am 1,1,3,3-Tetrafluorcycloheptan [271] zur Unterscheidung der Umklappmechanismen waren allerdings ergebnislos.

Führt man Substituenten ein, die größer sind als das Fluor, so kann man eine recht beträchtliche Steigerung der $\Delta G^{\neq}$-Werte feststellen. Gleiches gilt für Heteroatome.

Die nachfolgende Tab. 36 vermittelt eine Übersicht über wichtige Siebenringsysteme und deren kinetische Parameter.

Das 4,5-trans-Dibrom-1,1-difluorcycloheptan zeigt im protonenentkoppelten ^{19}F-KMR-Spektrum oberhalb von $-113\,°C$ ein einziges Fluorsignal, das unterhalb von $-118\,°C$ in zwei Singuletts aufspaltet. Diese beiden Signale müssen den Twistsessel-Konformationen *A* und *B* (Abb. 205, S. 202) zugeschrieben werden, in denen die Fluor-Substituenten die Position am C-1 besetzen, somit innerhalb jeder Konformation aus Symmetriegründen identisch sind und daher auch keine F—F-Kopplung zeigen.

Wie problematisch Untersuchungen der dynamischen Prozesse in derartigen Ringsystemen sind, veranschaulichen auch neuere theoretische Berechnungen [294], die

Tabelle 36

Wichtige Siebenringsysteme und deren kinetische Parameter

Verbindung	$\Delta G^{\neq}$ [kcal/Mol]	$\Delta H^{\neq}$ [kcal/Mol]	Literatur
1,1-Difluor-4,4-dimethylcycloheptan	6	–	[271]
4,5-trans-Dibrom-1,1-difluorcycloheptan	7,3	9,8	[274]
3,3,6,6-Tetramethylcycloheptanon	8,5	–	[275]
2-Anilino-3-H-azepin	10,2	–	[276]
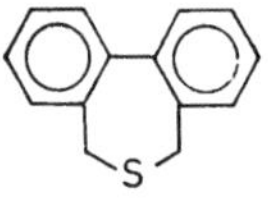	15,5	–	[277]
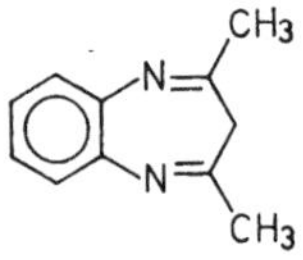	11,7	–	[276]
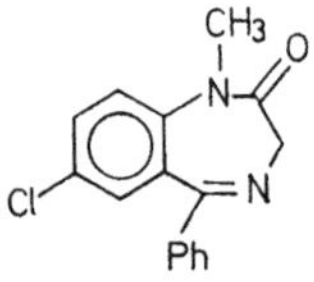	17,7	–	[278]

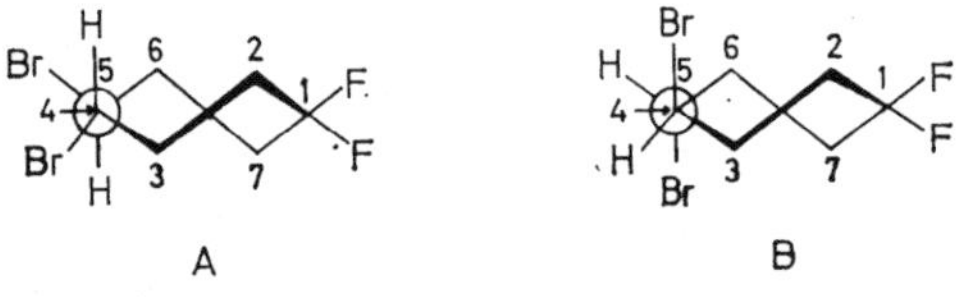

Abb. 205

auf zwei Konformationen hinweisen, eine Sessel—Twist-sessel- und eine Wanne—Twist-wannenform, die sich durch eine Pseudo-Rotation ineinander umwandeln und durch eine Barriere von ca. 8 kcal voneinander getrennt sind.

Die folgende Tab. 37 zeigt die partiellen thermodynamischen Parameter bei 300 °K.

Tabelle 37

Konformation	ΔE[1]) [kcal/Mol]	Pseudo-Rotations-barriere[2]) [kcal]	ΔG_{300} Pseudo-Rotation [kcal]	$\Delta G_{300} + \Delta E$ [kcal]
Sessel—Twist-sessel	0,0	1,0	0,0	0
Wanne—Twist-wanne	0,6	0,2	−0,5	0,1
Übergangszustand	8,2	2,7	−0,1	8,1

[1]) Energiedifferenz zwischen den Minima der Pseudorotation
[2]) Energiedifferenz zwischen den Maxima und Minima der Pseudorotation

Das Vorhandensein von zwei weiteren, spannungsfreien Formen erschwert naturgemäß die Bestimmung der Strukturparameter des Cycloheptans wesentlich. So ist es verständlich, daß von den verschiedenen Autoren unterschiedliche Konformationsenergien angegeben werden, wie es z. B. in Tab. 38 aus drei unterschiedlichen Publikationen zu erkennen ist.

Tabelle 38

Konformation	*A* [294]		*B* [291]		*C* [295]	
	E[1])	ΔE	E	ΔE	E	ΔE
Twist-sessel	14,63	0,00	7,10	0,00	5,55	0,00
Twist-wanne	15,22	0,59	9,50	2,40	8,19	2,64
Wanne	15,42	0,79	9,74	2,64	7,95	2,40
Sessel	15,71	1,08	8,52	1,42	6,22	0,67
Übergangszustand	22,83	8,20	15,20	8,10		

[1]) in kcal

6.9. *Das ungesättigte Siebenringsystem*

Es sollte nach den Modellvorstellungen [272] als eine starre Sesselform und eine flexible Wannenform vorliegen (Abb. 206). Nach den Berechnungen von Hendrickson

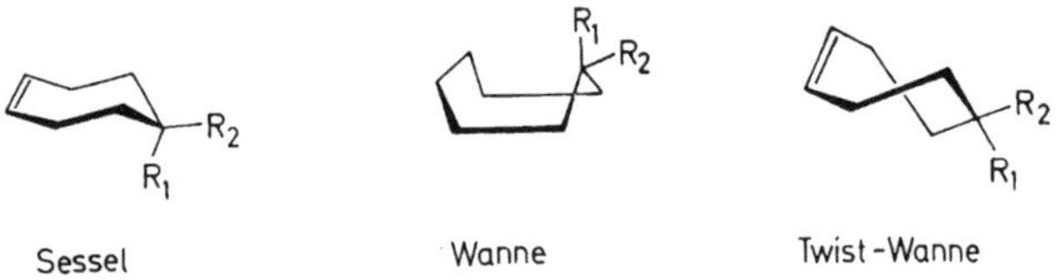

Abb. 206

[270] sollte die energieärmste Form aber nicht die normale Wanne, sondern die Twist-wanne sein.

Bei derartigen ungesättigten Systemen kann davon ausgegangen werden, daß die Inversion einer Sesselform in eine zweite, energiegleiche Sesselform nur auf dem Wege über die Wannenform unter Diederwinkeldeformation möglich ist [279]. Hier verläuft der Umwandlungsprozeß also über eine lokale Ringinversion.

Die beiden enantiomeren „Twist-Formen“ mit C_2-Symmetrie lassen sich dagegen durch Pseudo-Rotation über die normale Wannenform hinweg ineinander überführen.

In der Sesselform unterscheiden sich die Substituenten am C-5 durch eine äquatoriale bzw. axiale Lage, während in der Twistwannenform durch das C-Atom 5 wiederum eine zweizählige Symmetrieachse gelegt werden kann. Untersucht man das ^{1}H-KMR-Spektrum dieser Verbindung bei tiefen Temperaturen, so sollten beim Einfrieren der Umklappvorgänge R_1 und R_2 identische Signale zeigen, daß es sich hier um äquivalente Protonen oder Gruppen handelt. Das KMR-Spektrum der Sesselform sollte dagegen für die beiden Gruppen R, z. B. $R = \mathrm{H}$, unterschiedliche Signale zeigen, da diese beiden Gruppen diastereotop sind.

Nach Modellbetrachtungen [280] können die konformativen Umwandlungen der Cyclohepten-Sessel auf verschiedenen Wegen erfolgen, die in Abb. 207 zusammengestellt sind. Hierbei bedeuten die geraden Pfeile je eine lokale Ringinversion und die zu einem Kreis geschlossenen Pfeile je eine Pseudo-Rotation.

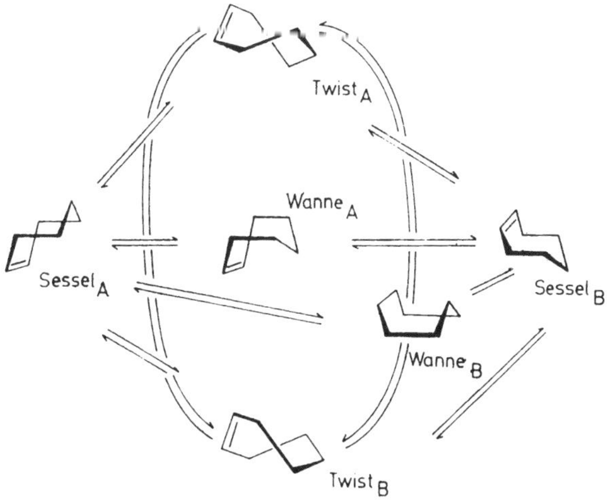

Abb. 207

Da die direkte Umwandlung der beiden Sesselformen über einen planaren Übergangszustand ausgeschlossen werden kann, ist die Sessel → Twist-Inversion nur auf dem Wege über die Wannen- oder „Twist"-Form möglich.

Modellberechnungen für Benzocyclohepten führten zu dem Ergebnis, daß der energetisch am wenigsten aufwendige Weg vom Sessel zur Wanne und von S_A nach W_A bzw. S_B nach W_B führt (S_A – Sessel A; W_B — Wanne B). Die Übergangskonformation ist dadurch gekennzeichnet, daß die zwei benachbarten Diederwinkel ω_{45} und ω_{56} an den Bindungen C-4-C-5 und C-5-C-6 annähernd Null sind (Abb. 208).

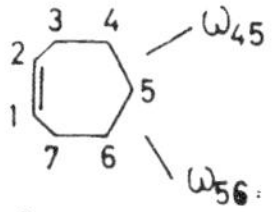

2

Abb. 208

Die Aktivierungsenergie der Pseudorotation Wanne → Twist-Form beim Cycloheptenring wurde rechnerisch zu 11,1 kcal/Mol ermittelt, ein Wert, der erheblich über dem des Cyclohexans liegt.

Die nachfolgende Tab. 39 zeigt einige Vertreter des Cycloheptens und die dazugehörigen kinetischen Parameter der konformativen Prozesse an diesem Ringsystem.

Tabelle 39

Verbindung	$\Delta G^{\neq}$ [kcal/Mol]	$\Delta H^{\neq}$ [kcal/Mol]	Literatur
Cyclohepten	5,0		[281]
5,5-Difluorcyclohepten	7,4		[274]
Cycloheptenoxid	7,7		[282]
4,4-Dimethyl-1,2-benzocyclohepten	11,45		[283]
5,5-Dimethyl-1,2-benzocyclohepten	11,8		[283]
3,3,6,6-Tetramethylbenzocyclohepten	12,6		[284]
1,3,5-Cycloheptatrien	6,1		[285]

Die Barrieren der Ringinversion in Cyclohepten und 5,5-Difluorcyclohepten liegen damit deutlich unter denen von Benzocyclohepten und den entsprechenden 4,4- und 5,5-Dimethylderivaten. Während alle diese Verbindungen normalerweise in der Sesselform vorliegen, konnten für das 3,3,6,6-Tetramethylbenzocyclohepten und das 5,5-Dimethyl-3,7-dithiobenzocyclohepten sowohl die Sessel- als auch die Wannen-Konformation nachgewiesen werden [284].

Das Ansteigen der Ringinversionsbarriere in Benzokondensierten Cyclohepten-Systemen ist darauf zurückzuführen, daß im Übergangszustand Valenzwinkel vorliegen, die größer als Normal sind und daß die weitere Aufweitung durch die aromatischen Ringe stark behindert wird. Ferner wird eine Wechselwirkung zwischen den ortho-Wasserstoffen und den am nächsten gelegenen Wasserstoffen am Siebenringsystem zustande kommen, die im Übergangszustand sicher größer ist als in der Sesselform.

Dibenzocycloheptadiene

Ein Dibenzocycloheptadien-System (Abb. 209) liegt bei den einfach- und doppelt-verbrückten Biphenylen der allgemeinen Struktur *A* und *B* vor:

Abb. 209

Nach Modellbetrachtungen [286] nimmt der Siebenring in diesen Verbindungen eine Wannen-Konformation ein (Abb. 210) und kann über einen Übergangszustand, der sich durch eine coplanare Anordnung des Biphenyl-Systems auszeichnet (der Torsionswinkel um die Bi-

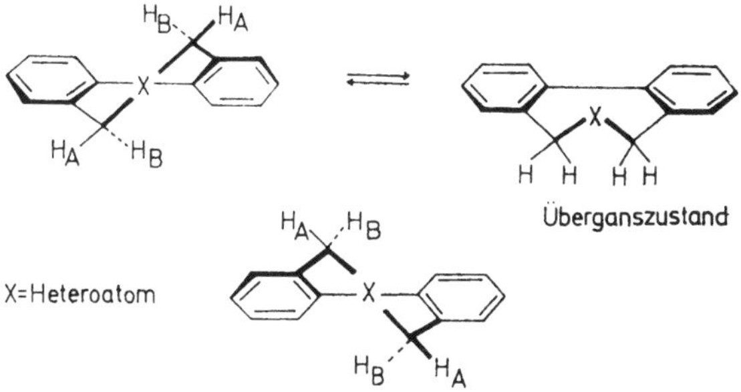

Abb. 210

phenyl-1,1'-Bindung beträgt $\Phi = 0$), in das Enantiomere übergehen (Abb. 210). Verläuft dieser Vorgang genügend langsam, so können im ^{1}H-KMR-Spektrum die Protonen H_A und H_B der Methylengruppe als *AB*-System erscheinen, das bei Temperaturerhöhung koalesziert.

Überbrückte Biphenylsysteme, die einen Siebenring enthalten, kommen sogar häufig als chirale Twist-Konformationen vor und können teilweise in den optisch aktiven Formen isoliert werden. Aus den Beziehungen zwischen den Aktivierungsparametern und den Geschwindigkeitskonstanten läßt sich ableiten, daß die Energiebarrieren für konformative Umwandlungen von Enantiomeren mindestens 20 kcal/Mol betragen müssen, um einen polarimetrischen Nachweis optisch aktiver Konformationsisomere bei Raumtemperatur durchführen zu können.

Ein solcher Wert wird für das chirale Dibenzocycloheptadien (Abb. 211) der nachstehenden Struktur erreicht [287], dessen Hydrogen-L-malat bei 20 °C mit einer Halbwertszeit von 12 min mutarotiert. Die Erhöhung der Energieschwelle und die somit mögliche Trennung diastereomerer Salze ist hier auf eine zusätzliche Behinderung der intramolekularen Bewegungen durch die Substituenten an der semicyclischen Doppelbindung zurückzuführen.

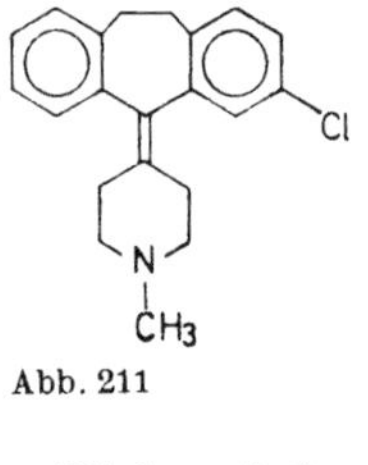

Abb. 211

Während der einfach-verbrückte siebengliedrige Kohlenwasserstoff noch sehr beweglich ist [286], können zahlreiche Carbo- und auch heterocyclische Vertreter der folgenden allgemeinen Struktur (Abb. 212) mit größeren

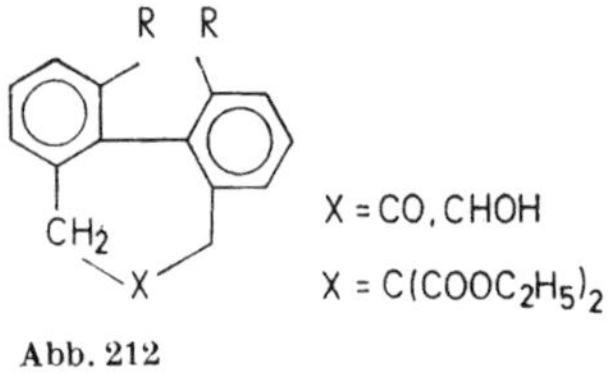

Abb. 212

Tabelle 40

Verbindung	Struktur	Konformation	Winkel [°]	
trans-1,2-Cyclooctan-dicarbonsäure, [288]	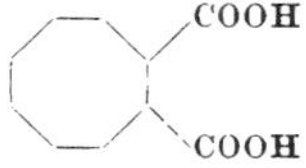	Wanne-Sessel 4 äq, 5 äq.	$\omega_1 = 62$, $\omega_3 = -106$, $\omega_5 = -70$, $\omega_7 = -43$,	$\omega_2 = 47$ $\omega_4 = 71$ $\omega_6 = 101$ $\omega_8 = -63$
cis-1,2-Cyclooctan-dicarbonsäure, [289]	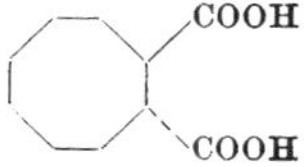	Wanne-Sessel 2 äq., 3 äq.	$\omega_1 = 60$, $\omega_3 = -105$, $\omega_5 = -66$, $\omega_7 = -38$,	$\omega_2 = 48$ $\omega_4 = 67$ $\omega_6 = 96$ $\omega_8 = -69$
1,2,5,6-Tetrabromcyclooctan, [290]	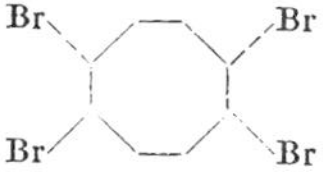	Twistsessel-Sessel 1 äq., 2 äq., 5ax. 6ax.	$\omega_1 = 60$, $\omega_3 = 107$, $\omega_5 = 42$, $\omega_7 = 116$,	$\omega_2 = -79$ $\omega_4 = -72$ $\omega_6 = -77$ $\omega_8 = -31$
N,N'-Dimethyl-3,7-dithio-1,5-diazacyclooctan, [290]	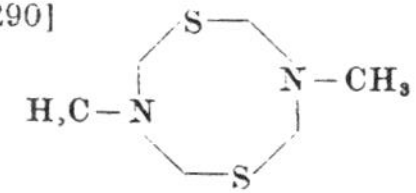	Krone		

Resten in den o,o'-Positionen des Biphenylsystems bei Raumtemperatur optisch aktiv erhalten werden und zeigen große konformative Stabilität [286].

Die Barriere der Ringinversion im Cycloheptatrien ist relativ gering. Wird jedoch ein großer Substituent eingeführt oder das System mit aromatischen Ringen kondensiert, erhält man beträchtlich höhere Barrieren.

6.10. Das Achtringsystem

Das Cyclooctan-Ringsystem ist in den letzten Jahren sehr intensiv untersucht worden. Diese Arbeiten führten zu der Erkenntnis, daß das Molekül weder zentrosymmetrisch gebaut sein kann noch eine C_2-Achse besitzt.

Im Gegensatz zu dem unsubstituierten Cyclooctan sind bei einer Reihe von Derivaten durch die Röntgen-Kristallstrukturanalyse gute Informationen über die Konformation erhalten worden. Tabelle 40 zeigt für einige Verbindungen die Position der Substituenten und die Valenzwinkel.

Halbempirische Berechnungen der Spannungsenergie des Cyclooctan-Systems sind ebenfalls vielfältig durchgeführt worden und gestatten die folgenden (Abb. 213) perspektivischen Wiedergaben [291] für das Cyclooctan.

Nachfolgende Tabelle vervollständigt diesen Überblick, in dem hier die Symmetriegruppen, die Valenzwinkel und die isochronen Kohlenstoffatome zusammengestellt wurden.

Versucht man in der sehr wichtigen Wanne—Sessel-Konformation eine Fixierung der Wasserstoffatome vorzunehmen, so gelangt man zu der folgenden Darstellung (s. Abb. 214, S. 213).

Vernachlässigt man den Unterschied zwischen axialen und quasiaxialen oder äquatorialen und pseudoäquatorialen Substituenten, so wird deutlich, daß in diesem Molekül vicinale-trans-Substituenten entweder diaxial

Tabelle 41

Konformation	Symmetrie-gruppe	Diederwinkel	Isochrone C-Atome
Krone	D_{4d}	$\omega_1 = \omega_3 = \omega_5 = \omega_7 = 87{,}5$	—
		$\omega_2 = \omega_4 = \omega_6 = \omega_8 = -87{,}5$	
Sessel—Sessel	C_{2v}	$\omega_1 = \omega_5 = -66$	C_1, C_5
		$\omega_2 = \omega_6 = 105{,}2$	C_2, C_4, C_6, C_8
		$\omega_3 = \omega_7 = -105{,}2$	
		$\omega_4 = \omega_8 = 66$	C_3, C_7
Twist-sessel—Sessel	D_2	$\omega_1 = \omega_5 = 56{,}2$	C_1, C_4, C_5, C_8
		$\omega_2 = \omega_4 = \omega_6 = \omega_8 = -82{,}4$	C_2, C_3, C_6, C_7
		$\omega_3 = \omega_7 = 114{,}6$	
Wanne—Sessel	C_s	$\omega_1 = \omega_4 = 65$	C_1
		$\omega_2 = 44{,}7$	C_5
		$\omega_3 = -102{,}2$	C_2, C_8
		$\omega_5 = \omega_8 = -65$	C_3, C_7
		$\omega_6 = 102{,}2$	C_4, C_6
		$\omega_7 = -44{,}7$	
Twist-wanne—Sessel	C_2	$\omega_1 = \omega_5 = 52$	C_1, C_6
		$\omega_2 = \omega_4 = 44{,}8$	C_2, C_5
		$\omega_3 = -115{,}6$	C_3, C_4
		$\omega_6 = \omega_8 = -93{,}2$	C_7, C_8
		$\omega_7 = 88$	
Wanne—Wanne	D_{2d}	$\omega_1 = \omega_2 = \omega_5 = \omega_6 = 52{,}5$	C_1, C_3, C_5, C_7
		$\omega_3 = \omega_4 = \omega_7 = \omega_8 = -52{,}5$	C_2, C_4, C_6, C_8
Twist-wanne	S_4	$\omega_1 = \omega_5 = -37{,}6$	C_1, C_3, C_5, C_7
		$\omega_2 = \omega_6 = 64{,}9$	
		$\omega_3 = \omega_7 = 37{,}6$	C_2, C_4, C_6, C_8
		$\omega_4 = \omega_8 = -64{,}9$	
Wanne	D_{2d}	$\omega_1 = \omega_3 = \omega_5 = \omega_7 = 0{,}0$	
		$\omega_2 = \omega_6 = 73{,}5$	
		$\omega_4 = \omega_8 = -73{,}5$	
Sessel	C_{2h}	$\omega_1 = \omega_3 = -76{,}2$	C_1, C_2, C_5, C_6
		$\omega_2 = 119{,}9$	
		$\omega_4 = \omega_8 = 0{,}0$	C_3, C_4, C_7, C_8
		$\omega_5 = \omega_7 = 76{,}2$	
		$\omega_6 = -119{,}9$	
Twist-sessel	C_{2h}	$\omega_1 = \omega_8 = 37{,}3$	C_1, C_5
		$\omega_2 = \omega_7 = -109{,}3$	C_2, C_4, C_6, C_8
		$\omega_3 = \omega_6 = 109{,}3$	C_3, C_7
		$\omega_4 = \omega_5 = -37{,}3$	

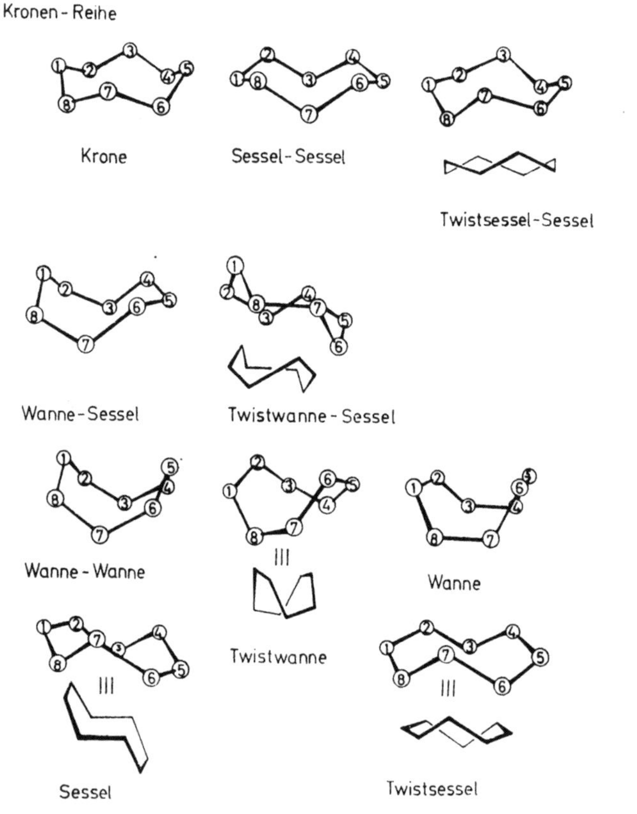

Abb. 213

oder diäquatorial angeordnet sein müssen. Eine Ausnahme bilden die Substituenten an den C-Atomen 2 und 3, in denen ein Substituent axial und der andere äquatorial angeordnet ist.

Die ^{1}H-KMR-Spektren von verschiedenen deuterierten Cyclooctanen und auch des Cyclooctans selbst, zeigen bei Raumtemperatur eine einfache chemische Verschiebung

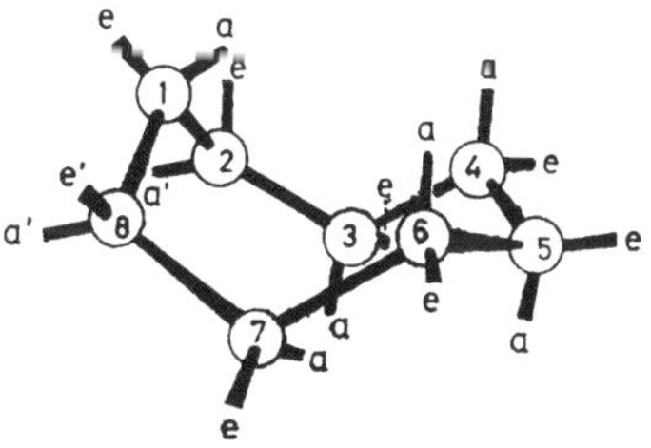

Abb. 214

und zwei bei Temperaturen unter −120 °C. Der Wert für die Freie Aktivierungsenergie wird mit 8,1 kcal/Mol angegeben [292]. Die Spektren ändern sich bis zu Temperaturen von −175 °C nicht mehr. Wählt man für die Untersuchungen allerdings spezielle deuterierte Systeme, so kommt man zu auswertbaren Spektren, die die Schlußfolgerung erlauben, daß einfache Cyclooctane in Lösung zumeist als Wanne—Sessel-Konformation vorliegen, was mit den Untersuchungen im kristallinen Zustand gut in Übereinstimmung zu bringen ist. So liefert das ^{1}H-KMR-Spektrum von 1,1-disubstituierten Cyclooctanen sehr gute Auskünfte über die Konformation, zumal das Cyclooctan und das 1,1-Difluorcyclooctan die gleiche Konformation besitzen sollten. Das ^{19}F-Spektrum dieser Verbindung (*A*) wechselt von einem einfachen Ein-Linien-Spektrum bei Zimmertemperatur zu einem Spektrum mit einem *AB*-System bei Temperaturen unterhalb von −120 °C, und zwei *AB*-Quartetts bei −175 °C [293].

Das gleichzeitige Ablaufen von zwei Prozessen mit Freien Aktivierungsenergien von 7,5 und 4,9 kcal/Mol ist aber nicht mit Konformationen der „Kronen-Reihe", also der Sessel—Sessel- und Twist-sessel—Sesselform vereinbar. Die Konformationen dieser Gruppe können auch die geringe chemische Verschiebungsdifferenz zwischen den Fluoratomen bei −120 °C nicht erklären.

Das ^{19}F-KMR-Spektrum wird aber erklärbar, wenn man annimmt, daß die CF_2-Gruppe an einer relativ unbehinderten Stellung der Wanne—Sessel-Konformation

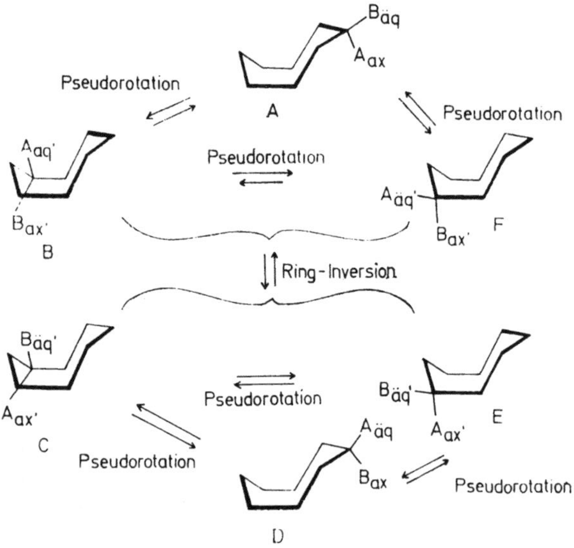

A = B = Fluor

Abb. 215

haftet. Damit sind die Konformationen *B*, *A* und *E* die hauptsächlich vorkommenden Konformationen.

Die Barriere der Pseudo-Rotation über die Twistwanne—Sessel-Konformation beträgt 4,9 kcal/Mol und liegt damit über dem beim Cyclooctan errechneten Wert.

Die beiden Formen *B* und *F* sind Enantiomere und sollten demgemäß zu gleichen Anteilen vorliegen.

Die Pseudo-Rotation von *B* in *A* schließt danach aber drei Pseudo-Rotationsschritte ein und hat folgende Fluoraustauschprozesse zur Folge:

$$A_{\ddot{a}q'} \rightleftharpoons A_{ax}$$
$$B_{ax'} \rightleftharpoons B_{\ddot{a}q}$$

Der Austausch von quasi-äquatorialen mit axialen Fluoratomen liefert eine Erklärung für die geringen chemischen Verschiebungsdifferenzen, da in den normalen Temperaturbereichen die Pseudo-Rotation sehr schnell abläuft.

Der Prozeß mit dem $\Delta G^{\ddagger}$-Wert von 7,5 kcal/Mol ist einem Austausch von geminalen Fluoratomen zuzuordnen und repräsentiert damit eine Ringinversion. Die Intensität des *AB*-Systems von 2:1 ist allerdings nicht mit dem alleinigen Vorliegen der drei Wanne—Sessel-Konformationen zu erklären.

Die Konformationen *B* und *F* sollten den gleichen Energiebetrag besitzen und auch keinerlei Fluor-Wechselwirkungen aufweisen. Die Konformation *A* wird sicherlich eine gewisse Wasserstoff-Fluor-Wechselwirkung besitzen und damit mit weniger als 33% an der Gesamtmenge beteiligt sein. Damit müssen am Gleichgewicht also noch Konformationen beteiligt sein, die nur geringfügig weniger stabil sind als die Konformation *A* und die sich durch eine einfache Pseudo-Rotation in die Konformation *A* umwandeln können.

Eine gewisse Bestätigung hierfür findet man in dem ^{1}H-KMR-Spektrum des 1,1,4,4-Tetrafluorcyclooctan (Abb. 216), dessen Signale sich bei Temperatursenkung zu

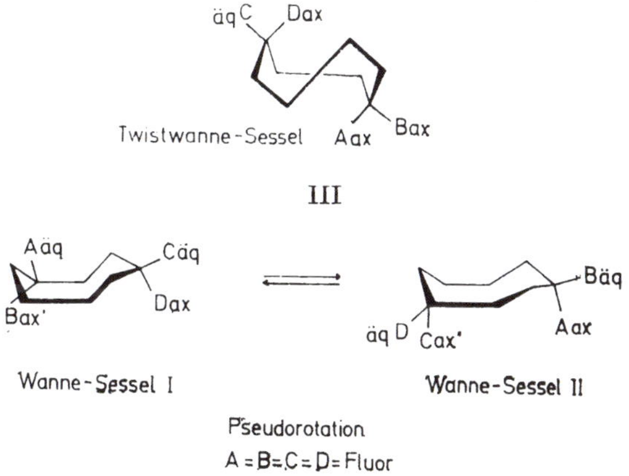

Abb. 216

einem gekoppelten *AB*-System aufspalten [293]. Senkt man die Temperatur weiter, so findet man bei −160 °C zwei nahezu gleiche *AB*-Quartetts mit gleicher Intensität. Der ΔG_c^+-Wert kann bei −130 °C zu 6,1 kcal/Mol berechnet werden.

Im Zusammenhang mit den voranstehenden Überlegungen, kann man davon ausgehen, daß nur die beiden Formen I und II nahezu spannungsfreie Wanne—Sessel-Moleküle sind und auch für die zwei *AB*-Systeme bei tiefen Temperaturen verantwortlich sein müssen. Damit sollte eine dreistufige Pseudo-Rotation die Form I in die Form II umwandeln und dabei einen Austausch der Fluoratome, ähnlich wie in dem Beispiel des 1,1-Difluorcyclooctans, hervorrufen. Am Modell kann man nachweisen, daß als Zwischenstufe die Konformation III vorliegen sollte, in der aber beide CF_2-Gruppen eine gegenseitige Wechselwirkung aufeinander ausüben.

Die Freie Aktivierungsenergie der Pseudo-Rotation beträgt 1,2 kcal/Mol und liegt damit über derjenigen des 1,1-Difluorcyclooctans.

Dieses Ergebnis gestattet auch einen Rückschluß auf die Pseudo-Rotation im Cyclooctan, die etwa bei 3,7 kcal/Mol liegen sollte.

Wie aus Tab. 42 deutlich wird, spielen die substituierten Cyclooctan-Derivate für die Abklärung der Konformation eine beträchtliche Rolle. Während die Pseudo-Rotation der Wanne—Sesselform in die Twist-wanne—Sesselform eine Barriere besitzt, die normalerweise nicht nachweisbar ist, kann durch die Einführung geminaler Substituenten die Barriere nachgewiesen werden. Die Ringinversionsbarriere der Wanne—Sesselform wird dagegen durch Substituenten nicht wesentlich beeinflußt. In anderen Verbindungen kann dagegen das Vorliegen von Konformationen der „Kronen-Serie“ nachgewiesen werden, die im Cyclooctan selbst nur zu wenigen Prozentanteilen vorkommt.

Eine solche Kronenkonformation kann z. B. im 1,1,2,2-Tetrafluorcyclooctan, *trans-syn-trans*-1,2,5,6-Tetrabrom-

Tabelle 42

Verbindung	Prozeß	$\Delta G^{\neq}$ [kcal/Mol]	$\Delta H^{\neq}$ [kcal/Mol]
Cyclooctan-d_{14}	Ringinversion	8,1	7,4
1,1-Difluorcyclooctan	Ringinversion	7,5	
	Pseudo-Rotation	4,9	
1,1,2,2-Tetrafluorcyclooctan	Ringinversion	10,3	
1,1,4,4-Tetrafluorcyclooctan	Pseudo-Rotation	6,1	
Methylcyclooctan	Ringinversion	8	
tert.-Butylcyclooctan	Ringinversion	8	
trans-syn-trans-1,2,5,6-Tetrabromcyclooctan	Ringinversion	11,1	
cis-Cycloocten-d_{13}	Ringinversion	8,2	
cis-cis-Cyclooctadien-1,3	Ringinversion	8	
Cyclooctanon-d_{13}	Ringinversion	7,5	
	Pseudo-Rotation	6,3	
5-tert.-Butylcyclooctanon	Pseudo-Rotation	8,0	
1,3-Dioxocan	Ringinversion	7,3	
	Pseudo-Rotation	5,7	
1,3,6-Trioxocan	Ringinversion	8,7	
	Pseudo-Rotation	6,8	

cyclooctan und 1,3,5,7-Tetraoxocan nachgewiesen werden. Allgemein liegen die Werte der Ringinversionsbarriere in Kronenkonformationen höher als in den Wanne—Sessel-Konformationen.

Das *cis*-Cycloocten liegt in einer unsymmetrischen Wanne—Sessel-Konformation vor. Es können zwei Prozesse durch die ^{1}H-KMR-Spektroskopie voneinander unterschieden werden. Analoges gilt auch für andere untersuchte Beispiele.

Faßt man das vorliegende Untersuchungsmaterial zusammen, so gelangt man zu der Auffassung, daß in einfachen Cyclooctanen, einschließlich Ketonen und den entsprechenden heterocyclischen Analogen, hauptsächlich die Wanne—Sessel-Konformation vorliegt. Verbindungen, die spezielle Substituenten tragen oder mit Heteroatomen versehen sind, besitzen oft eine Konformation der „Kronen-Reihe“, d. h. also entweder eine Kronen- oder eine Twist-sessel—Sessel-Konformation.

Die Wanne—Sessel-Konformationen haben im allgemeinen Ringinversionsbarrieren von ca. 8 kcal/Mol und — mit Ausnahme der monosubstituierten Cyclooctane — und des Cyclooctans Pseudo-Rotationsbarrieren in der Größenordnung von 4,5 kcal/Mol.

Die Ringinversionen der Konformationen der „Kronen-Reihe" verlaufen allgemein über eine relativ hohe Barriere von 10 bis 12 kcal/Mol zu Wanne—Sessel-Konformationen, die leicht invertieren. Die Pseudo-Rotationsbarrieren in der „Kronen-Reihe", speziell der Twistsessel—Sessel-Konformation, sind extrem niedrig und damit einer unmittelbaren Messung nicht zugänglich.

Die Wanne—Wanne-Konformation benötigt zur Stabilisierung eine besondere Substitutionsfolge. Hier sind es besonders hochfluorierte Cyclooctane, die wahrscheinlich in einer Twist-wanne- oder Wanne—Wanne-Konformation vorliegen können. Zum Beweis sind aber noch weitere Untersuchungen erforderlich.

Bei mehreren höheren Cycloalkanen haben jedoch Anet u. Mitarb. [296] vor kurzem mit Hilfe der Tieftemperaturspektren (für ^{1}H bei 251 MHz sowie ^{13}C bei

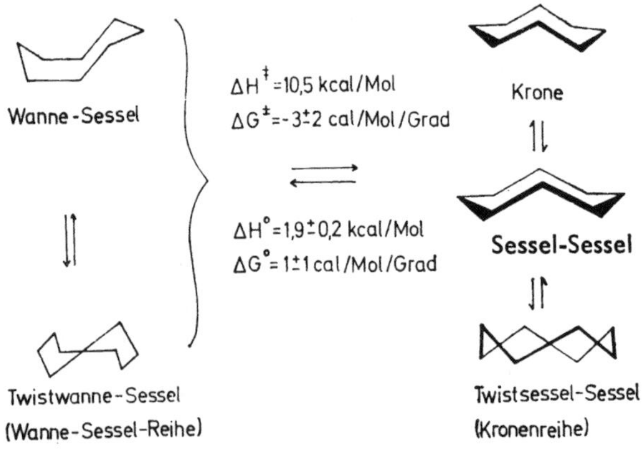

Abb. 217

63,1 MHz) neue Einsichten in die verschiedenen Konformationen sowie Übergänge zwischen ihnen gewonnen. So zeigt Cyclooctan bei $-123\,^{\circ}C$ zwei ^{13}C-Signale im Verhältnis 0,003 : 1 und cis-1,2-H_2-Cyclooctan-d_{14} zwei Paare von ^1H-Signalen im gleichen Verhältnis. Diese Beobachtungen sind mit der Vorstellung vereinbar, daß neben einer großen Gruppe von schnell pseudorotierenden Molekülen Konformationen des „Kronen-Typs" existieren, bei denen Inversionen erheblich langsamer erfolgen, so daß sich die Zusammenstellung wie in Abb. 217 ergibt.

7. Literatur

[1] Autorenkollektiv, „*Chimika*", VEB Deutscher Verlag für Grundstoffindustrie, Leipzig 1972; H. S. Gutowsky und C. H. Holm, J. Chem. Phys. **25**, 1228 (1956)

[2] J. A. Pople, W. G. Schneider und H. Bernstein, „*High-resolution Nuclear Magnetic Resonance*" McGraw Hill, New York 1959

[3] A. Allerhand, H. S. Gutowsky, J. Jonas und R. A. Menitzer, J. Amer. chem. Soc. **88**, 3185 (1966); W. E. Stewart und T. H. Siddal, Chem. Rev. **70**, 517 (1970)

[4] C. E. Looney, J. Amer. chem. Soc. **79**, 6136 (1957)

[5] A. Zschunke, „*Kernmagnetische Resonanzspektroskopie in der organischen Chemie*", Akademie Verlag, Berlin 1971

[6] A. Frost und R. Pearson, „*Kinetik und Mechanismus homogener chemischer Reaktionen*, Verlag Chemie, Weinheim/Bergstraße 1967

[7] G. Binsch, „*Topics in Stereochemistry*", Bd. 3, Interscience, New York 1968

[8] M. T. Rogers und J. C. Woodbrey, J. phys. Chem. **66**, 540 (1962)

[9] J. I. Kaplan, J. Chem. Phys. **28**, 278 (1958), **29**, 462 (1958); G. J. Binsch, J. Amer. chem. Soc. **91**, 1304 (1969)

[10] F. Kaplan und G. K. Meloy, J. Amer. chem. Soc. **88**, 950 (1966); M. Manack, Z. analyt. Chem. **197**, 254 (1963)

[11] T. H. Siddall und W. E. Stewart, Progr. NMR. Spectrosc. **5**, 33 (1969)

[12] G. P. Schiemenz und H. Rast, Tetrahedron Letters **1971**, 4685

[13] J. MICHEL und P. CANONNE, Tetrahedron Letters **1976**, 4275; D. DOSKOCILOVA und B. SCHNEIDER, Coll. Czech. chem. Commun. **29**, 2290 (1964); A. D. WILLIAMS, J. I. BRAUMANN, N. J. NELSON und P. J. FLORY, J. Amer. chem. Soc. **89**, 4807 (1967)
[14] D. E. F. GRACEY, W. R. JACKSON, W. B. JENNINGS, S. R. REMISON und R. SPRATT, J. chem. Soc. B. **1969**, 1210
[15] K. MISLIW und M. RABAN, Top. Stereochem. **1**, 1 (1967)
[16] W. H. PIRKLE, S. D. BEARE und R. L. MUNTZ, J. Amer. chem. Soc. **91**, 4575 (1969)
[17] W. H. PIKLE, R. L. MUNTZ und J. C. PAUL, J. Amer. chem. Soc. **93**, 2871 (1971)
[18] M. KAINOSHO, K. AJISAKA, W. H. PIRKLE und S. D. BEARE, J. Amer. chem. Soc. **94**, 5924 (1972)
[19] R. R. FRASER, M. A. PETIT und M. NISLOW, J. Amer. chem. Soc. **94**, 3253 (1972)
[20] R. A. NEUMARK und C. H. SEDERHOLM, J. Chem. Phys. **39**, 3131 (1963), **43**, 602 (1965)
[21] J. E. ANDERSON und D. J. RAWSON, Chem. Commun. **1973**, 830
[22] W. L. MEYER und R. B. MEYER, J. Amer. chem. Soc. **85**, 2170 (1963)
[23] F. A. L. ANET, J. C. JOCHIMS und C. H. BRADLEY, J. Amer. chem. Soc. **92**, 2557 (1970)
[24] C. G. SHIN und J. YOSHIMURA, Tetrahedron Letters **1973**, 2615
[25] K. R. HANSON, J. Amer. chem. Soc. **88**, 2731 (1966)
[26] P. E. McMAHON und W. C. TINCHER, J. Mol. Spec. **15**, 180 (1965)
[27] G. P. SCHIEMENZ und H. RAST, Tetrahedron Letters **1971**, 4685
[28] J. MICHEL und P. CANONE, Tetrahedron Letters **1970**, 4275
[29] D. E. F. GRACEY, W. R. JACKSON, W. B. JENNINGS, S. C. RENNISONU und R. SPRATT, J. chem. Soc. B **1969**, 1210
[30] R. K. HILL und T. H. CHAN, Tetrahedron **21**, 2015 (1965)
[31] W. H. PIRKLE, S. D. BEARE und R. L. MUNTZ, J. Amer. chem. Soc. **91**, 4575 (1969); W. H. PIRKLE, R. L. MUNTZ und J. C. PAUL, J. Amer. chem. Soc. **93**, 2817 (1971)
[32] K. TODT und H. PAULSON, Z. analyt. Chem. **235**, 30 (1968)
[33] C. FRANCONI, Z. Elektrochem., Ber. Bunsenges. physik. Chem. **65**, 645 (1961)

[34] L. A. LaPlanche und M. T. Rogers, J. Amer. chem. Soc. **85**, 3728 (1962)
[35] A. G. Whittaker, D. W. Moore und S. Siegel, J. phys. Chem. **68**, 3431 (1964)
[36] J. V. Hatton und R. E. Richards, Mol. Phys. **5**, 139 (1962)
[37] H. S. Gutowsky, J. Jonas und T. H. Siddal, J. Amer. chem. Soc. **89**, 4300 (1967)
[38] W. Walter und G. Maerten, Liebigs Ann. Chem. **712**, 58 (1968)
[39] C. Franconi, R. A. Ogg und G. Fraenkel, Arch. Sci **13**, 543 (1960)
[40] R. C. Neumann, G. D. N. Roark und V. Jonas, J. Amer. chem. Soc. **89**, 3412 (1967)
[41] E. L. Eliel, „*Stereochimistry of Carbon Compounds*", McGraw Hill, New York 1962
[42] J. P. Lowe und R. G. Parr, J. Chem. Phys. **44**, 3001 (1966)
[43] C. H. Bushweller, St. Hoojasian und W. G. Anderson, Tetrahedron Letters **1974**, 547
[44] F. A. L. Anet, M. St. Jacques und G. N. Chmurny, J. Amer. chem. Soc. **90**, 5243 (1968)
[45] C. H. Bushweller und W. G. Anderson, Tetrahedron Letters **1972**, 1811
[46] C. H. Bushweller, G. U. Rao, W. G. Anderson und P. E. Stevenson, J. Amer. chem. Soc. **94**, 4743 (1972)
[47] J. P. N. Brewer, H. Heaney und B. A. Marphes, Chem. Commun. **1967**, 27
[48] A. Rieker und H. Kessler, Tetrahedron Letters **1969**, 1227
[49] A. Rieker, N. Zeller und H. Kessler, J. Amer. chem. Soc. **90**, 6566 (1968)
[50] H. Kessler, Angew. Chem. (Int. Ed. Engl.) **9**, 219 (1970)
[51] H. Kessler, V. Gusowski und M. Hanack, Tetrahedron Letters **1968**, 4665
[52] W. E. Heyd und C. A. Cupas, J. Amer. chem. Soc. **93**, 6068 (1971)
[53] M. Oki und M. Suda, Bull. chem. Soc. Japan. **44**, 1876 (1971)
[54] W. A. Gibbons und V. M. S. Gil, Mol. Phys. **9**, 163 (1965)
[55] R. W. Frank und E. G. Leser, J. Amer. chem. Soc. **91**, 1577 (1969)

[56] J. P. N. BREWER, H. HEANEY und B. A. MARPHES, Chem. Commun. **1967**, 27
[57] G. YAMAMOTO, M. NAKAMURA und M. OKI, BULL. chem. Soc. Japan **48**, 2592 (1975)
[58] G. YAMAMOTO und M. OKI, Chem. Letters **1974**, 67
[59] M. NAKAMURA, M. OKI und H. NAKANISHI, J. Amer. chem. Soc. **95**, 7169 (1973)
[60] R. GALLO, A. LIDEN, C. ROUSSEL, J. SANDSTRÖM und J. METZGER, Tetrahedron Letters **1975**, 1985
[61] R. J. BUSHBY, Tetrahedron Letters **1974**, 3701
[62] G. KÖBRICH, A. MANNSCHRECK, R. A. MISRA, G. RISSMANN, M. RÖSNER und W. ZÜNDORG, Chem. Ber. **105**, 3794 (1972); G. KÖBRICH, B. KOLB, A. MANNSCHRECK und R. A. MISRA, Chem. Ber. **106**, 1602 (1973); M. RÖSNER und G. KÖBRICH, Angew. Chem. **86**, 775 (1974)
[63] D. T. DIX, G. FRAENKEL, H. A. KARNES und M. S. NEWMAN, Tetrahedron Letters **1966**, 517
[64] A. RIEKER und H. KESSLER, Tetrahedron Letters **1969**, 1227
[65] MCKINLEY, P. A. GRIECO, A. A. YOUNG und H. H. FRIEDMAN, J. Amer. chem. Soc. **92**, 5900 (1970)
[66] B. J. FUHR, B. W. GODDWIN, H. M. HUTTER und T. SCHAEFER, Canad. J. Chem. **48**, 1558 (1970)
[67] R. E. CARTER, J. NORTON und K. DAHLQUIST, Acta chem. scand. **24**, 195 (1970)
[68] C. A. CUPAS, J. M. BOLLINGER und M. HASLANGER, J. Amer. chem. Soc. **90**, 5502 (1968)
[69] A. RIEKER und H. KESSLER, Tetrahedron Letters **1969**, 1227
[70] A. MANNSCHRECK und L. ERNST, Chem. Ber. **104**, 228 (1971)
[71] S. STERNHELL, Dynamic NMR, S. 177
[72] D. MISITI, G. SETTING, P. MANTOVANI und S. CHIARELLI, Gazz. chim. ital. **100**, 495 (1970)
[73] J. E. ANDERSON, H. PEARSON und D. J. RAWSON, Chem. Commun. **1973**, 95
[74] M. NAKAMURA und M. OKI, Tetrahedron Letters **1974**, 505
[75] J. E. ANDERSON, C. W. DOECKE und D. J. RAWSON, Tetrahedron Letters **1975**, 3531
[76] A. G. PINKUS, J. J. RIGGS und S. M. BRAUGHTON, J. Amer. chem. Soc. **90**, 5043 (1968)
[77] H. KESSLER, Angew. Chem. (Int. Ed. Engl.) **9**, 219 (1970)

[78] M. OKI und G. YAMAMOTO, Bull. chem. Soc. Japan **44**, 266 (1971)
[79] M. OKI, K. AKASHI, G. YAMAMOTO und H. IWAMURA, Bull. chem. Soc. Japan **44**, 1683 (1971)
[80] H. O. HOUSE, W. J. CAMPBELL und M. GALL, J. org. Chem. **35**, 1815 (1970)
[81] L. D. COLEBROOK und J. A. JAHNKE, J. Amer. chem. Soc. **90**, 468 (1968)
[82] K. W. BENTLEY, H. P. CROKER, R. WALSER, W. FULMOR und G. O. MORTON, J. chem. Soc. C **1969**, 2225
[83] F. A. L. ANET und M. AHMAD, J. Amer. chem. Soc. **86**, 119 (1964)
[84] R. E. KLINCK, D. H. MARR und J. B. STOTHERS, Chem. Commun. **1967**, 409
[85] R. JOST, P. RIMMELIN und J. E. SOMMER, Tetrahedron Letters **1971**, 3005
[86] K. J. DAHLQUIST und S. FORSEN, J. phys. Chem. **69**, 1760, 4062 (1965)
[87] F. KAPLAN und G. K. MELOY, J. Amer. chem. Soc. **88**, 950 (1966)
[88] J. DABROWSKY und L. KOZERSKI, Chem. Commun. **1968**, 586
[89] D. LAUER und H. A. STAAB, Chem. Ber. **102**, 1631 (1969)
[90] A. G. PINKUS, J. I. RIGGS und S. M. BRAOUGHTON, J. Amer. chem. Soc. **90**, 5043 (1968)
[91] H. KESSLER, Chem. Ber. **103**, 973 (1970)
[92] C. H. BUSHWELLER, J. O'NEIL und H. S. BILOFSKY, J. Amer. chem. Soc. **92**, 6350 (1970)
[93] C. H. BUSHWELLER, W. G. ANDERSON, J. O'NEIL und H. S. BILOFSKY, Tetrahedron Letters **1973**, 717
[94] A. MANNSCHRECK und H. MUENSCH, Tetrahedron Letters **1968**, 3227
[95] T. H. SIDDAL, W. E. STEWART und M. L. GOOD, Canad. J. Chem. **45**, 1290 (1967)
[96] H. KESSLER und W. RUNDEL, Chem. Ber. **101**, 3350 (1968)
[97] A. MANNSCHRECK und H. MÜNSCH, Angew. Chem. **78**, 751 (1966)
[98] A. MANNSCHRECK und U. KOELLE, Tetrahedron Letters **1967**, 863
[99] M. H. AKLUTAR, R. S. DANIEL, M. FERSER und A. C. OEHLSCHLÄGER, Tetrahedron **24**, 3899 (1968)

[100] M. J. S. DEWAR und W. B. JENNINGS, J. Amer. chem. Soc. **95**, 1562 (1973)
[101] J. R. FLETCHER und J. O. SUTHERLAND, Chem. Commun. **1969**, 706
[102] S. M. VERMA und R. PRASAD, J. org. Chem. **38**, 1004 (1973)
[103] V. J. MIDDLETON, J. Amer. chem. Soc. **88**, 3842 (1966)
[104] G. BINSCH, „*Topics in Stereochemistry*", Bd. 3, Interscience, New York 1968; J. E. ANDERSON und J. M. LEHN, Tetrahedron **24**, 123 (1968)
[105] P. T. INGLEFIELD und S. KAPLAN, Canad. J. Chem. **50**, 1594 (1972)
[106] B. J. PRICE, J. A. EGGLESTONE und J. O. SUTHERLAND, J. chem. Soc. (London) **1967**, B 922
[107] T. H. SIDDAL und C. A. PROHASKA, J. Amer. chem. Soc. **88**, 1172 (1966); T. H. SIDDAL und W. E. STEWART, Chem. Commun. **1968**, 617
[108] R. J. SEYMOUR und R. C. JONES, Tetrahedron Letters **1967**, 2021
[109] H. KESSLER, Chem. Ber. **103**, 973 (1970)
[110] C. H. BUSHWELLER, W. C. ANDERSON, J. W. O'NEIL und H. S. BILOFSKY, Tetrahedron Letters **1973**, 717
[111] T. H. SIDDAL und C. A. PROHASKA, J. Amer. chem. Soc. **88**, 1172 (1966); T. H. SIDDAL und W. E. STEWART, J. phys. Chem. **73**, 40 (1969); L. D. COLEBROOK, H. G. GILES und A. ROSOWSKY, Tetrahedron, Letters **1972**, 5239
[112] A. MANNSCHRECK und L. ERNST, Tetrahedron Letters **1968**, 5939
[113] T. H. SIDDAL und W. E. STEWART, J. org. Chem. **34**, 2927 (1969)
[114] H. KESSLER, Angew. Chem. **80**, 971 (1968)
[115] A. MANNSCHRECK und H. MUENSCH, Tetrahedron Letters **1968**, 3227
[116] R. K. HARRIS und R. A. SPRAGG, Chem. Commun. **1967**, 362
[117] T. H. SIDDAL, W. E. STEWART und M. L. GOOD, Canad. J. Chem. **45**, 1290 (1967)
[118] H. KESSLER und W. RUNDEL, Chem. Ber. **101**, 3350 (1968)
[119] A. MANNSCHRECK, H. MÜNSCH und A. MATTHEUS, Angew. Chem. **78**, 751 (1966)
[120] A. S. KENDE, P. T. IZZO und W. FULMOR, Tetrahedron Letters **1966**, 3697

[121] G. Seitz, Tetrahedron Letters **1968**, 2305
[122] H. Kessler und A. Rieker, Tetrahedron Letters **1966**, 5257
[123] A. Rieker und H. Kessler, Tetrahedron **24**, 5133 (1968)
[124] R. Kuhn, B. Schulz und J. C. Jochim, Angew. Chem. **78**, 449 (1966)
[125] G. Isakson, J. Sandström und I. Wennerbeck, Tetrahedron Letters **1967**, 2233
[126] L. A. LaPlanche und M. T. Rogers, J. Amer. chem. Soc. **86**, 337 (1964)
[127] R. H. Barker und G. J. Boudreaux, Spectrochim. Acta, Teil A, **23**, 727 (1967)
[128] W. Walter und G. Maertens, Liebigs Ann. Chem. **712**, 58 (1968)
[129] M. Rabinovitz und A. Pines, J. Amer. chem. Soc. **91**, 1585 (1969)
[130] L. W. Reeves, R. C. Shaddick und K. N. Shaw, Canad. J. Chem. **49**, 3683 (1971)
[131] G. Isakson und J. Sandström, Acta chem. scand. **21**, 1605 (1967)
[132] C. W. Fryer, F. Conto und C. Franconi, Riv. Sci, Teil 2A, **35**, 788 (1965)
[133] W. Walter, E. Schaumann und H. Paulsen, Liebigs Ann. Chem. **727**, 61 (1969)
[134] K. H. Abramson, P. T. Inglefield, E. Krakower und L. W. Reeves, Canad. J. Chem. **44**, 1685 (1966)
[135] R. F. Hobson und R. W. Reves, J. Magn. Resonance **10**, 243 (1973)
[136] L. M. Jackman, T. E. Kavanagh und R. C. Haddon, Org. Magn. Resonance **1**, 109 (1969)
[137] E. A. Allan, R. F. Hobson, L.-W. Reeves und K. N. Shaw, J. Amer. chem. Soc. **94**, 6604 (1972)
[138] C. H. Bushweller und M. A. Tobias, Tetrahedron Letters **1968**, 595
[139] A. Mannscheck, Tetrahedron Letters **1965**, 1341
[140] H. A. Staab und D. Lauer, Chem. Ber. **101**, 864 (1968)
[141] T. Drakenburg und S. Forsen, J. phys. Chem. **74**, 1 (1970)
[142] M. Rabinovitz und A. Pines, J. Amer. Chem. Soc. **91**, 1585 (1969)
[143] R. M. Hammacker und B. A. Gugler, J. Mol. Spec. **17**, 356 (1965)

[144] A. Komoriya und C. H. Yoder, J. Amer. chem. Soc. **94**, 5285 (1972)
[145] D. G. Gehring, W. A. Mosher und G. S. Reddy, J. org. Chem. **31**, 3436 (1966)
[146] T. Drakenberg, K. J. Dahlquist und S. Forsen, J. phys. Chem. **76**, 2178 (1972)
[147] L. W. Reeves, R. C. Shaddick und K. N. Shaw, Canad. J. Chem. **49**, 3683 (1971)
[148] R. N. Hammacker und B. A. Gugler, J. Mol. Spec. **17**, 356 (1965)
[149] K. J. Dahlquist und S. Forsen, J. phys. Chem. **73**, 4124 (1969)
[150] K. Spaargen, P. K. Korver, P. J. van der Haak und T. J. an de Boer, Org. Magn. Resonance **3**, 615 (1971)
[151] D. L. Harris und K. M. Wellman, Tetrahedron Letters **1968**, 5225
[152] D. J. Bertelli und J. T. Gerig, Tetrahedron Letters **1967**, 2481
[153] Z. Rappoport und R. Ta-Shma, Tetrahedron Letters **1972**, 5281
[154] H. Kessler und D. Leibfritz, Tetrahedron **26**, 1805 (1970)
[155] H. Kessler und D. Leibfritz, Tetrahedron Letters **1969**, 427
[156] H. Kessler, Angew. Chem. **80**, 971 (1968), **82**, 237 (1970)
[157] W. Walter, E. Schaumann und H. Rose, Org. Magn. Resonance **5**, 191 (1973)
[158] T. H. Siddal, W. E. Stewart und F. C. Knight, J. phys. Chem. **74**, 3580 (1970)
[159] K. C. Ramey, J. Louick, P. W. Whitehurst, W. B. Wise, R. Mukherjee, J. F. Rosen und R. M. Moriarty, Org. Magn. Resonance **3**, 767 (1971)
[160] Y. Shro und H. Shanan-Atidi, J. Amer. chem. Soc. **91**, 6689 (1969)
[161] J. Wennerbeck und J. Sandström, Org. Magn. Resonance **4**, 783 (1972)
[162] J. Dabrowski und L. J. Kozerski, Org. Magn. Resonance **4**, 137 (1972)
[163] Y. Shro und H. Shanan-Atidi, J. Amer. chem. Soc. **91**, 6683 (1969)
[164] Y. Shro und H. Shanan-Atidi, J. Amer. chem. Soc. **91**, 6689 (1969)

[165] J. Wennerbeck und J. Sandström, Org. Magn. Resonance **4**, 783 (1972)

[166] W. D. Phillips, J. Chem. Phys. **23**, 1363 (1955)

[167] H. S. Gutowsky und C. H. Holm, J. Chem. Phys. **25**, 1228 (1956)

[168] B. Sunners, L. Piette und W. G. Schneider, Canad. J. Chem. **38**, 681 (1960)

[169] M. T. Rogers und J. C. Woodbrey, J. phys. Chem. **66**, 540 (1962)

[170] R. C. Neumann und L. B. Young, J. phys. Chem. **69**, 2570 (1965)

[171] A. Mannschreck, A. Mattheus und G. Rissman, J. Mol. Spec. **23**, 15 (1967)

[172] A. G. Whittaker und S. Siegel, J. Chem. Phys. **42**, 3320 (1965)

[173] F. Conti und W. v. Phillipsborn, Helv. chim. Acta **50**, 603 (1967)

[174] A. Pines und U. M. Rabinovitz, Tetrahedron Letters **1968**, 3529

[175] T. Drakenberg und S. Forsen, J. phys. Chem. **74**, 1 (1970)

[176] W. Walter, E. Schauman und H. Rose, Org. Magn. Resonance **5**, 191 (1973)

[177] M. H. Pendlebury und L. Philips, Org. Magn. Resonance **4**, 529 (1972)

[178] R. J. Gillespie, J. Chem. Ed. **40**, 295 (1963); Angew. Chem. **79**, 885 (1967)

[179] A. Rauk, L. C. Allen und E. Clementi, J. Chem. Phys. **52**, 4133 (1970)

[180] A. Rauk, L. C. Allen und K. Mislow, Angew. Chem. **82**, 453 (1970); J. M. Lehn, Fortschr. chem. Forsch. **15**, 311 (1970)

[181] G. Herzberg, „*Molecular Spectra and Molecular Structure*“, Bd II, S. 221, Van Norstrand Co., New York 1949

[182] H. Zimmermann, Angew. Chem. **76**, 1 (1964)

[183] A. Veillard, J. M. Lehn und B. Munsch, Theoret. chim. Acta **9**, 275 (1968)

[184] S. J. Brois, Transactions N. Y. Acad. of Science, Ser. II, **31**, 931 (1969)

[185] J. Wagner, Dissertation, Universität Strasbourg, 1970

[186] D. Felix und E. Eschenmoser, Angew. Chem. **80**, 197 (1968)

[187] S. J. Brois, J. Amer. chem. Soc. **90**, 508 (1968)
[188] W. M. Tolles und W. D. Gwinn, J. Chem. Phys. **42**, 2253 (1965)
[189] J. B. Lambert, W. L. Oliver und B. S. Packard, J. Amer. chem. Soc. **93**, 933 (1971)
[190] J. B. Lambert und W. Oliver, J. Amer. chem. Soc. **91**, 7774 (1969)
[191] F. A. L. Anet, R. D. Trepka und D. J. Cram, J. Amer. chem. Soc. **89**, 357 (1967)
[192] J. D. Andoes, J. M. Lehn, K. Mislow und J. Wagner, J. Amer. chem. Soc. **92**, 4050 (1970)
[193] E. L. Eliel, „*Stereochemistry of Carbon Compounds*", McGraw Hill, New York 1962
[194] K. Müller und A. Eschenmoser, Helv. chim. Acta **52**, 1823 (1969)
[195] J. B. Lambert und W. Cliver, J. Amer. chem. Soc. **91**, 7774 (1969)
[196] F. G. Riddell, J. M. Lehn und J. Wagner, Chem. Commun. **1968**, 1403
[197] L. Pauling, „*Die Natur der chemischen Bindung*", S. 89, Verlag Chemie, Weinheim 1968
[198] A. Yamaguchi, I. Ichishima, T. Shimanonchin und S. Mizushima, J. Chem. Phys. **31**, 843 (1959)
[199] P. A. Cigiure und J. D. Lin, Canad. J. Chem. **30**, 948 (1952)
[200] A. Mannschreck, R. Radeglia, E. Gründemann und R. Ohme, Chem. Ber. **100**, 1773 (1967)
[201] V. Prelog und P. Wieland, Helv. chim. Acta **27**, 1127 (1944)
[202] A. T. Bottini und J. D. Roberts, J. Amer. chem. Soc. 80, 5203 (1958)
[203] V. F. Bystrov, R. G. Kostyanovsky, O. A. Panshin, A. U. Stepanyants und O. A. Yuzhakova, Opt. Spectr. USSR **19**, 122 (1965)
[204] F. A. L. Anet und J. M. Osyany, J. Amer. chem. Soc. **89**, 352 (1957)
[205] M. Jantelat und J. D. Roberts, J. Amer. chem. Soc. **91**, 642 (1969)
[206] J. M. Lehn, Fortschr. chem. Forsch. **15**, 327 (1970)
[207] T. J. Bardos, C. Szantay und C. K. Navada, J. Amer. chem. Soc. **87**, 5796 (1965)
[208] A. Loewenstein, J. F. Neumer und J. D. Roberts, J. Amer. chem. Soc. **82**, 3599 (1960)

[209] A. L. LOGOTHETIS, J. org. Chem. **29**, 3049 (1964)
[210] R. S. ATKINSON, Chem. Commun. **1968**, 676
[211] A. MANNSCHRECK und W. SEITZ, Angew. Chem. **81**, 224 (1969)
[212] A. MANNSCHRECK, J. LINSS und W. SEITZ, Liebigs Ann. Chem. **727**, 224 (1969)
[213] G. A. YOUSIF und J. D. ROBERTS, J. Amer. chem. Soc. **90**, 6428 (1968)
[214] J. E. ANDERSON, J. Amer. chem. Soc. **91**, 6374 (1969)
[215] J. E. ANDERSON und J. D. ROBERTS, J. Amer. chem. Soc. **90**, 4186 (1968)
[216] J. M. LEHN, J. Amer. chem. Soc. **89**, 81 (1967)
[217] J. J. DELPNECK und Y. MARTINET, Chem. Commun. **1968**, 478
[218] M. N. DESCHAMPS, Chem. Commun. **1967**, 1188
[219] V. RAUTENSTRAUCH, Chem. Commun. **1969**, 1122
[220] J. M. LEHN und J. WAGNER, Chem. Commun. **1970**, 414
[221] D. WURMB-GERLICH, F. VÖGTLE, A. MANNSCHRECK und H. A. STAAB, Ann. Chem. **708**, 36 (1967)
[222] A. RIEKER und H. KESSLER, Tetrahedron **23**, 3723 (1967)
[223] H. KESSLER und D. LEIBFRITZ, Tetrahedron **25**, 5127 (1969)
[224] D.-Y. CURTIN und J. W. HAUSSER, J. Amer. chem. Soc. **83**, 3474 (1961)
[225] H. KESSLER, Tetrahedron Letters **1968**, 2041
[226] H. KESSLER und D. LEIBFRITZ, Tetrahedron Letters **1969**, 427
[227] C. G. McCARTHY und D. M. WIELAND, Tetrahedron Letters **1969**, 1787
[228] F. A. L. ANET, J. C. JOCHIMS und C. H. BRADLEY, J. Amer. chem. Soc. **92**, 2557 (1970)
[229] J. B. LAMBERT, Top. Stereochem. **6**, 19 (1971)
[230] E. L. ELIEL, N. L. ALLINGER, S. J. ANGYAL und G. A. MORRISON, „*Conformational Analysis*", Wiley (Interscience), New York 1965; M. HANACK, „*Conformation Theory*", Academic Press, New York 1967
[231] C. ROMERS, C. ALTONA, H. R. BUYSEN und E. HAVINGA, Top. Stereochem. **4**, 39 (1969)
[232] J. B. LAMBERT und W. L. OLIVER, Tetrahedron Letters **1968**, 6187
[233] F. A. L. ANET, Fortschr. chem. Forsch. **45**, 169 (1964)

[234] J. E. KILPATRICK, K. S. PITZER und R. SPITZER, J. Amer. chem. Soc. **69**, 2483 (1947); K. S. PITZER und W. E. DONATH, J. Amer. chem. Soc. **81**, 3213 (1959)
[235] R. K. HARRIS und N. SHEPPARD, J. Mol. Spec. **23**, 231 (1967)
[236] S. MEIBOOM Pa., Amer. Chem. Soc. Symp. 1 (1962)
[237] P. T. INGLEFIELD, E. KRAKOW, L. W. REEVES und R. STEWART, Mol. Phys. **15**, 65 (1968)
[238] F. A. L. ANET, M. AHMED und L. D. HALL, Proc. chem. Soc. (London) 145 (1964)
[239] F. A. BOVEY, E. W. ANDERSON, F. P. HOOD und R. L. KORNEGAY, J. Chem. Phys. **40**, 3, 3099 (1964)
[240] A. ALLERHAND, F. CHEN und H. S. GUTOWSKY, J. Chem. Phys. **42**, 3040 (1965)
[241] F. A. L. ANET und A. J. R. BOURU, J. Amer. chem. Soc. **95**, 4424 (1967)
[242] S. WOLFE und U. J. R. CAMPBELL, Chem. Commun. **1967**, 874
[243] F. A. BOVEY, E. W. ANDERSON, F. P. HOOD und R. L. KORNEGAY, J. Chem. Phys. **40**, 3099 (1964)
[244] R. F. JENSEN und C. H. BUSHWELLER, J. Amer. chem. Soc. **91**, 3223 (1969)
[245] S. L. SPASSOV, D. L. GRIFFITH, E. S. GLAZER, K. NAGARAJA und J. D. ROBERTS, J. Amer. chem. Soc. **89**, 88 (1967)
[246] D. K. DALLING, D. M. GRANT und L. F. JOHNSON, J. Amer. chem. Soc. **93**, 3678 (1971)
[247] H. KESSLER, V. GUSOWSKI und M. HANACK, Tetrahedron Letters **1968**, 4665
[248] H. FRIEBOLIN, H. G. SCHMID, S. KARBUSS und W. FAISST, Org. Magn. Resonance **1**, 147 (1969)
[249] R. K. HARRIS und N. SHEPPARD, Mol. Phys. **7**, 595 (1964)
[250] F. A. L. ANET und M. HAQ, J. Amer. chem. Soc. **87**, 3147 (1965)
[251] F. R. JENSEN und C. H. BUSHWELLER, J. Amer. chem. Soc. **91**, 5774 (1969)
[252] F. R. JENSEN und C. H. BUSHWELLER, J. Amer. chem. Soc. **87**, 3285 (1965)
[253] M. BERNARD und St. JACQUES, Tetrahedron **29**, 2539 (1973)
[254] F. R. JENSEN und B. H. BECK, J. Amer. chem. Soc. **90**, 1060 (1968)

[255] J. B. Lambert, W. L. Oliver und B. S. Packard, J. Amer. chem. Soc. **95**, 933 (1971)
[256] J. B. Lambert, C. E. Mixan und B. H. Johnson, J. Amer. chem. Soc. **95**, 4634 (1973)
[257] J. B. Lambert, R. G. Keskes, R. H. Cahart und A. P. Jovanovitsch, J. Amer. chem. Soc. **89**, 3761 (1967)
[258] J. B. Lambert, W. L. Oliver und B. S. Packard, J. Amer. chem. Soc. **95**, 933 (1971)
[259] J. B. Lambert, D. S. Bailey und B. F. Michel, J. Amer. chem. Soc. **94**, 3812 (1972)
[260] G. A. Yousif und J. D. Roberts, J. Amer. chem. Soc. **90**, 6428 (1968)
[261] C. H. Bushweller und J. W. O'Neil, Tetrahedron Letters **1969**, 4713
[262] E. W. Bittna und J. T. Gerig, J. Amer. chem. Soc. **94**, 913 (1972)
[263] H. Friebolin, S. Kabuss, W. Maier und A. Lüttringhaus, Tetrahedron Letters **1962**, 683
[264] J. E. Anderson, Chem. Commun. **1970**, 417
[265] F. G. Ridell, J. chem. Soc. (London) **1967**, 560
[266] F. A. L. Anet und J. Sanderström, Chem. Commun. **1971**, 1558
[267] F. R. Jemsen und R. Neese, J. Amer. chem. Soc. **93**, 6329 (1971)
[268] R. K. Harris und R. A. Spragg, Chem. Commun. **1966**, 314
[269] C. H. Bushweller, J. Golini, G. U. Rao und J. W. O'Neil, J. Amer. chem. Soc. **92**, 3055 (1970)
[270] J. B. Hendrickson, J. Amer. chem. Soc. **83**, 4537 (1961), **89**, 7096 (1967)
[271] J. D. Roberts, Chem. Brit. 529 (1966)
[272] S. Kabuss, A. Lüttringhaus, H. Friebolin, H. G. Schmid und R. Hecke, Tetrahedron Letters **1966**, 719
[273] K. Bredow, H. Friebolin und S. Kabuss, Org. Magn. Resonance **2**, 43 (1970)
[274] R. Knorr, C. Ganter und J. D. Roberts, Angew. Chem. **79**, 577 (1967)
[275] R. Borgen, Acta chem. scand. **26**, 1738 (1972)
[276] A. Mannschreck, G. Rissmann, F. Vögtle und D. Wild, Chem. Ber. **100**, 335 (1967)
[277] J. O. Sutherland und M. V. J. Ramsay, Tetrahedron **21**, 3401 (1965)

[278] P. Linscheid und J. M. Lehn, Bull. Soc. chim. Fr. **5**, 992 (1967)
[279] H. Friebolin, R. Mecke, S. Kabuss und A. Lüttringhaus, Tetrahedron Letters **1964**, 1929
[280] H. G. Schmid, H. Friebolin und W. Faisst, Org. Magn. Resonance **2**, 19 (1970)
[281] St. M. Jacques und C. Vaziri, Canad. J. Chem. **49**, 1256 (1971)
[282] K. L. Servis, E. A. Noe, N. R. Easton und F. A. L. Anet, J. Amer. chem. Soc. **96**, 4185 (1974)
[283] S. Kabuss, H. Friebolin und H. Schmid, Tetrahedron Letters **1965**, 469
[284] E. Grunwald und E. Price, J. Amer. chem. Soc. **87**, 3139 (1965)
[285] F. A. L. Anet, J. Amer. chem. Soc. **86**, 458 (1964)
[286] S. Heyden und H. Schaefer, J. Amer. chem. Soc. **84**, 1449 (1962); J. O. Sutherland und M. V. J. Ramsay, Tetrahedron **21**, 3401 (1965)
[287] A. Ebnöther, E. Jucker und A. Stoll, Helv. chim. Acta **48**, 1237 (1965)
[288] M. Dobler, J. D. Dunitz und A. Mugnoli, Helv. chim. Acta **49**, **2492** (1966)
[289] H. B. Bürgin und J. D. Dunitz, Helv. chim. Acta **51**, 1514 (1968)
[290] D. Grandjean und A. Lecläire, Compt. Rend. **265**, 795 (1967)
[291] J. B. Hendrickson, J. Amer. chem. Soc. **86**, 4854 (1964), **89**, 7030 (1967)
[292] F. A. L. Anet und J. S. Hartman, J. Amer. chem. Soc. **85**, 1204 (1963)
[293] J. E. Anderson, E. D. Glazer, D. L. Griffith, R. Knott und J. D. Roberts, J. Amer. chem. Soc. **91**, 1386 (1969)
[294] D. F. Bocian, H. M. Pickett, Th. C. Rounds und H. L. Strauss, J. Amer. chem. Soc. **97**, 687 (1975)
[295] M. Bixon und S. Lifson, Tetrahedron **23**, 769 (1967)
[296] F. A. L. Anet und V. J. Basus, J. Amer. chem. Soc. **95**, 4424 (1973)
[297] J. Sandström, Endeavour 111 (1974)

8. Umrechnungstabelle für verwendete Maßeinheiten

Frequenz: Hz = s^{-1}
Entropie: J/K = $m^2 \cdot kg \cdot s^{-2} \cdot K^{-1}$
spez. Entropie: J/(kg · K) = $m^2 \cdot s^{-2} \cdot K^{-1}$
molare Entropie: J/mol · K = $m^2 \cdot kg \cdot s^{-2} \cdot K^{-1} \cdot mol^{-1}$
1 kcal = 4,186,8 J
1 Joule = $2{,}388 \cdot 10^{-4}$ kcal

9. Sachregister